电子产品安全标准宣贯丛书

# GB 4943.1—2011
# 《信息技术设备　安全　第1部分:通用要求》
# 应 用 指 南

工业和信息化部电子产品安全标准工作组
中国电子技术标准化研究院　编著

中国质检出版社
中国标准出版社
北　京

**图书在版编目(CIP)数据**

GB 4943.1—2011《信息技术设备 安全 第1部分:通用要求》应用指南/工信部电子产品安全标准工作组,中国电子技术标准化研究院编著.—北京:中国标准出版社,2012
ISBN 978-7-5066-6729-6

Ⅰ.①G… Ⅱ.①工… ②中… Ⅲ.①自动化设备-安全认证-中国-指南 Ⅳ.TP23-62

中国版本图书馆 CIP 数据核字(2012)第 051198 号

中国质检出版社
中国标准出版社　出版发行
北京市朝阳区和平里西街甲 2 号(100013)
北京市西城区三里河北街 16 号(100045)

网址:www.spc.net.cn
总编室:(010)64275323　发行中心:(010)51780235
读者服务部:(010)68523946
中国标准出版社秦皇岛印刷厂印刷
各地新华书店经销

\*

开本 787×1092 1/16　印张 17.5　字数 404 千字
2012 年 4 月第一版　2012 年 4 月第一次印刷

\*

定价 65.00 元

# 编 委 会

# 序

　　产品安全质量是国际市场准入的条件之一,是各国政府产品安全法规的主要依据。因此,安全标准对国际贸易的影响重大,特别是在全世界得到广泛应用的电子产品的安全标准。我国从 20 世纪 80 年代开始积极采用国际标准,特别是安全标准,基本上是等同采用,经过二十多年的贯彻实施,为提升我国电子产品的安全设计水平,为电子产品的出口贸易发挥了重要的作用。

　　为了贸易的便利,我国的电子产品安全标准需要与国际标准保持一致,因此适时转化国际标准为我国的国家标准是十分必要的。同时我们也要注意到,很多国际标准目前主要还是由发达国家主导制定的,标准中安全要求也基本上是依据了这些国家的气候、地理环境、供电设施等基础条件制定的。我国幅员辽阔,气候条件、地理条件以及供电设施等都与发达国家有一定的差异,要想使制定的标准要求满足我国的实际情况,就必须对这些基础条件以及由此引发的相关安全问题进行研究。

　　有鉴于此,我部电子产品安全标准工作组组长单位和秘书处单位——中国电子技术标准化研究院自 2002 年开始就系统地组织开展了安全标准的适应性研究,他们两次深入高海拔地区实地调研和测试,做了大量的摸底试验和验证,扎实严谨的工作为标准的科学制定打下了坚实的基础。在标准工作组成员单位的共同努力下,经过四年的努力,终于完成了 GB 4943、GB 8898 的修订工作。

　　新颁布的 GB 4943.1—2011、GB 8898—2011 是在分别采用国际标准 IEC 60065:2005、IEC 60950-1:2005 的基础上,考虑到我国地理环境、气候条件及供电系统等实际情况,对相关的技术要求进行了修改和补充,更适合我国的国情。这是我国电子产品安全标准制定史上的一次重要突破。我相信,新版标准的实施,将会进一步促进产业的结构调整,对保障人身财产安全、提振消费者信心起到重要的作用。

标准的宣传贯彻是标准化工作的重要组成部分。只有标准使用的各方(包括生产企业、认证机构、检测机构、监管机构等)对标准的技术内容有统一、正确的理解,标准才可能得到广泛的应用。为了更好地配合标准的宣传贯彻,中国电子技术标准化研究院投入了大量的人力物力,做了很多细致的工作。这里呈现的《GB 8898—2011〈音频、视频及类似电子设备　安全要求〉应用指南》、《GB 4943.1—2011〈信息技术设备　安全　第 1 部分:通用要求〉应用指南》就是他们细致工作的集中体现。我相信《指南》的编写对于标准的正确应用具有重要的推动作用。

# 前　言

　　新版 GB 8898、GB 4943 是在工业和信息化部、国家标准化管理委员会、中国国家认证认可监督管理委员会的正确领导和大力支持下,在工信部电子产品安全标准工作组各成员单位的共同努力下所取得的重要成果。在这两项安全标准中,我们首次依据我国地理条件、气候条件、供电设施条件等加入相应的技术偏离,首次从安全的角度考虑我国民族语言的使用问题,具有里程碑的意义。标准的技术偏离是在大量调研、试验验证的基础上提出来的,具有较强的可操作性。

　　GB 8898、GB 4943 覆盖了音视频、信息技术及通信技术领域所有的电子产品,覆盖面广,影响面宽,直接关系到广大消费者的人身和财产安全,对市场和进出口贸易有着重要的影响。安全标准是我国强制性认证的依据,是实施最充分的标准,必须具有很强的可操作性。对这样重要的基础标准的制定和修订工作,我们投入了大量的人力物力。

　　一是开展预先研究。从 2002 年起我们陆续开展了与电子产品安全相关的一系列研究工作,建立了 6 个项目组,开展与建立国家偏离有关的研究工作,包括我国各种基础条件与国际标准的差异研究、这些差异对电子产品安全性能的影响分析等。二是在标准制定过程中加强实地调研和试验验证,通过试验验证来确定这些差异对安全性能的影响程度。三是公开透明,广泛征求意见。首先在标准工作组内充分研讨,用数据说话;其次开展多种形式的研讨会,集中大家的智慧;通过发函、网络媒体等多种渠道广泛征求意见。可以说,这两个标准的成功修订是政府部门、产学研用和社会各界共同努力的结果。

中国电子技术标准化研究院自 1963 年成立以来，一直致力于电子信息技术领域的标准化工作，通过开展标准研究制定、检测、计量和认证等工作，为政府提供政策研究、行业管理和战略决策的专业支撑，为社会提供专业的标准化技术服务。

这里呈现给大家的《GB 4943.1—2011〈信息技术设备　安全　第 1 部分：通用要求〉应用指南》、《GB 8898—2011〈音频、视频及类似电子设备　安全要求〉应用指南》等就是我们为社会各界奉献的一个方面。

《指南》以标准要求为基础，结合 IECEE 相关的 CTL 决议，从电击危险、过热危险、着火危险、辐射危险、化学危险、机械危险等几大类危险出发，分别阐述了危险产生的原理以及相应的安全要求和测试方法，并进行了逐一解释。对于关键元器件，以独立的章节，从选用、要求、试验方法等方面逐一进行了介绍。《指南》中还就 GB 4943.1—2011 与 IEC 60065：2005 的主要技术差异、GB 8898—2011 与 GB IEC 60950-1：2005 的主要技术差异、GB 4943.1—2011 与 GB 8898—2011 的差异以及 IEC 112 导则等做了介绍。

我们希望借助于《指南》的编写把我们多年来在安全技术研究方面的心得和大家分享，并希望得到您的批评和指正。

编委会

2012 年 3 月

# 目　　录

# 第 *1* 章 简 述

## 1.1 信息技术产品安全标准的历史沿革

随着社会的发展、科技的进步,越来越多的电子产品进入了普通人的生活,影响着人们学习、生活、工作、休闲等各方面的活动。伴随着国际经济贸易全球化的进程,电子产品的标准化工作也由最初各国单独制定国家或区域标准逐渐发展到成立国际组织,制定统一的国际标准来规范电子产品的设计、生产、评价等环节,使电子产品在全球得以更方便快捷的流通起来。

国际标准化组织(如国际电工委员会 IEC、国际标准化组织 ISO 等)和区域标准化组织(如欧洲电工标准化委员会 CENELEC 等)都在各自的范围内起草和发布标准,如 IEC 标准、EN(欧洲)标准等。IEC 作为世界上成立最早的国际性电工标准化机构,负责起草和发布所有电工、电子和相关技术领域的国际标准。目前,IEC 标准已被国际社会所普遍认同和采用,很多国家/地区的标准都等同或等效地采用了相应的 IEC 标准,包括同样具有影响力的 EN 标准等。

IEC/TC 108 技术委员会是音/视频、信息技术和通信技术领域内电子产品的安全技术委员会,于 2001 年由 IEC 原有的 TC 74 和 TC 92 技术委员会合并而成。TC 74 和 TC 92 分别负责数据处理设备和办公机器及家用和类似用途的电子设备的安全标准研究,制定的信息技术设备的安全标准(IEC 60950)和音频、视频及类似电子设备的安全标准(IEC 60065)是所有 IEC 标准中应用最广泛的标准之一。至今,IEC 60950《信息技术设备的安全》已发布了 3 版,并于 2001 年和 2005 年发布了 IEC 60950-1 第 1 版和第 2 版,在 2009 年发布了对第 2 版的修订。

我国从 20 世纪 80 年代开始采用 IEC 国际标准,GB 4943 第 1 版是 1985 年发布的,等同采用了 IEC 435:1983。目前的 GB 4943.1—2011 是第 5 版。我国国标版本与 IEC 国际标准版本对应情况如下:

表 1-1 国家标准与 IEC 标准的版本对照表

| IEC 标准版本 | 国家标准版本 |
| --- | --- |
| IEC 435:1983 | GB 4943—1985《数据处理设备的安全》 |
| IEC 950:1986 第 1 版 | GB 4943—1990《信息技术设备(包括电气事务设备)的安全》 |
| IEC 950:1991 第 2 版 | GB 4943—1995《信息技术设备(包括电气事务设备)的安全》 |
| IEC 950:1991＋Amd1(1992)＋Amd2(1993)＋Amd3(1995)＋Amd4(1996) | 无 |
| IEC 60950:1999 第 3 版 | GB 4943—2001《信息技术设备的安全》 |
| IEC 60950-1:2001 第 1 版 | 无 |
| IEC 60950-1:2005 第 2 版 | GB 4943.1—2011《信息技术设备的安全 第 1 部分:通用要求》 |
| IEC 60950-1:2005 版＋Amd1(2009) | 无 |

通过 IEC 60950 版本的变迁可以看到信息技术产品的发展过程由最初的数据处理设备发展到了信息技术设备,及目前的含有通信功能的信息技术设备。产品技术的更新带来了安全要求的拓展,例如随着通信网络的技术发展,在 IEC 60950 的 1999 版中加入了第 6 章"与通信网络连接"的电路的要求;随着多媒体产品的出现,在 2005 版中加入了第 7 章"与电缆分配系统连接"的要求,在 2009 年的修订件中又加入了对碎纸机等电子产品的具体安全要求等。

另外,随着信息技术的不断发展,应用的领域不断扩大,IEC/TC 108 针对特定结构和特定使用环境设备的安全问题提出了附加安全要求,并以分标准的形式编制发布。目前已出版发布的有:

　　——IEC 60950-21:2002《信息技术设备的安全　第 21 部分:远程馈电》;

　　——IEC 60950-22:2005《信息技术设备的安全　第 22 部分:室外安装的设备》;

　　——IEC 60950-23:2005《信息技术设备的安全　第 23 部分:大型数据存储设备》。

同时,随着网络技术的发展,信息技术产品与网络的连接也越来越密切。由于这种连接引发的安全问题是网络时代的新问题,为此,IEC/TC 108 根据这一特点,先后发布了 IEC/TR 62102《电气安全　预定与信息技术和通信技术网络连接的设备的接口分类》、IEC/TS 62367《与通信网络连接的 DSL 信号的安全性》等技术报告和规范,对相关问题进行了规范。这些出版物作为 IEC 60950 系列标准的补充,极大地促进了整个电子设备安全标准体系的完善。

## 1.2　标准制修订的原则

积极采用国际标准,同时充分考虑实际使用要求,是我国制定国家标准的原则之一。

WTO-TBT(贸易技术壁垒协议)的原则中写道"需要制定技术法规并且已有相应国际标准或者其相应部分即将发表时,成员应使用这些国际标准或其相应部分作为制定本国技术法规的基础,除非这些国际标准或其相应部分对实现其正当目标无效或不适用,例如,出于基本的气候、地理因素或基本的技术问题等原因"。根据 WTO-TBT 的这一原则,各国在采用国际标准的同时,可以根据自己的特殊气候、地理条件或基础设施的情况,制定与国际标准的技术差异。

GB 4943.1—2011 是以 IEC TC 108 发布的 IEC 60950-1:2005 为基础,考虑了我国消费者使用产品的特殊情况,加入了我国由于地理、气候、供电条件等差异产生的技术偏离,以保障我国消费者的人身财产安全。

例如,IEC 60950-1:2005 仅适用于预定在海拔 2 000 m 以下地区使用的设备,而在我国,有相当大的区域在海拔 2 000 m 以上,并且有大量人口居住。因此,在本版标准中根据我国实际地理条件,考虑了高海拔地区的要求,在标记和说明、电气间隙要求值等方面提出了基于 IEC 60950-1 的附加安全要求。

GB 4943.1—2011 中提出的类似偏离已进行了 WTO-TBT 通报,并将在国家标准正式实施前以国家偏离的形式写入 IECEE 的 CB 公告,进入我国市场的相关产品也必须符合相关的偏离要求。

因此本版标准与老版标准的差异体现在两个方面:国际标准换版的版本间差异和我国标准与国际标准之间的偏离。相关的差异内容在本指南第 14 章详述。

# 1.3 《指南》编写说明

编写本指南的目的是为了帮助标准的使用者更好地理解标准,没有提出标准外的额外要求或附加要求,指南中的测试示例不是唯一的,只是举例说明试验方法或测量手段。

本指南中,"标准"即指 GB 4943.1—2011。在编写本指南时,为了便于表述,有些地方摘引了标准中的条款内容或图、表。另外,在本指南中也进行了不同条款之间的引用,为避免混淆,本指南中出现的"标准中"均指 GB 4943.1—2011 中,对其他标准的引用,则注明引用标准的标准号,如"引自标准 IEC 60664-1"。在本指南不同章条之间的引用写明"本指南中××(条)"或直接提及"表××"、"图××"、"(见)××(条)"。

本指南第 2 章中引用的标准原文用楷体表示。

本指南仅供参考,不作为实际应用中评判产品的依据。对理解有分歧处,以标准和"部电子产品安全标准工作组"的解释为准。

# 第 2 章 总 则

GB 4943.1—2011《信息技术设备的安全 第 1 部分:通用要求》是一部强制性国家标准,标准给出了信息技术设备的安全要求和试验方法,既可以指导设计者进行安全设计,又可以指导测试工程师开展试验评估。

标准首先给出了安全总则,这个总则是要求设计者必须了解的安全要求的基本原则,是对产品进行安全设计的基本原则,而具体的安全要求是建立在这些基本原则之上的。同时了解这些基本原则也有助于标准使用者理解标准。

这些原则如下:

a) 如果设备涉及的技术、材料或结构方式未明确规定,那么设备的设计应当至少达到本安全原则所述的安全等级。

b) 设计者不仅要考虑设备的正常工作条件,还要考虑可能的故障条件以及随之引起的故障,可预见的误用以及诸如温度、海拔、污染、湿度、电网电源的过电压和通信网络或电缆分配系统的过电压等外界影响。

c) 还应当考虑由于制造误差或在制造、运输和正常使用中由于搬运、冲击和震动引起的变形而可能发生的绝缘间距的减小。

d) 在确定采用何种设计方案时,应当遵守以下的优先次序:

——如果可能,规定能消除、减小危险或对危险进行防护的设计原则;

——如果实行以上原则将削弱设备的功能,那么应当使用独立于设备的保护措施,如人身保护设备(标准未作规定);

——如果上述方案和其他的措施均不切实可行,那么应当对残留的危险采取标识和说明的措施。

e) 需要考虑两类人员的安全,一类是使用人员(或操作人员),另一类是维修人员。

f) 潜在危险的信息可以根据其造成伤害的可能性和严重程度在设备上标示或随设备一起提供,或者使维修人员能得到。通常,使用人员不应处于可能造成伤害的危险中,因此提供给用户的信息主要在于避免误用和可能造成危险的状况。

g) 对移动式设备,由于其电源线可能会承受额外的应力,从而导致保护接地导体断裂,故会增加电击的危险。对手持式设备,其电源线受磨损的机会较多,这种危险性更大,假如设备跌落过,可能会产生更严重的危险。可携带式设备因为其可能在任何方向使用和携带,所以又增加了危险系数;如果一个小金属物进入外壳上的开孔,它可能在设备内活动,很可能导致危险。

## 2.1 标准适用范围

### 2.1.1 适用的设备

标准中对适用的设备规定如下:

4

GB 4943 的本部分适用于电网电源供电的或电池供电的、额定电压不超过 600 V 的信息技术设备,包括电气事务设备和与之相关的设备。

本部分也适用于如下的信息技术设备:

——设计用来作为通信终端设备和通信网络基础设备,不考虑供电的方式;

——设计和预定直接连接到或作为基础设备用在电缆分配系统的设备,不考虑供电的方式;

——设计使用交流电网电源作为信息传输媒介。

标准中所述"不考虑供电方式"是指诸如通信终端设备、通信网络基础设备、直接连接到或作为基础设备用在电缆分配系统的设备等,不管是否由电网电源、电池或其他任何方式供电,只要能够完成预定功能的则均适用于本标准。例如,通过通信网络供电的普通电话机。

另外,需要考虑供电方式的设备是指需要通电才能运行其预定功能的设备,如电动打孔机、电动削笔器、电动订书机、电动打字机等,这些设备适用于标准。如果类似功能的设备不需要通电,通过手动即能够完成预定功能,则不在标准的适用范围。如普通手动打孔机、削铅笔机等。

标准中所述"交流电网电源作为信息传输媒介"是指通过电网传输信号,这样的设备如电力调制解调器(俗称"电力猫")。

标准适用的典型整机设备示例参见表 2-1,对于未在表中列出的设备应根据其使用环境、场所和主要功能具体分析是否适用于标准。

**表 2-1　标准范围内的设备示例**

| 通用产品类别 | 各类别产品的详细示例 |
| --- | --- |
| 银行设备 | 货币处理机,包括自动出纳(现金分发)机(ATM) |
| 数据和文本处理机及相关设备 | 数据预处理设备,数据处理设备,数据存储设备,个人计算机,绘图仪,打印机,扫描仪,文本处理设备,直观显示装置 |
| 数据网络设备 | 网桥,数据电路终端设备,数据终端设备,路由器 |
| 电子和电气零售设备 | 现金出纳机,销售点终端机(包括相关的电子秤) |
| 电子和电气办公机器 | 计算器,复印机,听写设备,碎纸机,复制机,消磁器,显微办公设备,电动文卷输送机,文件修整机(包括打孔机、切割机、分类机),文件整理机,削铅笔机,订书机,打字机 |
| 其他信息技术设备 | 照片打印设备,公共信息终端,多媒体设备 |
| 邮资设备 | 邮件处理机,邮资机 |
| 通信网络基础设备 | 票据设备,多路调制(转换)器,网络供电设备,网络终端设备,无线基站,转发器(中继站),传输设备,通信转换设备 |
| 通信终端设备 | 传真机,按键电话系统,调制解调器,自动用户交换机(PABXs),寻呼机,电话应答机,电话机(有线的和无线的) |

另外,标准同样适用于预定安装在信息技术设备内部的元器件和组件,如设备内部的电源单元、打印单元、显示单元等,在单独考核上述的元器件和组件时应注意以下两点:

a）由于有些元器件和组件最终的工作状态是安装于设备内部，所以对其单独考核时，不要求符合标准的所有要求。例如设备内部电源可以不考虑铭牌和外壳开孔的要求，这些条款可以随整机考核。

b）对于例如大型空调系统、火情探测系统和灭火系统等设备不完全属于标准范围内，但其电气部分可适用标准要求的同时，对于整套系统根据工作环境那和使用场所还应符合其他要求。

### 2.1.2 适用的人员和场合

标准的要求考虑了两类人员：一类是使用人员（或操作人员），另一类是维修人员。

"使用人员"是指除维修人员以外的所有人员，包括设备的操作人员、可能接触设备的卫生清扫人员和临时来访人员等，安全保护要求是假定上述人员未经过任何识别危险的培训，但不会故意制造危险而提出的。

"维修人员"是指当设备中的维修接触区域或处在受限制接触区内的设备存在明显危险时，可以运用他们所受的训练和技能避免可能对自己或他人伤害的专业人员。

标准中的安全要求是基于一定的使用环境提出的，就标准而言，主要适用的场合为：

——室内安装使用；

——预定与交流电网电源连接的设备的电气间隙应按Ⅱ类过电压来设计；

——标准范围内的设备一般被认为是在环境污染等级为 2 级条件下使用。

### 2.1.3 需附加要求的情况

对于适用标准的设备，当预定使用于特殊环境或场所中时，除应符合标准的要求外，还应符合其他的安全附加要求，或者国家相关规定。

例如对以下情况需要满足附加要求：

a）预定要在特殊环境条件（例如，极高或极低温度，过量粉尘、湿气或振动，可燃气体、腐蚀或易爆环境等）下工作的设备；

b）与患者人体直接连接的医用电子设备；

c）预定要在车辆、船舶或飞机上使用的设备，在海拔 5 000 m 以上高原使用的设备；

d）预定在可能会进水的场合使用的设备，对这些设备的要求及相关的试验可参考标准的附录 T 或 GB 4208 的相关条款。

### 2.1.4 不适用的设备

标准不适用于下列设备或装置：

a）不与设备构成一体的电源供电系统，例如，电动机发电机组、电池备用系统和变压器；

b）建筑物中的安装配线；

c）不需要电源的装置（如前所述，手动打孔机等）。

## 2.2 定义和术语

标准中共有 101 条名词术语，受篇幅所限不能一一赘述，本指南只对新引入和不易理解或会产生歧义的定义和术语进行解释。

### 2.2.1 正常负载 normal load（标准中1.2.2.1）

为了测试目的使用的一种工作状态,可以尽可能地代表能合理预计到的正常使用时最严酷的条件。

如果合理预计到的实际使用时的条件比制造商推荐的最大负载条件更严酷时,包括额定工作时间和额定间歇时间,则要采用能代表最严酷条件的工作状态。

说明:正常负载是以测试为目的的工作状态,它可能超出一般的工作状态,只要设备通过功能设置可以达到,且是合理可预计到的工作状态。如在测试显示器产品时,可以将其设置为白屏、最大亮度、最大对比度状态。在标准的附录L中给出了打字机、加法机、现金出纳机、消磁器、削铅笔器、复印机、电动文卷传输机的正常负载条件。

### 2.2.2 额定间歇时间 rated resting time（标准中1.2.2.3）

由制造厂商规定的在设备的额定工作时间的周期之间关断或空转的最短时间。

说明:标准中删除了"连续工作"、"短时工作"和"间歇工作"三个术语,新增了"额定间歇时间"术语。该术语与额定工作时间相对应,指额定工作时间的周期之间关断或空转的最短时间。在标准中5.3.8"无人值守的设备"中用到"额定间歇时间"这个术语。

### 2.2.3 可插式设备 pluggable equipment（标准中1.2.5.3）

A型可插式设备或B型可插式设备。

说明:可插式设备是A型可插式设备和B型可插式设备的统称,如果没有特别说明是A型或B型,标准中提到可插式设备即指"A型可插式设备和B型可插式设备"两种类型的设备。

### 2.2.4 直流电网电源 DC mains supply（标准中1.2.8.2）

给由直流供电的设备供电的、设备外部的、配有电池或未配有电池的直流配电系统。不包括:

——通过通信网络布线给远程设备供电的直流电源;

——受限制电源,其开路电压小于或等于直流42.4 V;

——直流电源,其开路电压高于直流42.4 V,但小于或等于直流60 V,并且其可获得的输出功率低于240 VA。

在本部分含义范围内,认为与直流电网电源连接的电路是二次电路(例如SELV电路,TNV电路或带危险电压的二次电路)。

说明:直流电网电源是指由直流供电设备供电的外部配电系统,对于通过网络布线远程供电的电源、受限制电源和适配器输出的直流电源不属于直流电网电源。

### 2.2.5 电网电源 mains supply（标准中1.2.8.3）

交流电网电源配电系统或直流电网电源配电系统。

说明:电网电源是交流电网电源配电系统或直流电网电源配电系统的统称,标准中提到电网电源即指交流电网电源或直流电网电源配电系统。

### 2.2.6 有效值工作电压 rms working voltage（标准中1.2.9.7）

工作电压的有效值,包括任何直流分量。

说明:有效值工作电压是确定最小爬电距离的依据,在GB 4943—2001版中的表2L"最小爬电距离"中使用的是"工作电压V(有效值或直流值)",GB 4943.1—2011中使用有效值工作电压的概念,对于含有交流有效值电压A和直流偏置电压B的波形的合成有效值为：

$$有效值 = (A^2 + B^2)^{1/2}$$

**2.2.7 固体绝缘 solid insulation（标准中 1.2.10.4）**

在两个相对的表面之间而不是沿着外表面提供电气绝缘的材料。

说明：本条术语与 GB 4943—2001 中的 2.10.5"固体绝缘"表述一致，其目的是为界定何种材料需要考虑测量绝缘穿透距离。

**2.2.8 材料的可燃性分级 flammability classification of materials（标准中 1.2.12.1）**

泡沫材料的可燃性等级划分和特性比较如表 2-2 所示。

表 2-2 泡沫材料的可燃性等级说明

| 阻燃能力 | 等级划分 | 定 义 |
|---|---|---|
| 高 | HF-1 | 泡沫材料按使用时最薄有效厚度进行试验，并且按 ISO 9772 归类为 HF-1 级 |
| 中 | HF-2 | 泡沫材料按使用时最薄有效厚度进行试验，并且按 ISO 9772 归类为 HF-2 级 |
| 低 | HBF | 泡沫材料按使用时最薄有效厚度进行试验，并且按 ISO 9772 归类为 HBF 级 |

塑料可燃材料的可燃性等级划分和特性比较如表 2-3 所示。

表 2-3 塑料材料的可燃性等级说明

| 阻燃能力 | 等级划分 | 定 义 |
|---|---|---|
| 高<br><br><br><br><br><br>低 | 5VA | 材料按使用时最薄有效厚度进行试验，并且按 GB/T 5169.17 归类为 5VA 级 |
| | 5VB | 材料按使用时最薄有效厚度进行试验，并且按 GB/T 5169.17 归类为 5VB 级 |
| | V-0 | 材料按使用时最薄有效厚度进行试验，并且按 GB/T 5169.16 归类为 V-0 级 |
| | V-1 | 材料按使用时最薄有效厚度进行试验，并且按 GB/T 5169.16 归类为 V-1 级 |
| | V-2 | 材料按使用时最薄有效厚度进行试验，并且按 GB/T 5169.16 归类为 V-2 级 |
| | HB40 | 材料按使用时最薄有效厚度进行试验，并且按 GB/T 5169.16 归类为 HB40 级 |
| | HB75 | 材料按使用时最薄有效厚度进行试验，并且按 GB/T 5169.16 归类为 HB75 级 |

挠性材料的可燃性等级划分和特性比较如表 2-4 所示。

表 2-4 挠性材料的可燃性等级说明

| 阻燃能力 | 等级划分 | 定 义 |
|---|---|---|
| 高 | VTM-0 | 材料按使用时最薄有效厚度进行试验，并且按 ISO 9773 归类为 VTM-0 级 |
| 中 | VTM-1 | 材料按使用时最薄有效厚度进行试验，并且按 ISO 9773 归类为 VTM-1 级 |
| 低 | VTM-2 | 材料按使用时最薄有效厚度进行试验，并且按 ISO 9773 归类为 VTM-2 级 |

材料的可燃性等级反映了材料点燃后的特性和熄灭能力，在新版标准中的可燃性等级划分与旧版相比有较大变化，并替代旧版标准中的可燃性等级。新、旧版本中可燃性等级的等效性如表 2-5 所示。

表 2-5　新旧版标准可燃性等级的等效性说明

| 2001 版标准中等级 | 2011 版标准中等级 | 等效性说明 |
|---|---|---|
| — | 5VA(1.2.12.5) | 标准中不要求 5VA 级 |
| 5V | 5VB(1.2.12.6) | 通过 2001 版标准中 A9 的 5V 级试验的材料相当于 5VB 级或更优 |
| HB | HB40(1.2.12.10) | 厚度等于 3 mm 的材料的样品通过 2001 版标准中 A8 的试验。(试验中最大燃烧速率为 40 mm/min),该材料相当于 HB40 级 |
| | HB75(1.2.12.11) | 厚度小于 3 mm 的材料的样品通过 2001 版标准中 A8 的试验(试验中最大燃烧速率为 75 mm/min),该材料相当于 HB75 级 |

### 2.2.9　电缆分配系统　cable distribution system(标准中 1.2.13.14)

预定主要在不同的建筑物间或室外天线与建筑物间传输视频和/或音频信号的、使用同轴电缆的金属端接传输媒介,不包括:

——用来供电、输电和配电的电网电源系统,如果用作通信传输媒体;

——通信网络;

——连接信息技术设备的设备单元的 SELV 电路。

说明:由于信息技术产品和音频、视频产品的融合,各种功能相互交错,当信息技术产品也具有接收电视信号和音频信号的功能时,就应当考虑来自室外天线的危险隐患。电缆分配系统是一个中间媒介,使用同轴电缆在不同的建筑物与建筑物之间、室外天线与建筑物间传输视频、音频型号。

### 2.2.10　保护电流额定值　protective current rating(标准中 1.2.13.17)

已知的或假定在适当处安置以保护电路的过电流保护装置的额定值。

说明:从定义中可以看出保护电流额定值是设备中起保护作用的过流保护装置的额定值。在标准的 2.6.3.3 中给出了对于安置在不同位置的过流保护装置的保护电流额定值的确定方法,应选取如下 a)或 b)或 c)的最小值:

a) 对于 A 型可插式设备,如果通过设备外的过流保护装置对设备提供保护的(例如,在建筑物配线中、在电源插头中或在设备机架中),保护电流额定值是建筑物配线中、电源插头中或设备机架中的过流保护装置的额定值(在我国最小为 16 A)。

b) 对于 B 型可插式设备和永久性连接式设备,如果依靠设备外的保护装置来进行保护,则应当在设备的安装说明书中说明,并且对短路保护或过电流保护、或者必要时对两者提出要求,规定过流保护装置的最大额定值。

c) 对于任何上述设备,如果通过设备内或作为设备的一部分提供的用来保护需要接地的电路或零部件的过流保护装置保护电路,则保护电流额定值是该过流保护装置的额定值。

## 2.3　基本要求

在阅读、理解和使用标准的过程中,应该首先掌握以下基本原则:

a) 应以"只有涉及安全时才适用"的原则确定标准中各条款要求的适用性,工程师可以通过研究设备的电路和结构,并考虑可能发生失效后引起的后果等途径,确定是否涉及安全。

b) 应了解设备的设计和结构特点,考虑其所有可能的使用条件,依据其使用条件和特点考虑使用的标准条款。同时,还应考虑异常使用或单一故障条件。

c) 应考虑设备预定连接的电源电压所有可能的情况,额定电压范围的上限和下限,以及范围内的任何电压值和电源容差等。

d) 如果设备所涉及的技术、材料或结构方式未明确包含在标准中,则该设备所提供的安全等级应当不低于标准的要求和安全原则给出的等级。

e) 为了达到更好的防护效果,在设备中允许使用高于标准规定绝缘等级和燃烧等级的材料。如防火防护外壳的材料,为了提供更好的防护效果,可以使用高于标准规定等级的材料。

f) 设备应当按安装说明书的要求安装后进行相关试验,如果说明书中说明有多种安装方式或使用方向,且对试验结果会产生显著影响,则应考虑所有安装方式和使用方向进行试验。主要涉及标准中以下试验条款:稳定性、机械强度、电池、发热要求、外壳开孔、异常工作和故障条件。

g) 在选择判据时,标准中的部分条款的试验方法和合格判据也许不是唯一的,由可供选择的替代方法,标准要求由制造厂商选择针对其受试设备的试验方法。

h) 使用标准中的示例时应注意,在标准中给出有关设备、零部件、结构方法、设计工艺和故障的示例,用"例如"或"如"引出,但并不排除其他示例、情况和方法。

i) 导电液体在标准中被视为是导电零部件。

## 2.4 试验的一般条件

### 2.4.1 试验的适用性

首先,对于标准规定范围内的产品,只有在考核其安全性时,标准的试验才适用。

其次,应根据设备的设计和结构,具体分析试验的适用性,标准中的试验要求里通常也规定了该试验适用的条件,如对不同类型的设备应区分进行冲击试验或跌落试验,又如球压试验仅对承载危险电压的热塑性材料的零部件适用等。

另外,设备依据适用的要求进行了适用的试验后,由于部分试验具有破坏性,所以不要求设备还能够恢复工作。

### 2.4.2 型式试验、抽样试验与例行试验

"型式试验"是对有代表性的样品所进行的试验,其目的是确定其设计和制造是否能符合标准的要求。在标准中除另有说明外,所规定的试验均为型式试验。

"抽样试验"是从一批产品中随机抽取一定数量的样品进行的试验。

"例行试验"是在制造期间或制造后对每个独立产品进行的试验,以检验其是否符合相关的判据。

表2-6给出了型式试验、抽样试验和例行试验的适用条件(不同的试验类别的试验条件和应力不同)。

表 2-6　试验分类及适用性

| 试验类别 | 试验样品 | 标准中的适用性 |
|---|---|---|
| 型式试验 | 代表性的样品 | 标准中如没有特别说明,则所规定的试验均为型式试验 |
| 抽样试验 | 从一批产品中随机抽取一定数量的样品 | 标准中附录 U"无需使用隔层绝缘的绝缘绕组线"中有抽样试验的要求和方法 |
| 例行试验 | 每个独立产品 | 标准中特别说明。<br>例如,抗电强度例行试验(标准中 5.2.2),区别于型式试验抗电强度例行试验的持续时间由 60 s 减小到 1 s,并且允许把试验电压降低 10% |

### 2.4.3　试验样品及试验顺序

试验样品的选择应是用户将要接收的(即已定型的)设备的代表性样品,或者应当是准备向用户交货的设备,即最终的定型产品。

原则上,整机试验应在完整的设备样品上进行,但是当由于样品体积过大或者有特殊的安装要求等因素使某些试验不能在完整的设备样品上进行时,如果通过对设备和电路的检查可以判断在设备以外对电路、元器件或部件分别进行试验的结果能够代表对完整设备进行试验的结果,则可以在电路、元器件或部件上进行试验。

进行的某些试验会对试验样品造成破坏,如印制板、外壳的阻燃试验等,可以在一个能代表被评估条件(即与样品的材料、规格一致)的模型样品(条)上进行。

由于安全试验的合格判定不依据设备是否能满足某项性能要求,而是安全意义上的合格,如不伤人、不起火等,所以进行的某项试验可能造成设备损坏,但如果不会造成人员伤害或火焰蔓延等安全意义的伤害,则认为该设备是符合要求的。在标准中,除另有规定外,作试验结论时,不要求设备还能继续工作。

综合上述考虑,申请人可与实验室共同商定试验样品和试验顺序,或按下述顺序进行试验:

　　a) 元器件或材料预选;

　　b) 元器件或部件单独试验(如随机进行的变压器、电容等元器件试验);

　　c) 设备不通电试验(如绝缘材料的预处理、耐压试验等);

　　d) 带电试验:

　　——在正常工作条件下(如接触电流、输入电流等);

　　——在异常工作条件下(如模拟故障、误操作等);

　　——可能破坏样品的条件下(如机械强度、跌落等)。

### 2.4.4　电子测量仪器

为了使试验结果能够保持一致,标准中规定选用电子测量仪器应考虑到被测参数的所有谐波分量(直流、电网电源频率、高频和谐波分量),选用具有足够的频带宽度的电子测量仪器,以提供准确的读数。如果测量有效值,应当使用能给出和正弦波一样的非正弦波的真实有效值读数的测量仪器。在 CTL-251B 号决议中,给出了仪器精度限值供参考,见表 2-7。

表 2-7　仪器精度限值

| 测量参数 | 测量范围 | 仪器在测量范围内的精确度（最大允许误差） |
|---|---|---|
| 电压 | | |
| 0 V～1 000 V | 直流≤1 kHz | ±1.5% |
| | 1 kHz～5 kHz | ±2% |
| | 5 kHz～20 kHz | ±3% |
| | 20 kHz 及以上 | ±5% |
| 1 000 V 以上 | 直流≤20 kHz | ±3% |
| | 20 kHz 及以上 | ±5% |
| 电流 | | |
| 0 A～5 A | 直流≤60 Hz | ±1.5% |
| | 60 Hz～5 kHz | ±2.5% |
| | 5 kHz～20 kHz | ±3.5% |
| | 20 kHz 及以上 | ±5% |
| 5 A 及以上 | 直流≤5 kHz | ±2.5% |
| | 5 kHz～20 kHz | ±3.5% |
| | 20 kHz 及以上 | ±5% |
| 泄漏电流 | | |
| ≤30 mA | 50/60 Hz | ±3.5% |
| 30 mA 及以上 | 50 Hz～5 kHz | ±5% |
| 功率 | | |
| 50 Hz/60 Hz | ≤1 W | ±3%（原为±20 mW） |
| | 1 W～3 kW | ±3% |
| | 3 kW 及以上 | ±5% |
| 功率系数（50 Hz/60 Hz） | | ±0.05 |
| 频率 | ≤10 kHz | ±0.2% |
| 测量参数 | 测量范围 | 仪器在测量范围内的精确度（最大允许误差） |
| 电阻 | 1 mΩ～100 mΩ | ±5% |
| | 1 MΩ 以上 | ±5% |
| | 1 TΩ 以上 | ±10% |
| | 其他所有情况 | ±3% |
| 温度[a,b] | 100 ℃ 以下 | ±2 ℃ |
| | 100 ℃～500 ℃ | ±3% |
| | −35 ℃～50 ℃ | ±3 ℃ |

表 2-7（续）

| 测量参数 | 测量范围 | 仪器在测量范围内的精确度（最大允许误差） |
|---|---|---|
| 时间 | 10 ms～200 ms | ±5% |
| | 200 ms～1 s | ±10 ms |
| | 1 s 及以上 | ±1% |
| 线性尺寸 | ≤1 mm | ±0.05 mm |
| | 1 mm～25 mm | ±0.1 mm |
| | 25 mm 及以上 | ±0.5% |
| 质量 | 10 g～100 g | ±1% |
| | 100 g～5 kg | ±2% |
| | 5 kg 和以上 | ±5% |
| 压力 | 所有值 | ±6% |
| 机械能量 | 所有值 | ±10% |
| 转矩 | | ±10% |
| 角度 | | ±1° |
| 相对湿度 | 30%RH～95%RH | ±6%RH |
| 大气压力 | | ±10 kPa |
| 气体和液体压力 | 静态测量时 | ±5% |

a 仪器在测量范围内的精确度（最大允许误差）不包括热电偶的。推荐使用 K，T 和 J 型优级热电偶。

b 不包括与相对湿度有关的测量。

### 2.4.5　试验用工作参数

标准给出了试验的基本工作参数，包括电源电压、电源频率、工作温度、设备的现场配置和可移动零部件的位置、工作方式和可调节控制装置的位置等。为了保证试验结果具有一致性，标准规定设置试验参数应考虑的因素有：

a）应考虑制造厂商操作说明范围内和用户在使用产品时可能遇到的最不利条件的组合；

b）标准中规定的特定试验条件，而且很明显这些特定的试验条件会对试验结果有重大影响。

### 2.4.5.1　试验用电源电压

标准要求设备的设计应使其连接到任何预定电源电压下工作都是安全的，因此给受试设备供电的试验用电源电压应当考虑下列各种因素，使受试设备承受最不利的电源电压：

a）多种额定电压。例如设备的额定电压为 110 V/220 V，则应分别在 110 V 和 220 V 电压下对设备进行试验。

b）额定电压容差。电网电源和供电电源可能由于各种因素导致电压波动，故应该考虑这种电压波动可能会给设备的安全性带来的影响,并在一定范围内模拟这种波动电压对设备进行试验。标准根据我国交流电网电源的实际情况规定电源容差为+10%和−10%;对直流电网电源的容差首先由设备制造厂商声明,否则认为是+20%和−15%;如果设备预定仅与等效的交流电源(如电动机驱动发电机或不间断电源)或除电网电源以外的电源连接,由于这种等效的交流电源电压波动范围不规则性,所以这种情况应由制造厂商规定额定电压的容差。

如果制造厂商声明使用更宽的容差,应当取此较宽值。

综上所述,试验开始前应根据实际情况确定适用的容差。

### 2.4.5.2 试验用电源频率

在确定给受试设备(EUT)供电的电源最不利电源频率时,应当考虑在额定频率范围内的各个标称频率(例如 50 Hz 和 60 Hz),但通常不必考虑额定频率的容差。

### 2.4.5.3 温度测量条件

GB 4943.1—2011 的适用范围包括预定在热带地区使用的设备,同时也将基准环境温度修改为 35 ℃,如果设备的制造厂商未作特殊声明,则以 35 ℃为基准温度进行试验。如果制作厂商声明,设备预定不在热带地区使用,则以 25 ℃为基准温度进行试验。

GB 4943.1—2011 中同时提出了"温度依赖型设备"和"非温度依赖型设备"的概念,标准中并未对这两个名词进行定义,但由于在温度测量的要求中存在差异,也要求试验人员能够对这两类设备区分判断。

所谓"温度依赖型设备"是指设计为发热量和冷却量依赖于温度的设备。例如设备包含一个风扇,在设备温度较低时风扇转速也较低,当设备工作温度升高,风扇也随之加快转速,也就是说温度的高低决定了风扇的转速,这样的设备就称之为温度依赖型设备。对这样的设备进行温度测量时,应当在制造厂商规定的工作范围内的最不利环境温度下进行,这个最不利的环境温度不一定是可被接受的最高环境温度,对不同的元器件可能会有不同的最不利环境温度,所以有必要在不同的环境温度下进行多次试验,要求最终测得的零部件温度不超过试验要求的温度限值。

"非温度依赖型设备"是指设计为发热量和冷却量不依赖环境温度的设备。我们平常所遇到的大部分设备都属于这类,这类设备的发热量和冷却能量是设备的固有特性,不随环境温度的高低而改变。对于这类设备的测试可以采用与温度依赖型设备一样的方法,但由于最不利环境温度难以确定并且需要多次试验,所以一般情况下都采用另一种方法,即在制造厂商规定的工作范围内的任何环境温度值下进行试验,要求最终测得的温度 $T$ 不得超过试验要求的温度限值加上环境温度再减去制造厂商规定的最高环境温度或 35 ℃(即 $T_{max} + T_{amb} - T_{ma}$)。

测量绕组的温度,如标准未规定具体的测试方法,则应当采用热电偶法或电阻法。测量除绕组以外的零部件的温度,应当采用热电偶法,也允许使用不会明显地影响热平衡、而且充分准确足以表明合格的任何其他适用的温度测量方法。选用的温度传感器和温度传感器的放置位置应当对被试零部件的温度影响最小。

### 2.4.5.4 受试设备的负载配置

受试设备的不同负载配置可能会影响输入电流、温度测量等试验的结果,因此标准要求当可以确定负载配置会影响试验结果时,应考虑以下因素以得到最不利的负载条件:

a）配上制造厂商为受试设备内或和设备一起提供的选件，如计算机，测试的样品应按制造厂商规定最高配置 CPU、光驱、电源等；

　　b）设计为可向其他设备提供电能的受试设备应与其他设备相连；

　　c）设备上操作人员接触区内标准电源输出插座接上不超过标准中 1.7.5 所要求的标志上所标数值的负载。

　　试验时，可以使用模拟负载来模拟受试设备的上述负载。

## 2.5　电源接口

### 2.5.1　交流配电系统

　　交流配电系统分为 TN-C、TN-C-S、TN-S、TT 或 IT 类。在我国，我们通常默认为 TN-S 系统，如果用电设备已明确说明为其他配电系统，则在产品设计及评价时应考虑相应的安全要求。

### 2.5.2　输入电流试验

　　标准中要求设备在正常负载条件下，其稳态输入供电电流不得超过额定电流 10%，通过试验检验受试设备是否符合要求。

　　试验应在如下条件下进行：

　　a）受试设备带有正常负载。正常负载即能合理预计到的正常使用时可获得最大输入电流的工作状态。如将显示器设定为白屏同时亮度、对比度调至最大，设定打印机连续、高速打印最高质量的信息等。值得注意的是，在某些国家认为打印某个英文字母就可获得最大输入电流，而在我国打印汉字可获得最大输入电流。

　　b）额定电压。如果设备具有一个以上的额定电压，输入电流应当在每个额定电压下进行测量。

　　［例 2-1］设备的额定电压为 110 V/220 V，则应分别在 110 V、220 V 时测量输入电流。

　　如果设备具有一个或一个以上的额定电压范围，输入电流应当在每个额定电压范围的每一端电压下测量。

　　［例 2-2］设备的额定电压为 90 V～110 V/220 V～240 V，则应分别在 90 V、110 V、220 V、240 V 时测量输入电流。

　　如果额定电流标示的是单一的值，应当取在相关电压范围内测得的较高的输入电流来进行判定。如果标示的是两个输入电流值，并用短线隔开，应当取在对应电压范围内测得的两个值进行判定。

　　［例 2-3］设备额定电流为 2 A，额定电压为 110 V～240 V，则应考虑在整个电压范围内测得的最大输入电流值是否超过 2 A 的 10%。

　　［例 2-4］设备的额定电流为 2 A～1 A，额定电压为 90 V～220 V，则应将在 90 V 测得的电流值与 2 A 相比较，在 220 V 测得的电流值与 1 A 相比较进行判定。

### 2.5.3　手持式设备的电压限值

　　标准要求手持式设备的额定电压不得超过 250 V，可通过检查设备的额定值标记判定是否合格。

## 2.6　标记和说明

标记和说明可分为两类,一类是与安全有关的信息,另一类是警告说明,以提醒维修人员和使用人员,避免发生各类危险。标记和说明有的标在设备的外部或内部,有的则需在安装或使用说明书上说明。

下面按标记和说明的位置,分以下几部分进行介绍。

### 2.6.1　设备铭牌上应当有的标记

设备自身的参数信息通常标记在铭牌上,铭牌应贴覆在设备的明显位置上。

设备的铭牌上应包含下列信息:

a) 额定电压或额定电压范围。对于单一的额定电压,应标示 220 V;对于额定电压范围,在额定电压范围的上下限之间用短横线连接,但应包含 220 V,如 220 V～240 V;对于多个额定电压或额定电压范围,用斜线分隔,如 120 V/220 V/240 V,并在出厂时设置为220 V。

b) 当设备为直流供电时,应标记电源性质符号===。

c) 额定频率或额定频率范围,应当为 50 Hz 或包含 50 Hz。

d) 额定电流,mA 或 A。

1) 对使用多个额定电压的设备,应当标记相应的额定电流,用斜线"/"分隔开,并能使人明显看出额定电压与相应的额定电流之间的对应关系,如 120 V/220 V,2.4 A/1.2 A。

2) 对使用额定电压范围的设备应当标上最大的额定电流或电流范围,如 100 V～240 V,2.8 A～1.1 A。

3) 对具有一个电源连接装置的一组设备,其额定电流标记应当标在直接与电网电源连接的那一台设备上。标在那台设备上的额定电流应当是能在电路上同时可能出现的总的最大电流,而且应当包括:该组设备中能通过直接与电源连接的那台设备同时获得供电并能同时运行的所有设备的组合电流。

目前为了使设备能适应各种供电电源和产品功能环境,在一个单独的设备内使用多种配置的电源很普遍。对于这种情况,CTL 389 号决议说明:如果设备的电网电源连接直接连接到电源模块上、电源模块的电气额定值很容易看到,并且设备有一个包括标准中1.7.1 所要求的电源额定值标记中的其他方面,如制造商、型号等单独的标记,则依靠各电源模块上的电气额定值标记就可以满足设备电源额定值标记中的电气部分的要求。

e) 制造厂商名称或商标或识别标记。

f) 制造厂商规定的机型代号标识或型号标志。

g) 对Ⅱ类设备,符号回。

h) 对预定不是连续工作的设备,应当标有额定工作时间,除非由结构来限制其工作时间,否则还应当标有额定间歇时间。

上述标记应当在任何操作人员可以接触的区域内可以立即看到。但对质量超过18 kg 的设备,不应标在设备的底部。另外,对驻立式设备,在按正常使用安装后,仍应当可以看到标记。如果手动电压调节装置是操作人员不可接触的,标记应当标明制造时设定的额定电压值,用于此目的的标记允许使用临时标记。

对预定由维修人员安装的设备,如果标记在维修人员接触区内,则应当在安装说明书中或在设备的直观标记上指明该永久性标记的位置,用于此目的的标记允许使用临时标记。

CTL DSH 634 A 号决议说明:对笔记本电脑,如果电池仓是操作人员可以触及的,则铭牌就可以放置在电池仓内。因为,如果电池是单独包装的,还没有装入笔记本电脑的电池仓,则操作人员在安装电池时可以很容易地看到电池仓内标记;如果电池已装在电池仓内,操作人员也可以很容易地将电池取出,这样就可以把电池仓视为是"操作人员可触及的门或盖",当打开这个门或盖时就可以直接看到铭牌。

### 2.6.2 设备上应当有的标记

在设备上需要标示的操作指示信息、提示信息和警告信息标记有:

a) 如果必须使用工具才能触到操作人员接触区域,那么在该区域内存在危险的所有部位,如果操作人员使用相同的工具可触及,则应在这样的部位作上标记⚡(ISO 3864,编号 5036)以阻止操作人员接触。

b) 对预定能与多种额定电压或频率的电源相连接的设备,除非调节装置是设置在电源额定值标记近旁的一种简单的控制装置,而且这种控制装置的设置足够直观明显,否则应当在电源额定值的标记上或其近旁,标上下列说明语句或相类似的说明语句"在与电源连接前请查看安装说明书"。

c) 如果设备上任何一个标准电源输出插座是操作人员可触及的,则在该输出插座的就近处应当标有标记,用以说明可以与该插座连接的最大允许负载。

d) 熔断器的标记应当标在每一熔断器的邻近处、或熔断器座的邻近处、或标在熔断器座上,或标在另一个地方,只要能明确看出该标记对应的是哪一个熔断器即可。该标记应当标出熔断器的额定电流,如果该熔断器座能装上不同电压额定值的熔断器,则还应当标出熔断器的额定电压。

如果需要装上具有特殊熔断特性(例如延时或分断能力)的熔断器,则还应当标明该熔断器的类型。

e) 预定要与保护接地导线相连的接线端子,应当标示符号⊕。该符号不能用于其他接地端子。

对保护连接导线的端子不要求标示,但如果要对这样的端子进行标记,则应当使用符号⏚来标示。这些符号不得标在螺钉上或接线时可能要拆卸的其他零部件上。

f) 对永久性连接式设备和带有普通不可拆卸的电源软线的设备:

——预定专用于连接交流电网电源中线的端子(如果有),应当用大写字母"N"标明;

——在三相设备上,如果相序不正确则会引起设备过热或其他危险,所以,预定与交流电网电源相线相连的端子应当有标记,其标记方式应当能保证在按任何有关的安装说明书指示下相序不会弄错。

g) 凡影响到安全的开关和其他控制装置的标记和说明应当标在该开关或控制装置上或其就近处。在控制装置(例如开关、按键)上或其附近使用符号来指示"通"和"断"的状态时,应当使用竖线"|"表示"通"状态,使用圆圈"○"表示"断"状态。对推推式开关,应当使用符号①。对任何一次电源开关或二次电源开关,包括隔离开关,均可使用符号"○"

和"|"作为"断"和"通"的标记。"等待"状态应当使用符号⏻表示。

h) 如果使用数字来指示任一控制装置的不同位置,则应当使用数字 0 指示"断"位置,而较大的数字应当用来指示较大的输出、输入等。

i) 凡通过一个以上的连接端向设备供给危险电压或危险等级的能量,则在紧靠提供给维修人员接触危险零部件的接触点应当有明显的标记,该标记应当说明哪个或哪些断开装置能完全断开设备,哪一个断开装置可以用来断开设备中的某个部分。

如果设备是从一个以上的电源(例如,不同电压频率的电源或者作为备用的电源)来供电的,则应当在每一个断开装置上提供明显的标记,就如何断开设备的所有电源作相应的说明。例如图 2-1 所示:

**图 2-1　断开装置警告标记示例**

j) 在安装时或在正常使用时,预定要调节的恒温器和类似的调节装置应当具有某种指示,以便指示出被调特性值增加或减小的调节方向,允许采用＋和-的指示符号。

k) 如果不可能依靠直流电网电源内的接地导体的标识或交流电网电源内的接地中线的标识,并且设备本身未提供双极断开装置,那么安装说明中应当规定需要在设备外部提供一个双极断开装置。

l) 对于三相设备,断开装置应当能同时断开电网电源的所有相线。

对于需要中线与 IT 配电系统连接的设备,其断开装置应当是一个四极断开装置,并且可以断开所有相线和中线。如果设备中未提供这个四极断开装置,则安装说明书中应当规定需要在设备外部提供这种装置。

m) 如果各自具有电源连接端的一组设备互连,其连接方式有可能在这些设备之间传递危险电压或危险等级的能量时,则应当装有断开装置,以便在对所考虑的设备进行维修时,能断开可能被触及的危险零部件,否则对这些零部件应当具有隔离保护,并加上适当的警告标签。另外,在每台设备上应当设置明显的标牌,就如何断开设备的各个电源作相应的说明。

n) 对于仅适用于在海拔 2 000 m 以下地区使用的设备应在设备明显位置上标注"仅适用于海拔 2 000 m 以下地区安全使用"或类似的警告语句,或如下标识:

如果单独使用该标识,应当在说明书中给出标识的含义解释。

o) 对于仅适用于在非热带气候条件下使用的设备应在设备明显位置上标注"仅适用于非热带气候条件下安全使用"或类似的警告语句,或如下标识:

如果单独使用该标识,应当在说明书中给出标识的含义解释。

另外,安全警告语句(例如,海拔 2 000 m 以下和非热带气候条件下使用的警告语句)应当使用设备预定销售地所能接受的语言。

### 2.6.3 说明书或维修手册中应当有的说明

在说明书或维修手册中应当包含如下信息:

a) 当设备中不包含断开装置时,或者用电源软线上的插头当作断开装置时,在安装说明书中应当说明下列内容:

——对永久性连接式设备,应当在设备外部装上便于触及的断开装置;

——对可插式设备,插座应当装在设备的附近,而且应当便于触及。

b) 对 B 型可插式设备或永久性连接式设备,除非设备内具有适当的过流保护装置,否则应当在安装说明书中规定在设备外提供的过流保护装置的最大额定值。

c) 如果设备已设计成与 IT 配电系统连接,或者在需要时,经修改能与 IT 配电系统连接,安装说明书应当说明。

d) 对可能产生臭氧的设备,在安装和操作说明书上应当提醒用户注意,确保将臭氧浓度限制在安全值以内。

e) 对预定能与多种额定电压或频率的电源相连接的设备,其选择额定电压或频率的调节方法应当在维修手册或安装说明书中详细说明。

f) 对未安装在操作人员接触区的熔断器或安装在操作人员接触区的内部焊接的熔断器,允许在维修说明书中提供一个明确的、包括有关说明的相互对照表(例如 F1、F2 等)。

g) 在下列两种情况下,应当在设备上设置适当的标记或在维修手册中提供声明以便提醒维修人员注意可能的危险:

——在永久性连接的或配备不可换向的插头的单相设备的中线上使用熔断器;和

——在熔断器动作后,设备中仍然带电的零部件在维修时可能会引起危险。

h) 如果设备配备有可更换的电池,而且,如果用不正确型号的电池替代会引起爆炸,则应当符合下列要求:

——如果电池是安装在操作人员接触区内,则应当在电池邻近处有标记或同时在操作说明书和维修说明中说明;

——如果电池安装在设备的其他地方,则应当在电池邻近处有标记或在维修说明中说明。

i) 对于指定仅安装在受限制接触区的设备,其安装说明应当包含有关受限制接触区的说明。

### 2.6.4 其他附加的标记和说明

在标准的具体条款中,对标记和说明还有如下附加要求:

a) 如果设备电池仓有一个需要特定的方式(如使用工具或锁扣)才能打开的门,当门关闭时不能触及 TNV 电路,并且门固定在设备上,在门旁边或门上贴有指示标记以便当门打开时能保护使用者,如"打开门之前,应当先断开电话线",则设备的电池仓内的 TNV

电路中裸露的导电零部件是操作人员可以触及的。

b) 在维修人员接触区内,对一旦发生单一故障时可能带危险电压的导电零部件,例如电动机机壳、电子设备底板等,应当连接到电源保护接地端子上,如果这种连接不可能或不实际,则应当使用适当的警告标牌,以告诫维修人员:这种零部件未接地,在接触前,应当检查是否存在危险电压。

c) 当某个设备单元的安装说明书中规定,整个设备在工作前要固定在建筑物构件上,则稳定性的要求不适用。在维修人员执行操作期间,如果需要,稳定装置应当自动起稳定作用或提供一个标记以告诫维修人员使用稳定装置。

d) 在制造厂商生产的设备单元或系统内,如果操作人员或维修人员使用的插头和插座存在误插危险,则不得使用该插头和插座。尤其是对于 SELV 电路或 TNV 电路,不得使用符合 GB 1002、GB 1003 或 GB 17465 的连接器。为了满足本要求,可以采用锁键、定位销,或者在只能由维修人员接触的连接器标上清晰的标记。

e) 在操作人员接触区内,应当通过适当的结构来提供保护,以减少接触危险运动部件的可能,或者将运动部件安装在具有机械的或电气的安全联锁装置的外壳中,当接触时,危险将被消除。

如果不能完全符合上述的接触要求,那么允许设备按预定功能使用,作为附加的措施,应当在操作说明书中提供声明,并将标记固定到设备上,声明和标记均含有如下或类似字句:

"警告　危险的运动部件　手指和人体不得靠近"

对可能造成手指、饰物、衣服等卷入运动部件的地方,装有能使操作人员将运动部件制动的装置。警告标记和运动部件的终止装置应当设置在从伤害危险最大的地方能易于看到的和接触到的明显位置上。

f) 预定仅在受限制接触区使用、并安装在混凝土地面或其他不易燃表面上的驻立式设备应设置如下标记:

"仅适宜安装在混凝土或不易燃的表面上"

g) 对带有电源保护接地端子的驻立式永久性连接式设备或驻立式 B 型可插式设备,当测量的接触电流超过 3.5 mA 时,在靠近设备的交流电源连接端处,应设置如下标记或类似语句的标记:

"警告　大接触电流　在接通电源之前必须先接地"

h) 对每个通信端口连接到 EUT 的电源保护接地端子上的 EUT,$\sum I_1$(在 EUT 所有这样的通信端口处,从其他设备接收的接触电流的总和如果 $\sum I_1$ 超过 3.5 mA,则安装说明应当规定永久连接到保护地的具体措施。即如果有机械防护,接地线的截面积不小于 2.5 mm²,否则应当为 4.0 mm²;和在靠近永久接地连接端处,应当设置如下标记或类似语句的标记:

"警告　大接触电流　在连接通信网络之前　必须先接地"

i) 如果通信网络的保护是依赖于设备的保护接地,则设备的安装说明书和其他有关资料应当有保证保护接地完整性的规定。

j) 如果设备预定由维修人员来安装,且有安装说明,要求将设备连到带有保护接地连接端的输出插座上,或带永久连接性保护接地导体并配有安装该导体说明书的设备,则不需要满足通信网络与地的隔离要求。

### 2.6.5 标记和说明的语言

与安全有关的说明书和设备标记应使用规范中文,安全警告语句(例如,海拔 2 000 m 以下和非热带气候条件下使用的警告语句)应当使用设备预定销售地所能接受的语言。在少数民族自治区,所能接受的语言为汉语和当地少数民族语,例如在西藏自治区应为藏语和汉语,为方便企业使用,在标准的附录 EE 中给出了标准中的所有举例的安全警告用语的五种语言版本。

维修手册允许使用英文。

### 2.6.6 标记的耐久性测试

标准中所要求的任何标记应当是能耐久的和醒目的。在考虑标记的耐久性时,应当把正常使用时对标记的影响考虑进去。

通过擦拭试验来检验是否合格。擦拭标记时,应当用一块蘸有水的棉布用手擦拭 15 s,然后再用一块蘸有溶剂油的棉布用手擦拭 15 s,试验后,标记仍应当清晰,标记铭牌应当不可能轻易被揭掉,而且不得出现卷边。

用于试验的精制溶剂油的脂肪烃类己烷溶剂具有最大芳香烃含量的体积百分比为 0.1%,贝壳松脂丁醇(溶解溶液)值为 29,初始沸点约为 65 ℃,干涸点约为 69 ℃,单位体积的质量约为 0.7 kg/L。

允许使用纯度不低于 85% 的己烷。

通常,我国化学试剂商店中常见的正己烷被认为符合上述要求。

# 第 3 章 防电击危险的要求

## 3.1 电击产生的原理

防电击和能量危险是安全检查的一个重要的问题,从设计到制造乃至使用都是不容忽视的大问题。

当与人体有两个或两个以上的电气接触点时就会产生电能的传递(见图 3-1)。第一个电气接触点是人体和设备的导电部件之间;第二个电气接触点是人体的另一个部分和

——大地之间;或

——设备的另一个导电部件之间。

这样形成回路,就会有电流流过人体。

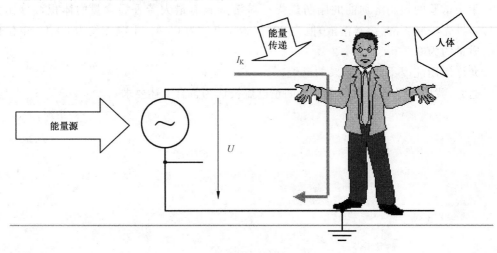

**图 3-1 电击产生的原理图**

电击是由于电流通过人体而造成的,其引起的生理反映取决于电流值的大小和持续时间及通过人体的路径,电流值取决于施加的电压以及电源的阻抗和人体的阻抗。人体的阻抗依次取决于接触区域的湿度及施加的电压和频率。接触电流的效应还和人体的接触面积和接触持续时间有关。大约 0.5 mA 的电流就能在一个健康的人体内产生反应,而且这种不知不觉的反应可能导致间接的危害。电流越大,对人体的危害也就越大。人体受电击致死的主要原因是受强电流刺激而引起心跳停止。

通常人体对流经的电流有感知、反应、摆脱、致命和电灼伤几种效应。IEC 60479《电流通过人体的效应》中表明,0.5 mA 的电流通过人体可使人有微小的感觉称为感知电流;2.5 mA～3.5 mA 的电流流过时,可使人明显感到有电流流过,此时手指感觉麻但无疼痛,称为反应电流;8 mA～10 mA 的电流流过时,触电者还能自动摆脱,称为摆脱电流;电流超过 20 mA 时,手指迅速麻痹而不能摆脱,电流再大就会引起心室纤维性颤动、呼吸麻痹,称为致命电流;其数值为 50 mA～80 mA,同时还会导致电灼伤。感知、反应和摆脱的

这些反应与接触电流的峰值有关并随频率变化,而电灼伤与接触电流的有效值有关而与频率无关。影响电击的因素错综复杂而且大多为随机事件,要弄清它们之间的关系和影响电击的具体因素是很困难的,但为了保证使用人员和维修人员的安全,通常对防电击实行两级保护,同时对设备必须进行接触电流的测量。

## 3.2 防电击的要求

针对造成电击的不同起因应当采取相应的防护原则和措施。

a) 由于人体接触在正常情况下带危险电压的裸露零部件造成电击,例如接触与峰值电压超过 42.4 V 或直流电压超过 60 V 的通信网络连接的电路可采取的防护措施有:用固定的或锁紧的盖、安全联锁装置防止使用人员接触带危险电压的零部件;使可触及的带危险电压的电容器放电。采取措施限制这种电路的可触及性和接触区域,把它们与未接地的、接触不受限制的零部件隔离开。

b) 由于故障使人体触及危险电压零部件:

——设备中安全特低电压电路和带危险电压的零部件之间是根据不同的电路设计而采用不同绝缘隔离的。正常情况下允许人体触及,但由于隔离不当,例如绝缘等级不够,或绝缘距离不满足要求,而致使绝缘击穿时,安全特低电压电路可能也会带上危险电压,人再触及也有可能触电。

——设备上人体可触及的导电零部件是通过绝缘同危险电压零部件隔离的,或者通过接地,使在它上面所能产生的电压限制在安全值内,因此正常情况下人体触及是安全的,但若使用人员可触及的绝缘被击穿,或者由于接地故障而使接地电阻增大,使故障电流不能形成回路,人体接触具有大漏电流的外壳或某个部位时,就有电流流过人体而造成电击。

基于以上的原因,要采用适当等级的电击防护如下:

——对Ⅰ类设备,采用基本绝缘+接地的金属外壳;

——对Ⅱ类设备,采用基本绝缘+附加绝缘,或加强绝缘;

——对Ⅲ类设备,通过 SELV 电路供电,且设计成不会产生危险电压;

——对所有类型设备,限制电流输出(在正常和故障条件下)。

所使用的绝缘应具有足够的机械强度和电气强度以防止被击穿。接地措施应可靠,或选用适当的滤波元件把接触电流限制在规定值内。

总之,构成一个产品的防电击功能主要有三方面:

——绝缘物理结构设计,如电气间隙和爬电距离、绝缘厚度、隔离措施等;

——绝缘介质材料的选用,通过抗电强度试验考核;

——并联在绝缘上的元器件,如电容器、电阻器,光电耦合器等,由于它们将产生容性耦合电流,从而增大电击的危险性,因此要合理选用,通过放电试验、接触电流等试验来考核。

为了对可能产生的电击危险进行防护,设备通常要具有两级保护,例如使用双重绝缘或加强绝缘来对危险件和可触及件进行隔离,或在基本绝缘的基础上使用保护接地等附加防护措施。为了判定设备是否符合防电击要求,要进行一系列的检查和测试。包括可触及性测试、放电测试、能量危险测试、接触电流测试、抗电强度测试、限流电路测试、接地连续性测试、绝缘材料的检查等,下面分别叙述。

## 3.3 可触及性(可触及件与带电件的判定)

### 3.3.1 电路分类

根据电击防护原则及电路的可触及性,将几种基本电路和零部件按允许接触,限制接触和不允许接触进行分类。电路的可触及性见表3-1。

表 3-1 电路的可触及分类

| 电路类型 | 可触及 | 有限制的接触 | 不可触及 |
|---|---|---|---|
| SELV 电路 | √ | | |
| TNV | | √ | |
| ELV | | | √ |
| 限流电路 | √ | | |
| 危险电压电路 | | | √ |

a) 按照电击防护原则,允许操作人员接触下列零部件,限制接触其他带电零部件和它们的绝缘。

——安全特低电压电路中的裸露零部件;

——限流电路中的裸露零部件;

——满足下列要求的 TNV 电路的裸露零部件:

1) 用试验探头触及不到的连接器的触点。

2) 符合下列要求的电池仓内的 TNV 电路中裸露的导电零部件:

● 电池仓有一个需要特定的方式(如使用工具或锁扣)才能打开的门;

● 当门关闭时不能触及 TNV 电路;

● 如果门固定在设备上,在门旁边或门上贴有指示标记以便当门打开时能保护使用者,例如:"打开门之前,应当先断开电话线"。

3) 按标准中 2.6.1d)在任何一点都与保护接地端子相连的 TNV-1 电路的裸露导电零部件。

4) 按标准中 6.2.1 与设备未接地的可触及导电零部件隔离的 TNV-1 电路连接器中的裸露导电零部件。

b) 按照电击防护原则,在构造上应有足够的保护,以防止在操作人员接触区接触下列零部件或绝缘:

——ELV 电路的裸露零部件;

——带危险电压的裸露零部件;

——除标准中 2.1.1.3 允许的以外,为 ELV 电路中的零部件或配线提供功能绝缘或基本绝缘的固体绝缘;

——带危险电压的零部件或配线提供功能绝缘或基本绝缘的固体绝缘;

——仅用功能绝缘或基本绝缘与 ELV 电路或带危险电压的零部件隔离的不接地的导电零部件;和

——不满足 a)中第三个破折号要求的 TNV 电路的裸露零部件。

防护应采用绝缘或隔离保护的方法,或者使用联锁装置来实现。

### 3.3.2 检验方法

a) 目测检查;

b) 用试验指(见图 3-2)进行试验,标准中的试验试具的设计仅考虑了成年人;

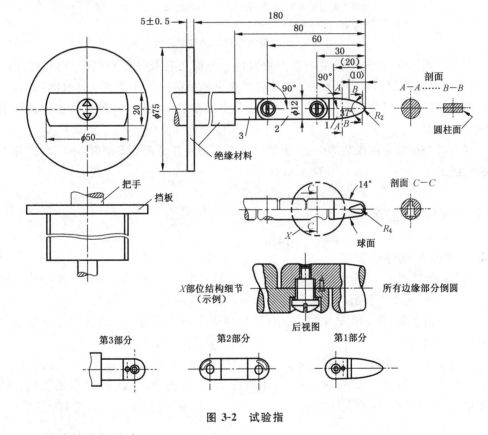

图 3-2 试验指

c) 用试验针进行试验;

d) 适用的情况下,用试验探头进行试验。

上述关于是否触及带危险电压零部件的要求仅适用于危险电压不超过 1 000 V 交流或 1 500 V 直流的情况。对于电压更高的情况,则不但不允许触及,而且在带危险电压的零部件和处在最不利位置的试验指或试验针之间应有空气间隙(见图 3-3)。这个空气间隙应该至少具有对基本绝缘规定的最小电气间隙,或能承受相关的抗电强度试验。在 CTL 632 号决议中也重申了这一点。

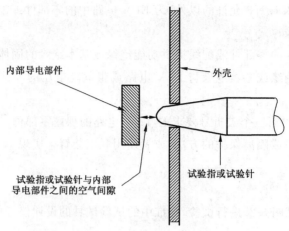

电压不超过交流 1 000 V 或直流 1 500 V 时,试验指或试
验针与内部导电部件之间没有最小空气间隙的要求

**图 3-3　内部导电零部件的可触及性**

　　根据上述原则,首先判断是否是可触及件。外部可触及件是指包括外壳、接线端旋钮、轴把等明显可用手摸得到的部位、部件。这里如果可触及件是绝缘材料的,试验时要在其表面上贴上一层金属箔。内部可触及件是指用指定形状的标准测试指或测试针能触及的一些部件。

　　判定是否可触及仅仅是第一步,重要的是看可触及件是否危险带电,还要对设备进行相关的测试。

## 3.4　SELV 电路

### 3.4.1　SELV 电路的要求

　　SELV 电路的定义:作了适当的设计和保护的二次电路,使得在正常工作条件下和单一故障条件下,它的电压值均不会超过安全值。

　　电压限值要求:在 SELV 电路中任何两个导体之间或任何一个这样的导体和地之间的电压的限值为:

　　　　——正常工作条件下,不超过 42.4 V 交流峰值(30 V 有效值)或 60 V 直流值;

　　　　——单一故障条件下,在 200 ms 后不超过 42.4 V 交流峰值(30 V 有效值)或 60 V 直流值,并且在 200 ms 内其极限值不超过 71 V(50 V 有效值)交流峰值或 120 V 直流值。

　　　　注:例外条件详见标准中 2.2.3。

### 3.4.2　SELV 电路的测量

　　设备的二次电路中,在操作人员可触及的任意两个零部件之间测量电压,或在任意零部件与地之间测量电压。如下所有的接地零部件均应当考虑:

　　　　——保护接地端子(如果有的话);和

　　　　——设备内部为功能目的而接地的任何导电零部件;和

　　　　——设备内部为功能目的而接地的任何导电零部件。

　　在使用中要通过与其他设备相连而接地、但在受试设备中并不接地的零部件,应当在能得到最高电压的那一点连接到地。如果要测量地和在预定使用时设备中不接地的电路中的导体之间的电压,应当在电压测量仪器上跨接一个 5 000(1±10%)Ω 的无感电阻器。

### 3.4.3 SELV 电路与带危险电压电路的隔离和与其他电路的连接

当 SELV 电路与带危险电压的零部件隔离时,允许采用不同的隔离方法 1、方法 2、方法 3 或提供等效隔离的任何其他结构。

(方法 1):

——采用隔板、按规定路径布线或使用固定件来确保提供永久性隔离的双重绝缘或加强绝缘;或

——在要隔离的零部件上或零部件之间采用双重绝缘或加强绝缘;或

——在要隔离的一个零部件上采用基本绝缘和在另一个零部件上采用附加绝缘组成的双重绝缘。

(方法 2):

——在带危险电压的零部件上采用基本绝缘,同时还采用按标准中 2.6.1b)的要求与电网电源保护接地端子相连的保护屏蔽层。

(方法 3):

——在带危险电压的零部件上采用基本绝缘,同时还按标准中 2.6.1b)的要求将其他零部件与电网电源保护接地端子相连。这样,由相应的电路阻抗或由保护装置的动作来维持可触及零部件的电压限值。

如果 SELV 电路通过二次电路导电连接供电,则认为 SELV 电路已采用与该二次电路相同的方法与危险电压电路进行了隔离。

如果 SELV 电路是由带危险电压的二次电路供电,而这个带危险电压的二次电路与一次电路通过双重绝缘或加强绝缘进行隔离,那么 SELV 电路在单一故障条件下应当保持在限值内。在这种情况下,如果在带危险电压的二次电路和 SELV 电路之间提供隔离的变压器的绝缘通过了对基本绝缘的抗电强度试验,认为将该变压器的绝缘短路是单一故障。

SELV 电路与 TNV-2 和 TNV-3 电路之间的隔离应当使得在单一故障时,SELV 电路和可触及导电零部件的电压不超过 TNV-2 和 TNV-3 在正常工作条件下规定的限值。可以通过将零部件用基本绝缘隔离、将 SELV 电路与电源保护接地端子连接,或通过模拟设备中可能发生的元器件和绝缘故障进行检验这 3 种方法之一来实现这种隔离,详见本指南第 10 章。

## 3.5　能量危险

### 3.5.1　能量危险的定义

在电压等于或大于 2 V 时,可获得的、持续时间为 60 s 或更长的功率等级等于或大于 240 VA,或储存的能量等级等于或大于 20 J(例如,来自一个或多个电容器)被认为具有能量危险。

### 3.5.2　危险能量水平的要求

针对接触设备的人员不同,在不同的接触区对危险能量水平的要求不同,具体如下:

a) 在操作人员接触区内,彼此之间存在危险能量等级的两个或多个裸露零部件(其中之一可以是接地的)(每个零部件都不是危险带电件)不应当被金属物体桥接,造成能量危险。

通过用试验指来确定所考虑的零部件被桥接的可能性。试验时,将试验指伸直,但不施加明显的作用力的情况下,试验指应当不可能桥接零部件。

b) 在维修人员接触区内,带有危险能量等级的裸露零部件应当进行合理安置和隔离防护,以便维修设备的其他部件时,不可能发生导电材料无意中桥接在存在危险能量的裸露零部件上的情况。

在确定是否会发生无意中接触到裸露零部件的情况时,应当考虑到维修人员为维修其他零部件时是否需要通过或靠近这些裸露零部件。

c) 安装在受限接触区的设备,除了永久性连接式设备外,如果存在危险能量等级,应当提供适当的标记和说明以对能量危险进行防护。否则所有对操作人员接触区的要求均适用。

### 3.5.3　危险能量水平的确定

通过下述方法来确定是否存在危险能量水平:

a) 当设备在正常工作条件下工作时,在所考虑的元器件上连接一个可调的电阻负载并调节至可得到 240 VA 的水平。如果必要,做进一步的调节以保持 240 VA 持续 60 s。如果电压是 2 V 或更高,那么输出功率处于危险能量水平。除非在上述试验期间,过流保护装置断开,或由于其他任何原因,功率不能保持在 240 VA 并持续 60 s。具体测试时,也可以采用测量最大电压和电流的方法来获取可得到的最大 VA 值。

b) 如果电容上的电压 $U$ 为 2 V 或更高,并且通过下述公式计算的存储能量 $E$ 超过 20 J,则电容器存储的能量处于危险能量水平:

$$E = 0.5CU^2 \times 10^{-6}$$

其中:

$E$——能量,J;

$C$——电容量,$\mu$F;

$U$——电容器上测得的电压,V。

c) 直流电网电源的能量危险。设备的设计应当使得在操作人员可触及的直流电网电源的外部断接点(包括可插式设备的插头和设备外部的隔离开关),符合如下之一:

——不存在由于设备中的电容器或电池存储的电荷,或由于后备的冗余直流电网电源等造成的能量危险;或

——在断开后 2 s 内危险能量水平去除。

应考虑在任何通/断开关处于任意位置时电源断开的可能性来检验其是否合格。

可通过下述方法来确定是否存在危险的能量水平:

1) 对连接到直流电网电源的电容器

通常设备工作时进行试验,然后断开直流电网电源,2 s 内测量跨在电容器上的电压 $U$。

用下述公式计算存储能量:

$$E = 0.5CU^2 \times 10^{-6}$$

如果电压 $U$ 是 2 V 或更高,并且存储的能量 $E$ 超过 20 J,则存在危险能量水平。

2) 对连接到直流电网电源的内部电池

直流电网电源断开时进行试验。在直流电网电源正常连接时的输入端子处连接一个可变电阻负载。EUT 由其内部电池供电工作。调节可变负载使输出功率为 240 VA,如果需要,进一步调节使其保持 240 VA 持续 60 s。

如果 $U$ 大于 2 V,那么除非上述试验期间过流保护装置断开,或由于任何原因功率不能保持 240 VA 持续 60 s,否则输出功率存在危险能量水平。

如果输出功率是处于危险能量水平,则断开可变负载,使 EUT 由直流电网电源供电进行进一步试验。

电源断开后 2 s,输入端子处的能量等级不得存在危险能量水平。

# 3.6 放电测试

为了有效地抑制来自电网的干扰,许多信息技术设备用的开关电源输入端常接有噪声滤波器,其中线间的并联电容器是为了抑制常态干扰的。该电容容量越大,存在电击危险可能性越大,造成的危害越大。因为当设备切断电源时,电容器上所带电荷不能瞬时消失,所以其上的电压不能迅速降至安全值,而是呈指数规律逐步下降,放电时间常数($\tau = RC$)越长,其上电压下降越慢,使用人员即使在设备断电后接触与交流电网电源断接的装置(例如电源线插头)时,也有可能触电。因此标准中规定,设备在设计上应保证在交流电网电源外部断接处,尽量减小因接在一次电路中的电容器储存有电荷而产生的电击危险。

对电网电源标称电压超过 42.4 V 交流峰值或 60 V 直流值,都需要进行试验。

在设备与电网电源连接的电路中,如果等效电容量不大于 0.1 $\mu$F,(电源输入端的电容器滤波器的线间电容量大于 0.1 $\mu$F),则认为其储存的电荷不足以产生电击危险,不需进行放电试验而判定该项符合要求。

要求电容器构成的放电方式所具有的时间常数不超过下述规定值:

——对 A 型可插式设备,1 s;

——对 B 型可插式设备,10 s。

时间常数是指等效电容量($\mu$F)和等效放电电阻值(M$\Omega$)的乘积。通常采取在外部断接点测量电压衰减的方法来得出时间常数。即电压衰减到起始值的 37% 所经过的时间即为一个时间常数。

上述要求中的 A 型可插式设备是通过非工业用插头和插座,或通过非工业用器具耦合器,或者通过这两者与建筑物安装配线连接的设备。例如,一般常用的信息技术处理用的微型计算机、显示器、打印机等大多数使用了非工业用插头,属于 A 型可插式设备。

B 型可插式设备是预定要通过工业用插头或插座或通过工业用器具耦合器,或者通过这两者与建筑物安装配线连接的设备。例如,一些试验室用的稳压电源、电力系统用的运动控制装置等,一般都是用工业用插头,属于 B 型可插式设备。

A 型可插式设备的时间常数的限值要严于 B 型可插式设备,原因是由于 A 型可插式设备是普通人员可以方便地与电网电源接通和断开的,因此要求电容器放电要快,这样即使电源断开后人立即接触设备的断接装置也不会发生电击危险;而 B 型可插式设备的接触人员一般是专业人员,并且其断开装置的断开也需要一定的时间,因此时间常数的要求值放宽了。在 GB 4943.1—2011 中取消了对永久性连接式设备的放电时间常数的要求，原因应该是基于永久性连接式设备是与建筑物配线可靠连接的，不会断开而导致由于电容器放电引发的电击危险。

测试时，通过一个试验工装（见图 3-4，注意测试工装不应有任何影响放电的元器件，比如开关指示灯等），模拟受试设备在插头拔出时的状态，用示波器测量设备插头拔出时 L、N 之间的电压波形，计算放电时间常数。

受试设备通过放电测试装置与电网电源接通或断开，测试装置上的示波器接口可以接示波器来监测设备 L、N 之间的电压波形。

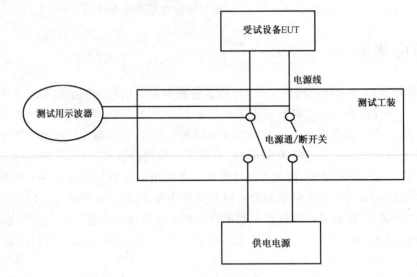

图 3-4　工装示意图

测试时，设备在额定电压下工作。

在设备工作一段时间、一次电路中的电容器充电完成后断开电网电源连接，从示波器上观察断接后的波形如图 3-5 所示。

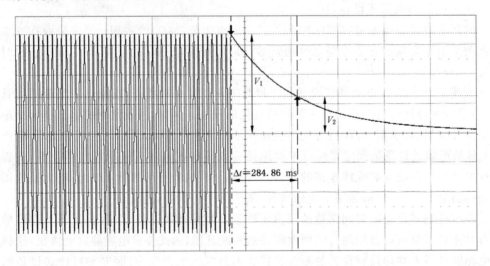

图 3-5　波形分析示意图

图 3-5 中,从起始电压 $V_1$ 衰减到其 37% 电压 $V_2$,所经过的时间 $\Delta t = t_2 - t_1 = 284.86$ ms,即时间常数为 284 ms,符合标准的要求。

如果设备放电速度很快,也可以直接记录放电到 0 V 的时间(小于 1 s),比如,在 500 ms 内电压降至 0 V。

抓取的波形的起始点应当是电网电源的电压,即断开电网电源连接的瞬间开始放电。如果没有抓到,应当重新抓取。还要注意,重新抓取波形时,应当让设备工作一段时间,待一次电路的电容器充电完成后再进行。一般需要进行至少 10 次放电试验,选取放电波形起始点为电网电源电压的波形进行分析计算后,得出时间常数。

如果设备放电速度很慢,示波器满屏无法显示全,则可以采用滚屏的形式查看波形。

新版标准中增加了测量仪器的要求,即使用输入阻抗由一个 100 MΩ±5 MΩ 的电阻器和一个输入电容量为 20 pF±5 pF 的电容器并联组成的仪器测量电压衰减。在随后的 CTL 0716 号决议中,将该要求修改为"输入阻抗为 100 MΩ 或更大,输入电容量为 25 pF 或更小"。IEC TC 108 在对 IEC 60950-1 的最新修订中也规定了同样的要求,这样可以把测量仪器对测试结果的影响降至最低,同时又不会使对仪器的要求过于严苛。在 GB 4943.1—2011 中采用了后者的要求。

如果设备的开关在电路最前端,那么切断电源后放电会很快,但是如果设备内的通/断开关处于 X 电容(例如滤波电容)之后,当开关断开时,设备一次电路中的电容器仍然有电荷,如果此时接触与电网电源的连接端也会有电击的危险。另外,有些设备内的开关后面存在有放电器件(见图 3-6),因此设备在开机(开关接通)状态下,有这些辅助放电器件,放电速度反而比在关机(开关断开)状态下的放电速度要快。因此标准中规定,放电试验要分别在通断开关可能处于的任一位置下进行。

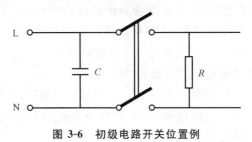

**图 3-6　初级电路开关位置例**

# 3.7　限流电路测试

### 3.7.1　基础知识

限流电路的定义:作了适当的设计和保护的电路,使得在正常工作条件下和单一故障条件下,能从该电路流出的电流是非危险的电流。

限流电路的决定因素是电流而不是电压,是电流对人身造成危害或烧伤,如果通过人体的电流限制在安全值范围内,而电路电压不是安全值的情况下,人体接触到这样的电路的也是安全的。

在正常工作条件和单一故障时,由于电路本身的内阻远远大于人体的电阻,即使人体接触该电路的可触及零部件时,电流不会达到人体触电的危险值。

### 3.7.2 限值

在正常工作条件下和单一故障条件下,在限流电路中的任何两个可触及零部件之间或任何这样零部件与地之间接一个 2 000(1±10%)Ω 的无感电阻器,流过该电阻器的稳态电流不应超过 0.7 mA 峰值(频率不超过 1 kHz)或 2 mA 直流值,或对于频率高于 1 kHz 时,则该 0.7 mA 的限值应当乘以 kHz 为单位的频率值,但不得超过 70 mA 峰值。

允许使用标准中附录 D 的测量仪器代替上述提到的 2 000(1±10%)Ω 的无感电阻器。(当使用标准中图 D.1 的测量仪器时,电压 $U_2$ 是测量值,电流值是用测量的电压值 $U_2$ 除以 500 计算得到的。计算值不得超过 0.7 mA 峰值;当使用标准中图 D.2 的测量仪器时,测量的电流值不得超过 0.7 mA 峰值。)

电压 $U$ 不超过 450 V 交流峰值或直流值的零部件,其电路的电容量不应超过 0.1 μF。

电压 $U$ 超过 0.45 kV 交流峰值或直流值,但不超过 15 kV 交流峰值或直流值的零部件,其电路的电容量不应超过 45/$U$ nF,其中 $U$ 的单位为 kV,限值 45/$U$ 相当于储存电荷量 45 μC。

电压 $U$ 超过 15 kV 峰值或直流值的零部件,其电路的电容量不得超过 700/$U^2$ nF,其中 $U$ 的单位为 kV,限值 700/$U^2$ 相当于存储 350 mJ 的能量。

### 3.7.3 应用场合

一般来说,信息技术设备中的限流电路的适用场合包括以下几种:

a) 可触及导电零部件或电路与其他零部件是通过双重绝缘或加强绝缘来隔离的,而这些绝缘上又桥接有电容器(组)或电阻器(组)的,这些零部件或电路应满足限流电路的要求。

限流电路的要求对Ⅰ类设备、Ⅱ类设备的桥接电容器和/或桥接电阻的电路都适用,但如果Ⅰ类设备中的桥接电容器和/或桥接电阻器接保护地,则不适用,因为该处的接触电流可以直接流入大地,由标准中 5.1 进行考核合格即可。

b) 逆变电路应符合限流电路的要求。

——由低压供电的设备,如笔记本、扫描仪、液晶显示器等,其内部的逆变电路有高电压,则这部分电路应满足限流电路的要求,否则设备的防触电类别不能归类为Ⅲ类设备,应归类为Ⅱ类设备,其绝缘考核要按Ⅱ类设备考核。

——Ⅰ类或Ⅱ类设备(如液晶显示器,扫描仪等)有背光电路(backlight circuit),灯逆变电路(lamp inverter)等高压电路的部分应满足限流电路要求,否则这部分电路就可能是危险电压电路,其与可触及导电零部件和 SELV 电路等就需要规定的安全隔离。

### 3.7.4 测量方法

限流电路大致有两类,一类是稳态电流电路,另一类是电容驱动电路。对一个产品根据其包含的电路类型,可能需要一个或多个测试。

对具有单一频率的稳态电流电路,仅需要测量通过 2 000 Ω 电阻的电流,不需要测电容量;对具有复杂频率的稳态电流电路,需要使用标准中附录 D 的测试网络测量电流,同样也不需要测量电容量。

对电容驱动电流的电路,例如灯驱动电路,由"单一"电容器驱动,电路的电容量由电容器的标称值得到,也可以通过 LCR 测试仪测得。这种类型的电路不需要进行电流测量,仅仅是需要确定电容量并与限值进行比较。在 IECEE CTL 755 号决议中,对限流电路的测量给出了解释和说明。

如果可触及导电零部件或电路与其他零部件的隔离是通过双重绝缘或加强绝缘,而这些绝缘上又桥接有电容器(组)或电阻器(组),则对这些可触及零部件或电路是否符合标准中 2.4 限流电路要求的测试,应在对绝缘进行抗电强度试验后,桥接电容器(组)或电阻器(组)保持在位时,进行测量。如果使用电阻器组,那么除非电阻器组通过了标准中规定的电阻器试验,否则应在每个电阻器依次短路的情况下进行标准中 2.4.2 的电流测量。

### 3.7.5 测量步骤

a) 根据限流电路的类型,选择是进行电流测量还是电容量的测量。

b) 样品连接到电压为样品额定电压或额定电压范围内最不利的电压的电源上。样品工作在其额定频率或额定频率范围最不利的频率下,一般为额定频率范围的最高频率。

c) 当测量电流时,在限流电路中的任何两个零部件之间或任何这样的零部件与地之间通过开关接一个 $2\,000(1\pm10\%)\,\Omega$ 的无感电阻器,开关断开,先建立正常工作条件使样品正常工作,然后开关闭合,测量电阻器两端的电压降峰值($U_{max}$ 和 $U_{min}$ 选其中较大者)和频率或直流值,计算出峰值电流(电压峰值 V/2 000 Ω)或直流电流(直流电压 V/2 000 Ω)。当测量电容量时,先在正常工作条件下,用一个足够带宽的存储示波器监测电容器或等效电容电路两端的电压降,然后使用 LCR 测试仪在 1 kHz 频率下测量该电容器或等效电容电路的电容量。

d) 对电流测试,找出故障条件下有可能造成被测点电压上升和/或频率变化的零部件,将这些零部件施加单一故障,即短路或开路,然后重复 c)的测试。

e) 当测量电容量时,先在正常工作条件下,用一个足够带宽的存储示波器监测电容器或等效电容电路两端的电压降,然后使用仪器测试仪在 1 kHz 频率下测量该电容器或等效电容电路的电容量。

f) 对电容量测试,找出故障条件下有可能造成被测电容量上升和/或电压变化的零部件,将这些零部件施加单一故障,即短路或开路,然后重复 e)的测试。

### 3.7.6 测量注意事项

进行限流电路测试时,应注意本版标准与旧版的差异。

GB 4943.1—2011 中新增加了允许使用附录 D 的测量仪器代替 $2\,000(1\pm10\%)\,\Omega$ 的无感电阻器。当使用图 D.1 的测量仪器时,测量电压值 $U_2$,电流值是用测量的电压值 $U_2$ 除以 500 计算得到的。计算值不应超过 0.7 mA 峰值。

## 3.8  接地连续性测试

### 3.8.1  接地的作用和通用要求

保护接地是Ⅰ类设备电击防护的重要措施。所谓Ⅰ类设备是指电击防护不仅依靠基本绝缘,而且还依靠安装条件作为电击防护附加措施的设备。这类设备上可触及的导电零部件如因绝缘失效可能带上危险电压的,都应可靠地连接到接地端子上。目的是为故障电流提供低阻返回路径,以保证即使发生故障时,设备的可触及部分同地以及邻近结构之间的电位差仍保持在安全范围之内,从而保证人身安全。因此设备中的保护接地导体及其连接要可靠并且不应有过大的电阻。

标准中2.6.1规定了需要可靠连接到设备的电源保护接地端子上的零部件的类型。

保护接地测试目的是确认设备依靠接地保护的部位,其接地连接能承受可能承受的故障电流,并在此电流下仍保持低电阻。

标准中还涉及对保护接地端子的符号、保护接地/连接导体的尺寸、保护接地/连接导体的绝缘的颜色、保护接地/连接端子和保护接地的完整性的要求。

本部分涉及的如下定义,在进行检查和试验时需要区分清楚。

保护接地:为了电气安全目的,将一系统、装置或设备中的一点或多点接地。

功能接地:设备或系统中用于安全目的以外的点接地。

保护接地导体:用来把设备中的电源保护接地端子同建筑物安装接地点连接起来的建筑安装布线中或电源线中的导线。

保护连接导体:用来把电源的保护接地端子同设备中为安全目的而需要接地的部分连接起来的设备中的导线或设备中导电零部件的组合。

### 3.8.2 保护接地的符号

预定要与保护接地导体相连的接线端子,应当标示符号⏚。该符号不能用于其他接地端子。

对保护连接导体的端子不要求标示,但如果要对这样的端子进行标记,则应当使用符号⏚来标示。

上述要求对如下的情况不适用:

——如果电源连接端子位于部件(例如端子盒)上或组件(例如电源单元)上,则对保护接地端子允许用符号⏚取代⏚;

——如果不会引起误解,则在组件或部件上允许使用符号⏚取代符号⏚。

这些符号不得标在螺钉上或在接线时可能要拆卸的其他零部件上。

在设备的电源原理图中也经常会看到各种类型的接地符号,比如,⏚和⏚也是表示与保护地连接,但有些符号的使用并不是很规范,例如只是表示等电位连接的意思,并没有与保护地连接,在核查设备和电路图时应对接地端子和其符号进行检查和判定。

### 3.8.3 保护接地/连接导体的尺寸和绝缘要求

设备配备的电源线中的保护接地导体的尺寸应符合标准中表3B的要求(表3-2中列出了部分常用数值),该保护接地导体的绝缘应当是绿黄双色。

表 3-2 导线规格

| 设备的额定电流<br>A | 最小导线尺寸标称截面积<br>mm² | |
| --- | --- | --- |
| ≤6 | | 0.75[a] |
| >6～≤10 | (0.75)[b] | 1.00 |
| >10～≤13 | (1.0)[c] | 1.25 |
| >13～≤16 | (1.0)[c] | 1.5 |
| >16～≤25 | | 2.5 |
| >25～≤32 | | 4 |
| >32～≤40 | | 6 |

表 3-2（续）

| 设备的额定电流<br>A | 最小导线尺寸标称截面积<br>mm² |
|---|---|

a 对额定电流小于 3 A,如果软线的长度不超过 2 m,允许标称截面积为 0.5 mm²。

b 如果软线的长度不超过 2 m,则括号中的数值适用于装有符合 GB 17465(C13、C15、C15 A 和 C17 型)规定的额定值为 10 A 的连接器的可拆卸电源软线。

c 如果软线的长度不超过 2 m,则括号中的数值适用于装有符合 GB 17465(C19、C21 和 C23 型)规定的额定值为 16 A 的连接器的可拆卸电源软线。

保护连接导体的尺寸满足下列之一即可:

——符合标准中表 3B 的要求(表 3-3 中列出了部分常用数值);或

——符合接地导体电阻的要求,而且若电路的电流额定值大于 16 A,还应当符合标准中表 2D(表 3-3 中列出了部分常用数值)中最小导体尺寸要求;或

——仅对元器件而言,不能小于为元器件供电的导体的尺寸。

表 3-3　保护连接导体的最小尺寸

| 要考虑电路的保护电流额定值<br>（小于或等于）<br>A | 最小导体尺寸<br>截面积<br>mm² |
|---|---|
| 16 | 未规定 |
| 25 | 1.5 |
| 32 | 2.5 |
| 40 | 4.0 |

保护连接导体的绝缘应满足(基本)绝缘要求。

除了Ⅰ类设备Ⅱ类结构的设备的电源线中用做功能接地的绿黄双色绝缘线外,绿黄双色线只能用来识别保护接地导体和保护连接导体。标准中还提到在多功能预装配的元器件中(例如多股导体电缆、EMC 滤波器)可以使用绿黄双色导体作为功能接地导体。

保护连接导体如是带绝缘的,则该绝缘的颜色应当是绿黄双色;对于接地编织线,其绝缘颜色应当是绿黄双色的,或者是透明的;对组装件中的保护连接导体,例如,带状电缆、汇流条、印制配线等,如果在使用这种导体时不会引起误解,则可以使用任何颜色。

### 3.8.4　保护接地端子和保护连接端子的要求

对端子的要求,详见标准中第 8 章的 8.2.2,此处只是提出对保护接地端子和保护连接端子特殊要求。

#### 3.8.4.1　保护连接用螺钉

需要保护接地的设备应具备一个电源保护接地端子,利用螺钉、螺母或等效装置来实现连接。

——螺钉和螺母应当具有符合 GB/T 193 或 GB/T 9144 规定的螺纹,或应当具有螺距和机械强度与其相当的螺纹。

——在涉及保护接地连接的场合,不得使用绝缘材料制成的螺钉。

——如果金属零部件没有足够的弹性来弥补绝缘材料可能出现的任何收缩或变形,则保护接地功能用连接在设计上应当保证不使接触压力通过绝缘材料来传递。

——如果能保证在维修时无需变动其连接,则可以使用自攻螺钉(切削螺纹和螺纹成型)和宽螺距螺钉(金属薄板螺钉)来提供保护接地连接应。

——金属部件拧入螺钉的厚度应不小于 2 个全螺纹,允许通过局部挤压金属部件来增加有效厚度。

——每一个连接处至少应当使用两个螺钉,但是对于螺纹成型的螺钉而言,金属部件拧入螺钉处的厚度至少 0.9 mm,以及对于切削螺纹型螺钉而言,金属部件拧入螺钉处的厚度至少 1.6 mm,可以使用一个单独的自攻螺钉。

### 3.8.4.2　接线端子的连接和尺寸要求

需要保护接地的设备应当具备一个电源保护接地端子。对于带有可拆卸电源软线的设备,器具插座上的接地端子可认为是电源保护接地端子。

如果设备通过一个以上电源连接供电(例如不同电压或频率或作为备用电源),允许每个电源连接有一个对应的电源保护接地端子,在这种情况下,端子的尺寸应当与对应电源输入的额定值相适应。

端子的设计应当防止导线偶然松脱,一般来说,除了某些柱形的接线端子外,通常用来载流的端子的设计应当有充足的余量来满足要求;对其他类型的设计应当采取特殊措施,例如使用不可能无意中拆除的、有充分余量的部件来满足要求。

除了下述例外情况,所有的垫片、螺柱、螺母型保护连接端子应符合本指南第 8 章表 8-4(标准中表 3E)的最小尺寸要求,并且与所连接的接地导体的尺寸相匹配(见本指南第 8 章表 8-3,标准中表 3D)。

例外情况,如果保护连接导体的端子不符合表 3-3(标准中表 3E)的要求,则需要对使用端子的保护连接导体通路进行标准中 2.6.3.4 的试验。

永久性连接设备的电源保护接地端子的位置应易于进行电源连接,并且如果需要连接大于 7 mm²(3 mm 直径)的保护接地导体,则除了工厂提供的安装柱状端子垫片、螺柱、螺母、螺栓或类似端子外,还应有必要的固定附件。

端子的设计应能防止导线偶然松脱;应当使其能以足够的接触压力将导线夹持在金属表面之间而不会损伤导线;应当使夹持导线的螺钉或螺母在拧紧时,导线不会滑脱;应当配置适当的固定导线的附件(例如螺母和垫圈)。

接线端子的固定应保证接线固定良好而且固定满足要求,接线端子的固定应当使夹持导线的附件在拧紧或拧松时:

——接线端子本身不会松脱;和

——内部布线不承受应力;和

——爬电距离和电气间隙不会减小到小于规定值。

可以使用锡焊、熔焊、压接、无螺纹(推入)或类似端接方法来连接导体,对于锡焊接端,导线应当定位或固紧,而不能单靠锡焊来保证导线固定在位。

多路插头和插座内,在不同情况下短路可能发生的地方,应当采取措施,防止由于端子的松动或导线在端接处断裂,造成 SELV 电路或 TNV 电路的零部件与带危险电压的零部件接触。

必要时通过下列试验来检验其是否合格:

在其端接点附近的导线上施加 10 N 的力,导线不得松开或在连接端子处转动而使爬电距离或电气间隙降低到低于规定值。

**3.8.4.3** 与保护接地端子和连接端接触的导电零部件,在随设备提供的说明书中所规定的工作、储存或运输环境条件下不应由于电化学作用而受到明显腐蚀,在标准的附录 J 中,分界线以上的金属组合接触所形成的电化学电位在 0.6 V 以上,有电化学作用引起的腐蚀比较大,应避免采用。耐腐蚀性可通过适当的电镀或涂覆处理来实现。

**3.8.4.4** 对于可能位于同一个汇流条上的保护接地导体和保护连接导体应分别提供接线端子,对于保护接地导体,应提供一个接线端子;如果使用了多根保护接地导体,则应对每一根接地导体提供一个接线端子,对多根保护连接导体,应提供一个或多个接线端子。

但是对配有不可拆卸电源软线的永久性连接式设备和配有特殊不可拆卸电源软线的可插式设备,如果保护接地导体和保护连接导体的接线端仅靠一个螺母来分开,允许使用一个螺柱型或螺钉型接线端子,对保护接地导体和保护连接导体的连接次序不作规定。

对带有器具插座的设备也允许使用一个单独的接线端子。

### 3.8.5 接地连续性测试

如果设备的保护连接导体满足尺寸要求而且接线端子也满足连接要求,则认为可以保证需要接地的零部件可靠接地了。对于保护连接导体在其整个长度范围内不满足最小尺寸要求或其保护连接端子不全部满足最小尺寸要求的可通过进行接地连续性测试来检验。但需要注意的是,新版标准接地连续性测试方法与旧版不同,主要体现在两个方面(详见表 3-5):

——施加的电流不同;

——测试的时间不同。

测试部位是设备的保护接地端子与设备内需要接地的最远端的零部件或端子之间。

试验电压试验电流可以是交流也可以是直流且不超过 12 V。

保护接地导体的电阻不得计入测量值中,但是如果保护接地导体是同设备一起提供的,就可以包括在测量电路中,但是只测量电源保护接地端子和需要接地的零部件之间的电压降。

如果设备通过多芯电缆的一根芯线与组件或独立单元实现保护接地连接,该多芯电缆同时为组件或独立单元供电,则该电缆中的保护连接导体电阻不得计入测量值中,但是这种情况只适用于有合适额定值的保护装置来保护的连接电缆,这种保护装置考虑了导体的尺寸。

如果 SELV 电路或 TNV 电路是通过将被保护电路自身按照标准中 2.9.4e)的要求接地来进行保护的,则电阻限值和电压降限值适用于被保护电路的接地侧和电源保护接地端子之间。

如果电路是通过给被保护电路供电的变压器绕组接地来进行保护的,那么电阻限值和电压降限值适用于绕组的未接地侧和电源保护接地端子之间。初级绕组和次级绕组之间的基本绝缘不承受标准中 5.3.7 和 1.4.14 要求的单一故障试验。

试验电流、试验持续时间和试验结果应当按如下确定:

a) 由电网电源供电的设备,如果被测电路的保护电流额定值小于或等于 16 A,那么试验电流是保护电流额定值的 200%,施加试验电流的时间为 120 s。

根据电压降计算出的保护连接导体的电阻不得超过 0.1 Ω。试验后,保护连接导体不得被损坏。

b) 由交流电网电源供电的设备,如果被测电路的保护电流额定值超过 16 A,那么试验电流是保护电流额定值的 200%,施加试验电流的时间如表 3-4 所示。

表 3-4　交流电网电源供电的设备的试验持续时间

| 电路的保护电流额定值($I_{pc}$)<br>A | 试验持续时间<br>min |
| --- | --- |
| ≤30 | 2 |
| $30 < I_{pc} \leq 60$ | 4 |
| $60 < I_{pc} \leq 100$ | 6 |
| $100 < I_{pc} \leq 200$ | 8 |
| >200 | 10 |

跨在保护连接导体上的电压降不得超过 2.5 V。试验后,保护连接导体不得被损坏。

c) 作为上述 b) 的替代,可以根据限制保护连接导体中的故障电流的过流保护装置的时间-电流特性来进行试验。这个装置可以是在 EUT 中提供的或在安装说明书中规定应当在设备外提供的。试验电流为保护电流额定值的 200%,持续时间与时间-电流特性上的 200% 电流相对应。如果未给出 200% 电流的持续时间,则使用时间-电流特性上最接近点的时间。

保护连接导体上的电压降不得超过 2.5 V,试验后,保护连接导体不得被损坏。

d) 对于直流电网电源供电的设备,如果被试验电路的保护电流额定值超过 16 A,那么试验电流和持续时间按制造厂商的规定。

保护连接导体上的电压降不得超过 2.5 V,试验后,保护连接导体不得被损坏。

e) 对由通信网络供电或电缆分配系统供电的设备中需要接地的 SELV 电路、TNV电路和可触及导电零部件,试验电流是正常工作条件下从通信网络或电缆分配系统中可得到的最大电流的 1.5 倍,但不小于 2 A,持续时间为 2 min。

保护连接导体上的电压降不应超过 2.5 V。

用于标准中表 2D 和上述试验的电路的保护电流额定值取决于过流保护装置的规定和位置,应当按适用的情况,取如下值中的最小值:

——对 A 型可插式设备,保护电流额定值是设备外提供的(例如,在建筑物配线中、在电源插头中或在设备机架中)对设备进行保护的过流保护装置的额定值,最小为 16 A。

  ——对 B 型可插式设备和永久性连接式设备(见标准中 2.7.1),保护电流额定值是设备安装说明中规定的要在设备外提供(见标准中 1.7.2.3)的过流保护装置的最大额定值。

  ——对任何上述设备,保护电流额定值是在设备内或作为设备的一部分提供的用来保护需要接地的电路或零部件的过流保护装置的额定值。

  测试时,应注意不要使测量探头的接触头与被测导电件之间的接触电阻影响试验结果。因此,一般采用四端法测量。

  四端法是国际上通用的测量低值电阻的标准方法之一,它是通过给待测电阻施加一定的电流,然后测量其两端电压来确定阻值。

  四端法的基本特点是恒流电源通过两个电流引线将电流供给待测低值电阻,而用数字电压表通过两个电压引线来测量由恒流电源所供电流在待测低值电阻上所形成的电位差,然后根据欧姆定律计算出电阻值(见图 3-7)。

  测量时要注意测量电流的端子要置于测量电压的端子的外侧,这样由于两个电流引线极在两个电压引线极之外,因此可排除电流引线极接触电阻和引线电阻对测量的影响。又由于数字电压表的输入阻抗很高,电压引线极接触电阻和引线电阻对测量的影响可忽略不计。目前的测试仪器的测试端子大多已按这种顺序进行的布置。

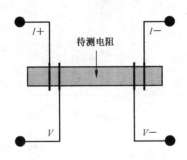

**图 3-7　四端法测量电路原理图**

  对于Ⅰ类的适配器等非金属外壳设备,如果其外部没有接地的零部件,因此进行接地连续性测试时,要打开设备对内部的接地点进行测量。对Ⅰ类设备Ⅱ类结构,如果内部并未进行接地连接,可以不进行接地连续性测试,如果设备内部有金属屏蔽层与保护地连接,则也要进行本条的测试。

  如果设备通过一个以上电源连接供电(例如不同电压或频率或作为备用电源),允许每个电源连接有一个对应的电源保护接地端子,在这种情况下,端子的尺寸应当与对应电源输入的额定值相适应。进行接地连续性测试时,需要单独对每个电源进行测试。

  表 3-5 中给出了 GB 4943 及 IEC 60950(IEC 60950-1)各阶段版本中接地连续性测试的试验参数和合格判据要求。

表3-5 IEC 60950(60950-1)不同版本中接地连续性试验中试验条件的比较

| | GB 4943—1995<br>(idt IEC 60950:1991)<br>条款号 2.5.11 | GB 4943—2001<br>(eqv IEC 60950-1:1999)<br>条款号 2.6.3.2.2.6.3.3 | IEC 60950-1:2001<br>条款号 2.6.3.3.2.6.3.4 | GB 4943.1—2011(MOD.IEC 60950-1:2005)<br>条款号 2.6.3.3.2.6.3.4 |
|---|---|---|---|---|
| 被测电路(保护)电流额定值的规定 | 在基本绝缘失效时会使接地零部件带电的部位所处的任何危险电压电路的电流容量 | 取下列值中的最小值：<br>—设备的额定电流；或<br>—建筑物配线中过流保护装置的额定值；或<br>—设备中过流保护装置的额定值 | 取下列值中较小的值：<br>—建筑物配线中过流保护装置的额定值；<br>—设备中过流保护装置的额定值。<br>对A型可插式设备，如果上述都不适用，则选取设备的额定电流或16 A中的较大值作为电路的额定值 | 取下列值中的最小值：<br>—A型可插式设备，是设备外提供的过流保护装置的额定值，最小为16 A。<br>—B型可插式设备和永久性连接式设备，是设备内提供的最大额定值。<br>—对任何提供的过流保护装置，是设备内提供的过流保护装置的额定值 |
| 试验电流，试验电压，试验持续时间，判据 | 试验电流：理解为保护电流额定值的1.5倍，但不大于25 A。<br>试验电压：不超过12 V。<br>判据：电阻不超过0.1 Ω | 电流额定值≤16 A：<br>试验电流：电流额定值的1.5倍。<br>试验持续时间：60 s。<br>判据：电阻不超过0.1 Ω。<br>电流额定值>16 A：<br>交流供电：<br>试验电流：电流额定值的2倍。<br>试验持续时间：200 s。<br>判据：保护连接导体两端的电压降不超过2.5 V。<br>直流供电：按制造厂商规定。<br>判据：保护连接导体两端的电压降不超过2.5 V | 电流额定值≤16 A：<br>试验电流：电流额定值的1.5倍。<br>试验持续时间：60 s。<br>判据：电阻不超过0.1 Ω。<br>电流额定值>16 A：<br>交流供电：<br>试验电流：电流额定值的2倍。<br>试验持续时间：200 s。<br>判据：保护连接导体两端的电压降不超过2.5 V。<br>直流供电：按制造厂商规定。<br>判据：保护连接导体两端的电压降不超过2.5 V | 试验电压：不超过12 V。<br>保护电流额定值≤16 A：<br>试验电流：保护电流额定值的200%。<br>保护持续时间：120 s。<br>判据：电阻不超过0.1 Ω。试验后，保护连接导体不得被损坏。<br>保护电流额定值>16 A：<br>交流供电：<br>试验电流：保护电流额定值的200%。<br>保护持续时间：按表 2E，根据保护电流额定值不同分别对应 2,4,6,8,10 min 或用替代法。<br>判据：保护连接导体两端的电压降不超过2.5 V。试验后，保护连接导体不得被损坏。<br>直流供电：<br>判据：保护连接导体两端的电压降不得被损坏。<br>试验后，保护连接导体两端的电压降不超过2.5 V。<br>符合2.6.1d)。由通信网络或电缆分配系统供电：<br>试验电流：从通信网络或电缆分配系统中可得到的最大电流（如果已知）的150%，但不小于2 A。<br>持续时间：120 s。<br>判据：保护连接导体两端的电压降不超过2.5 V |

### 3.8.6 保护接地的完整性

保护接地的完整性包括以下几方面：

a) 在一个由互连设备组成的系统中，不管系统中的设备是如何连接的，都应保证需要保护接地连接的所有设备都有保护接地连接，也就是说保护接地不能串联。

b) 保护接地导体和保护连接导体中不应串接开关或过流保护装置。

c) 保护接地连接应保证单元或系统中某一点的保护接地断开而不应断开系统中其他部件或单元的保护接地，除非有关潜在危害能同时去除。

d) 保护接地连接在如下的每种情况下，应先于载流连接端接通，后于载流连接端断开：

——操作人员可拆卸部件的连接器；

——电源软线上的插头；

——器具耦合器。

e) 在设计上，应保证在进行维修时，保护接地连接端不会被断开（除拆除被保护的零部件外），除非断开保护接地端时，被保护的零部件上的有关的潜在危险能同时去除。

f) 保护接地不应依赖通信网络来实现。

### 3.8.7 功能接地的要求

如果可触及的或不可触及的导电零部件需要功能接地，则功能接地电路应当适用下列所有要求：

a) 功能接地电路应当通过下列两种方法之一来与设备中的带危险电压的零部件隔离：

——双重绝缘或加强绝缘；或

——至少使用基本绝缘与带危险电压的零部件隔离的保护接地屏或其他的保护接地的导电零部件；和

b) 功能接地电路可以连到保护接地端子上或保护连接导体上；和

c) 仅用于功能接地的接线端子不能用⏚或⊕来标记，除非在元器件（例如端子板）或组件上的接线端子可以使用⏚符号标记。适用时，可以使用⏚或⊥等类似符号作标记；

d) 不能使用绿黄双色导体作为内部功能接地导体，除非在多功能预装配的元器件中（例如多股导体电缆、EMC 滤波器）；和

e) 电源软线中如果绿黄双色绝缘导体仅用做功能接地连接时，

——设备上不得标记▢（GB/T 5465.2-5172）；和

——对于设备末端的导体端接，除标准中 3.1.9 外无另外要求。

## 3.9 绝 缘

### 3.9.1 电气绝缘材料的检查——潮湿处理

为防止设备的使用人员和维修人员遭受来自设备的电击危险，对可以接触或操作的部件上有可能出现的较高电压应提供防护，应当将这样的部件接地或提供充分的绝缘。

所谓绝缘就是使用不导电的物质（气体、液体或固体）将带电体隔离或包裹起来。良

41

好的绝缘对于保证设备的安全运行,防止人身触电事故的发生是最基本的和最可靠的手段。固体绝缘是最为广泛使用,且最为可靠的一种绝缘物质。

腐蚀性气体和导电性粉尘均可能使绝缘物质的绝缘性能降低甚至破坏。而且,日光、风雨等环境因素的长期作用,也可以使绝缘物质老化而逐渐失去其绝缘性能。在强电作用下,绝缘物质可能被击穿而丧失其绝缘性能。在上述三种绝缘物质中,气体绝缘物质被击穿后,一旦去掉外界因素(强电场)后即可自行恢复其固有的电气绝缘性能;而固体绝缘物质被击穿以后,则不可逆地完全丧失了其电气绝缘性能。因此,电气线路与设备的绝缘必须选择与电压等级相配合,而且须与使用环境及运行条件相适应,以保证绝缘的安全作用。

一般说来,对绝缘材料的选择和应用应考虑到电气、温度和机械强度、工作电压频率和工作环境(温度、压力、湿度和污染)的要求。

在潮湿条件下,由于水汽吸附、吸收和扩散作用,设备中的材料在吸湿后会引起电性能下降。因此标准中规定,天然橡胶、吸湿性材料和含石棉的材料不能作为绝缘来使用。这可以通过设备厂商提交材料的相关数据来证明,也可以通过对材料进行潮湿处理后进行抗电强度试验来确定,目前试验室普遍采用后一种做法。

大家知道,在 IEC 60065,IEC 60601(医疗设备),IEC 61010(测量,控制仪器),IEC 60335 等一些安全标准中也都有潮湿处理要求,而这些要求不完全相同,但相差不是很大,而且也没有很明确的理由保持各自的条件。为了有所统一,IECEE 的 CTL 发布了一个 CTL 624/07 号决议,将不同标准的潮湿处理的条件统一为:湿热箱要调节到湿度为93%RH±3%RH,温度为 20 ℃～30 ℃之间任何方便的温度,这个所选择的温度在试验期间要保持在±2 ℃的范围内。这个是潮湿处理的条件。

另外,CTL DSH373 说明:可以仅把所涉及的元器件或组件进行潮湿处理,然后进行抗电强度试验,而不必对整个设备进行处理和试验。

实际上,标准中 1.4.3 也说明:如果对设备和电路的检查表明,在设备以外对电路、元器件或部件分别进行试验的结果就能代表对完整设备试验的结果,则可以用这样的试验来代替对完整设备的试验。如果这种试验表明完整设备可能不符合要求,则应当在设备上重新进行试验。

这就给出一个提示,如果设备体积较大不易进潮湿箱,可以仅把涉及材料吸湿会影响设备绝缘性能的元器件或部件进行潮湿处理,然后进行抗电强度试验。这些元器件或部件一般是指设备的电源部分。如果经过分析判断电源单元安装在整机设备上后,有可能有其他影响因素,则还需要对整机进行抗电强度试验。

需要注意的是,在潮湿处理期间,元器件或组件不通电。在进行潮湿处理前,样品温度应达到 $t$ ℃～$t+4$ ℃。新版标准对预定在热带气候条件下使用的设备,潮湿处理的条件为 120 h。

需要强调的是,在潮湿处理后,绝缘应在潮湿箱内或在能达到规定温度的房间内承受抗电强度试验。

### 3.9.2　绝缘等级(分类)和选用

标准中将绝缘分为:功能绝缘、基本绝缘、附加绝缘、加强绝缘还是双重绝缘。采用什么样的绝缘进行设备的安全设计,与电路的类型、危险的来源等有关。

在表 3-6 和标准中图 2H 中对许多常见的绝缘应用场合分别进行了描述和图解。设备的绝缘应根据其类型不同需要满足发热要求、抗电强度要求、电气间隙、爬电距离和绝缘穿透距离等相应要求。

表 3-6　绝缘应用示例

| 绝缘等级 | 绝缘位置（在下列部分之间） | | 见标准中图 2H |
|---|---|---|---|
| 功能绝缘[a] | 未接地的 SELV 电路或双重绝缘的导电零部件 | ——接地的导电零部件 | F1 |
| | | ——双重绝缘的导电零部件 | F2 |
| | | ——未接地的 SELV 电路 | F2 |
| | | ——接地的 SELV 电路 | F1 |
| | | ——接地的 TNV-1 电路 | F10[f] |
| | 接地的 SELV 电路 | ——接地的 SELV 电路 | F11 |
| | | ——接地的导电零部件 | F11 |
| | | ——未接地的 TNV-1 电路 | F12[f] |
| | | ——接地的 TNV-1 电路 | F13[f] |
| | ELV 电路或基本绝缘导电零部件 | ——接地的导电零部件 | F3 |
| | | ——接地的 SELV 电路 | F3 |
| | | ——基本绝缘的导电零部件 | F4 |
| | | ——ELV 电路 | F4 |
| | 接地的危险电压二次电路 | ——另一个接地的危险电压二次电路 | F5 |
| | TNV-1 电路 | TNV-1 电路 | F7 |
| | TNV-2 电路 | TNV-2 电路 | F8 |
| | TNV-3 电路 | TNV-3 电路 | F9 |
| | 变压器绕组的串/并联各部分之间 | | F6 |
| 基本绝缘 | 一次电路 | ——接地的或不接地的危险电压二次电路 | B1 |
| | | ——接地的导电零部件 | B2 |
| | | ——接地的 SELV 电路 | B2 |
| | | ——基本绝缘的导电零部件 | B3 |
| | | ——ELV 电路 | B3 |
| | 接地或不接地的危险电压二次电路 | ——不接地的危险电压二次电路 | B4 |
| | | ——接地的导电零部件 | B5 |
| | | ——接地的 SELV 电路 | B5 |
| | | ——基本绝缘的导电零部件 | B6 |
| | | ——ELV 电路 | B6 |
| | 未接地的 SELV 电路或双重绝缘的导电零部件 | ——未接地的 TNV-1 电路 | B7[f] |
| | | ——TNV-2 电路 | B8[d] |
| | | ——TNV-3 电路 | B9[d,e] |

表 3-6（续）

| 绝缘等级 | 绝缘位置<br>（在下列部分之间） | | 见标准中图 2H |
|---|---|---|---|
| 基本绝缘 | 接地的 SELV 电路 | ——TNV-2 电路<br>——TNV-3 电路 | B10[d]<br>B11[d,e] |
| | TNV-2 电路 | ——未接地的 TNV-1 电路<br>——接地的 TNV-1 电路<br>——TNV-3 电路 | B12[d,e]<br>B13[d,f]<br>B14[f] |
| | TNV-3 电路 | ——未接地的 TNV-1 电路<br>——接地的 TNV-1 电路 | B12<br>B13[d] |
| 附加绝缘 | 基本绝缘的导电零部件或<br>ELV 电路 | ——双重绝缘的导电零部件<br>——未接地 SELV 电路 | S1[b]<br>S1[b] |
| | TNV 电路 | ——基本绝缘的导电零部件<br>——ELV 电路 | S2<br>S2 |
| 附加绝缘或加强绝缘 | 未接地的危险电压二次电路 | ——双重绝缘的导电零部件<br>——未接地的 SELV 电路<br>——TNV 电路 | S/R1[c]<br>S/R1[c]<br>S/R2[c] |
| 加强绝缘 | 一次电路 | ——双重绝缘的导电零部件<br>——未接地 SELV 电路<br>——TNV 电路 | R1<br>R1<br>R2 |
| | 接地的危险电压二次电路 | ——双重绝缘的导电零部件<br>——未接地 SELV 电路<br>——TNV 电路 | R3<br>R3<br>R4 |

术语“导电零部件”指这样的电气导电零部件：

 正常情况下不带电；和

 不连接到如下的任何电路上，

  危险电压电路；或

  ELV 电路；或

  TNV 电路；或

  SELV 电路；或

  限流电路。

这些导电零部件的示例如设备的机身，变压器的铁心以及某些情况下的变压器导电屏蔽层。

如果这些导电零部件与带危险电压的零部件的保护是：

 ——通过双重绝缘或加强绝缘，则被称为“双重绝缘的导电零部件”；

 ——通过基本绝缘和保护接地，则被称为“接地的导电零部件”；

 ——通过基本绝缘但不接地（即无第二级保护），则被称为“基本绝缘的导电零部件”。

如果电路或导电零部件与保护接地端子或接触件的连接方式能满足标准中 2.6 的要求（尽管它不一定处于地电位），则认为是“接地”的电路或导电零部件，否则认为是“不接地”的电路或导电零部件。

表 3-6（续）

| 绝缘等级 | 绝缘位置<br>（在下列部分之间） | 见标准中图 2H |
|---|---|---|

a 功能绝缘要求见标准中 5.3.4。

b 对 ELV 电路或基本绝缘的导电零部件与未接地的可触及导电零部件之间的附加绝缘，其工作电压等于基本绝缘上最严酷的工作电压。最严酷的工作电压可能是由于一次电路或二次电路产生的，并依此规定绝缘。

c 带危险电压的未接地的二次电路和未接地的可触及导电零部件或电路（见标准中图 2H 中的 S/R、S/R1 或 S/R2）之间的绝缘应当满足如下要求中较严酷的一个：

工作电压等于危险电压的加强绝缘；或

工作电压等于带危险电压的二次电路和如下电路之间的电压的附加绝缘：

● 另一个带危险电压的二次电路；或

● 一次电路。

如果满足以下条件，则这些例子适用，

二次电路与一次电路之间只有基本绝缘；和

二次电路与地之间只有基本绝缘。

d 并不始终要求为基本绝缘（见标准中 2.3.2.1 和 2.10.5.13）。

e 2.10 的要求适用，见标准中 6.2.1。

f 2.10 的要求不适用，见标准中 6.2.1。

在某些情况下，只要绝缘能保持所需的安全等级，则可在绝缘上桥接导电通路。

双重绝缘中的基本绝缘层和附加绝缘层可以互相交换。在使用双重绝缘的场合，如果能保持其整体的绝缘等级，则在基本绝缘和附加绝缘之间允许有 ELV 电路或未接地的导电零部件。

### 3.9.3 绝缘的考核

绝缘的考核通过与危险电压的隔离、电气间隙和爬电距离、抗电强度、绝缘穿透距离等来考核，具体要求详见下列条款。

# 3.10 与危险电压的隔离

当可触及导电零部件，包括 SELV 电路、TNV 电路和其相关绕组与带危险电压的零部件隔离时，允许采用如下结构。绝缘，包括双重绝缘每层的等级，应当按工作电压来规定，或者如果适用的话，应当按零部件之间要求的耐压来规定。按不同的隔离方法分为 3 组，方法 1、方法 2、方法 3。

a)（方法 1）双重绝缘或加强绝缘可通过采用隔板、按规定路径布线或使用固定件来提供永久性隔离；或

b)（方法 1）在要隔离的零部件上或之间采用双重绝缘或加强绝缘；或

c)（方法 1）双重绝缘可由要隔离的一个零部件上的基本绝缘和另一个零部件上的附加绝缘组成；或

d)（方法 2）带危险电压的零部件上采用基本绝缘和按照标准中 2.6.1b)与电源保护接地端子相连接的保护屏蔽层；或

e)（方法 3）带危险电压的零部件上采用基本绝缘和按照标准中 2.6.1b)与电源保护接地端子相连接的其他零部件。这样,由相应的电路阻抗或由保护装置的动作来维持可触及零部件的电压限值,允许通过将零部件接地而不是把被保护电路自身接地的方式来保护电路,例如,给被保护电路供电的变压器的次级绕组接地;或

f) 可以提供等效隔离的任何其他结构。

## 3.11　电气间隙和爬电距离

电气间隙、爬电距离、绝缘穿透距离依据的基础标准是 IEC 60664 系列标准(对应国标 GB 16935 系列)。IEC 600664 系列标准《低压系统内设备的绝缘配合》从下列 5 部分纲领性地指导各种设备达到绝缘配合的方法:

——第 1 部分:原理、要求和试验;

——第 2 部分:应用指南;

——第 3 部分:利用涂层、灌封和模压进行防污保护;

——第 4 部分:高频电应力的考虑事项;

——第 5 部分:不超过 2 mm 的电气间隙和爬电距离的确定方法。

电气间隙的尺寸应当确保进入设备的瞬态过电压和设备内部产生的峰值电压不会击穿该电气间隙。电气间隙不足将使空气电离,从而使绝缘两端击穿短路,撤去电压后空气就恢复原状,所以电气间隙造成的击穿一般都是可以恢复的。

爬电距离的尺寸应当确保在给定的工作电压和污染等级下不会出现绝缘闪络或击穿(电痕化)。爬电距离不足将在绝缘材料表面产生飞弧,而飞弧的高温又会将绝缘材料碳化而击穿,故爬电距离造成的绝缘损伤一般都是不可以恢复的。

最小电气间隙取决于峰值工作电压,并与电网电源瞬态电压、污染等级、绝缘类别有关;最小爬电距离取决于有效值工作电压或直流电压值,并与污染等级、材料组别、绝缘类别有关。

污染等级按如下分类:

污染等级 1:适用于没有污染或者仅有干燥、非导电污染的场合。这种污染没有影响。通常,这是通过把元器件和组件用封装或气密密封的方式来实现的,使得灰尘和潮气不能进入。

如果一个元器件或组件的样品通过了标准中 2.10.10 的热循环－湿热处理－抗电强度试验,就可认为是充分封装的,其内部爬电距离和电气间隙可以取污染等级 1 的数值。

污染等级 2:适用于只有非导电污染的场合。这种非导电污染由于偶然的水汽凝结可能暂时变成导电的。

污染等级 3:适用于设备内局部环境承受导电污染或承受由于预期的水汽凝结可能成为导电的干燥的非导电污染。

污染等级 2 一般适用于 GB 4943.1—2011 范围内的设备。

允许功能绝缘的电气间隙和爬电距离值小于规定值,但该功能绝缘应能承受规定的对功能绝缘的抗电强度试验或将功能绝缘进行短路故障试验,故障试验后应不产生任何危险。

GB 4943.1—2011 中特别提出:连接器的防护界面和在连接器内部与危险电压相连的导电零部件之间的电气间隙和爬电距离应当符合加强绝缘的要求。作为例外,连接器如果位于设备的外部外壳之内且固定在设备上,而且只有移开正常工作时需要在位的操作人员可更换的分组件后才可以触及,则电气间隙和爬电距离符合基本绝缘的要求即可。

　　在进行电气间隙和爬电距离的测量时,如下要求适用:

　　a) 可动零部件应使其处在最不利的位置。

　　b) 对配有普通不可拆卸电源软线的设备,爬电距离应当分别在安装和不安装标准中3.3.4 规定的最大截面积的电源软线下进行测量。

　　c) 当测量绝缘材料的外壳防护界面通过外壳上的沟槽或开孔或可触及连接器上的开孔测量爬电距离时,应当认为可触及的表面如同用标准中图 2 A 的试验指在不施加明显力可触及的地方都覆盖有金属箔那样是导电的。

### 3.11.1　工作电压的确定

　　在确定工作电压时,下列所有要求都适用:

　　a) 未接地的可触及导电零部件应当假定其是接地的。

　　b) 如果变压器绕组或其他零部件是浮地的(即不与相对于地有确定电位的电路连接),则应当假定该变压器绕组或该零部件有一点接地,由于这一点接地而产生最高工作电压。

　　c) 对变压器两个绕组之间的绝缘,在考虑到绕组可能连接的外部电压后,应当取两个绕组上任意两点之间的最高电压。

　　d) 对于变压器绕组与另一个零部件之间的绝缘,应当取绕组上任意一点与该零部件之间的最高电压。

　　e) 如果使用双重绝缘,则基本绝缘上的工作电压应当按假定附加绝缘为短路的状态来确定,反之亦然。对于变压器绕组之间的双重绝缘,应当假定有这样一点发生短路,由于这一点短路而在另一绝缘上产生最高工作电压。

　　f) 当通过测量来确定工作电压时,被测设备的供电电压应当是额定电压或额定电压范围内能产生最高测量值的电压。不考虑额定电压或额定电压范围的容差。

　　g) 一次电路中任一点与地之间以及一次电路中任一点与二次电路之间的工作电压应当假定是额定电压或额定电压范围的上限电压以及测得的电压的较大者。

　　h) 当确定连接到通信网络上的 TNV 电路的工作电压时,应当考虑正常工作电压。如果是未知的,无需考虑电话振铃信号,应当假设正常工作电压为以下数值:

　　对于 TNV-1 电路:60 V 直流;

　　对于 TNV-2 电路和 TNV-3 电路:120 V 直流。

　　i) 如果使用起动脉冲来点燃放电灯,那么峰值工作电压是所连接的灯未点燃时的脉冲峰值电压。用来确定最小爬电距离的有效值工作电压是灯点燃后测得的电压。

　　GB 4943.1—2011 增加了 g)和 i)两个要求,并在 f)中明确测量工作电压时不考虑电源容差。

　　确定峰值工作电压和有效值工作电压的规则详见标准中 2.10.2.2 和 2.10.2.3。

　　绝缘工作电压分为变压器绝缘的工作电压和变压器以外所用绝缘的工作电压。变压器中绝缘工作电压由正常工作时两个绕组中的任意两点间的最大峰值电压确定,同时还要考虑可能连到这些绕组上的外电压。变压器以外所用绝缘的工作电压是指正常工作情况下跨接在绝缘材料两边的电压,主要是测量初次级之间的绝缘工作电压,但不管何种绝缘,其工作电压一定要和其耐压等级相一致,如使用交流,则假定波形是正弦交流波形;如使用直流,则认为是叠加纹波后的峰值。

对Ⅰ类设备而言,测量前需要把中线和地短接;对Ⅱ类设备,可以把变压器的同名端短接形成参考点。测量工作电压时,设备应在额定电压或额定电压范围的上限工作。

应使用具有足够输入阻抗的示波器或等效仪器测量被测设备中绝缘的工作电压。

### 3.11.2 瞬态电压

#### 3.11.2.1 一次电路的瞬态过电压(电网电源瞬态电压)

连接到电网电源的设备在电源输入端可能承受的瞬态过电压的最大峰值是电网电源瞬态电压。一次电路中对于绝缘的最小电气间隙就基于电网电源瞬态电压。

交流电网电源的电网电源瞬态电压值取决于交流电网电源的电压和过电压类别Ⅰ～Ⅳ(又称安装类别Ⅰ～Ⅳ)。通常与交流电网电源连接的设备的电气间隙按Ⅱ类过电压来设计,其电网电源瞬态过电压见表3-7。

表 3-7  交流电网电源瞬态电压

| 交流电网电源电压[a]<br>(小于或等于) | 电网电源瞬态电压[b]<br>V(峰值) | |
|---|---|---|
| | 过电压类别 | |
| V(有效值) | Ⅰ | Ⅱ |
| 50 | 330 | 500 |
| 100 | 500 | 800 |
| 150[c] | 800 | 1 500 |
| 300[d] | 1 500 | 2 500 |
| 600[e] | 2 500 | 4 000 |

[a] 对于被设计连接在三相三线制电源上的设备,当没有中线时,交流电网电源的电压是相线-相线电压。在其他所有的情况下,如果有中线时,则是相线-中线电压。

[b] 电网电源瞬态电压始终是表中的一个值,不允许使用内插法。

[c] 包括 120/208 V 或 120/240 V。

[d] 包括 230/400 V 或 277/480 V。

[e] 包括 400/690 V。

适当降低过电压可采取以下措施:
——过电压保护电器,如压敏电阻、浪涌抑制器等;
——具有隔离绕组的变压器;
——具有(能转移电涌能量的)多分支电路的配电系统;
——能吸收电涌能量的电容;

——能消耗电涌能量的电阻或类似的阻尼器件。

**3.11.2.2 二次电路的瞬态过电压**

**3.11.2.2.1 来自交流电网电源的瞬态值**

由于交流电网电源的瞬态电压而在二次电路中产生的最高瞬态值是按 3.11.2.3 进行测量的值。

作为替代,对某些二次电路,允许假定最高瞬态值是如下数列中,比表 3-7 中一次电路中的电网电源瞬态电压低一个等级的值:

$$330,500,800,1\,500,2\,500,4\,000\ V(峰值)$$

上述替代在下列情况下是允许的:

——由交流电网电源供电,与电源保护接地端子可靠相连的二次电路;

——由交流电网电源供电,并且用与电源保护接地端子可靠相连的金属屏与一次电路隔离的二次电路。

**3.11.2.2.2 来自直流电网电源的瞬态值**

由于直流电网电源的瞬态值在二次电路中产生的最高瞬态值是如下之一:

——当二次电路直接与直流电网电源相连时的电网电源瞬态电压;或者

——对接地的直流电网电源,其瞬态电压假定是 71 V(峰值),对未接地的直流电网电源及电池供电的设备,其电网电源瞬态电压详见标准中 2.10.3.2 的规定;或者

——按 3.11.2.3 项进行测量的值。

**3.11.2.2.3 来自通信网络和电缆分配系统的瞬态值**

——如果连接到通信网络的电路是 TNV-1 电路或 TNV-3 电路,则瞬态电压值取 1 500 V(峰值);

——如果连接到通信网络的电路是 SELV 电路或 TNV-2 电路,则瞬态电压值取 800 V(峰值);或

——按 3.11.2.3 项进行测量的值。

不考虑电话振铃信号的影响。

不考虑来自电缆分配系统的瞬态值的影响(标准中 7.4.1)。

**3.11.2.3 瞬态电压的测量**

进行瞬态电压的测量,仅是为了确定设备中任何电路间隙上的瞬态电压值是否由于诸如设备内滤波器的影响而低于正常值。跨在电气间隙上的瞬态电压值按下列试验程序来确定。

试验过程中,如果设备有单独的供电单元,则要连到其供电单元上,但不得连到电网电源上,也不要连到任何通信网络上,一次电路中的电涌抑制器都要断开。

将电压测量装置跨接在所考虑的电气间隙上。

**3.11.2.3.1 来自电网电源的瞬态电压**

在测量由于电网电源的瞬态值引起的跨在电气间隙上的瞬态电压时,使用标准中表 N.1 序号 2 的脉冲试验发生器产生 $1.2/50\ \mu s$ 的脉冲电压,$U_c$ 等于表 3-7 给出的电网电源瞬态电压值。

在下列有关部位之间施加 3 到 6 个交替极性的脉冲,脉冲间隔时间至少 1 s:

对交流电网电源:

——相线到相线；

——所有相线导体连在一起和中线；

——所有相线导体连在一起和保护地；

——中线和保护地。

对直流电网电源：

——正极和负极电源连接点；

——所有电源连接端连在一起和保护地。

**3.11.2.3.2　来自通信网络的瞬态值**

在测量由于通信网络的瞬态值引起的跨在电气间隙上的瞬态电压时，使用标准中表 N.1 序号 1 的脉冲试验发生器产生 $10/700\ \mu s$ 的脉冲，脉冲电压 $U_c$ 等于 3.11.2.2.3 确定的通信网络瞬态电压。

在下列每一个单一接口型的通信网络连接点之间施加 3 到 6 个交替极性的脉冲，脉冲间隔时间至少 1 s：

——接口中的每对端子（例如 A 和 B 或端点和环路）之间；

——单一接口型的所有端子连在一起和地之间。

如果有若干相同的电路，则只对一个电路进行试验。

**3.11.3　电气间隙的测量**

**3.11.3.1　基本要求**

可以采用两种方法来确定最小电气间隙要求值。

——采用峰值工作电压针对过电压类别Ⅰ或Ⅱ确定电气间隙要求；或

——采用要求的耐压针对过电压类别Ⅰ、Ⅱ、Ⅲ或Ⅳ提出电气间隙要求（标准中附录 G）。

不需要用抗电强度试验来验证电气间隙。

规定的电气间隙值应满足下列最小值要求：

——对于落地式设备外壳上或桌面设备上部非垂直表面上的可触及导电零部件与带危险电压零部件之间作为加强绝缘的空气间隙为 10 mm；

——A 型可插式设备外壳上的接地的可触及导电零部件与带危险电压零部件之间作为基本绝缘的空气间隙为 2 mm。

但是，上述两个要求不适用于恒温器、热断路器、过载保护装置和微隙结构的开关以及空气间隙随接点变化的元器件的接点之间的空气间隙。对断开装置的接点间的空气间隙要求为：预定由Ⅰ类、Ⅱ类或Ⅲ类过电压类别的交流电网电源或带危险电压的直流电网电源供电的设备，其断开装置接触件的分开距离应当至少为 3 mm。对预定由不带危险电压的直流电网电源供电的设备，其断开装置接触件的分开距离应当至少等于基本绝缘的最小电气间隙值。对接点间隙位于除一次电路以外的电路中的联锁开关接点间的空气隙，接点间隙不能小于规定的二次电路中基本绝缘所要求的最小间隙值。

——预定在海拔 2 000 m～5 000 m 使用的设备，其最小电气间隙应当是要求值乘以对应海拔高度 5 000 m 的倍增系数 1.48。

**3.11.3.2　二次电路的电气间隙**

二次电路的电气间隙应符合标准中表 2M 的最小尺寸要求。

表中的最高瞬态过电压按 3.11.2.2 确定。

### 3.11.3.3 具有起动脉冲的电路中的电气间隙

对于产生起动脉冲来点燃放电灯的电路,如果电路不是限流电路,那么用下述方法之一来确定电气间隙值是否满足要求:

a) 按 3.11.4 来确定最小电气间隙;或

b) 进行抗电强度试验或脉冲试验,详见标准的说明。

### 3.11.4 确定最小电气间隙的替换方法

### 3.11.4.1 基本步骤

确定最小电气间隙的替换方法是采用要求的耐压而确定针对过电压类别Ⅰ、Ⅱ、Ⅲ或Ⅳ的电气间隙要求的方法。

对功能绝缘,基本绝缘,附加绝缘和加强绝缘的最小电气间隙,无论其在一次电路中或在其他电路中,都取决于要求的耐压,而要求的耐压又取决于正常工作电压(包括由于内部电路,如开关电源产生的重复性峰值电压)和由外部瞬态值产生的非重复性过电压这两者的综合效应。

为确定每个所需电气间隙的最小值,应当采用下列步骤:

a) 测量所考虑电气间隙上的峰值工作电压。

b) 如果设备由电网电源供电,则要确定电源的瞬态电压值;对连接到交流电网电源的设备,计算交流电网电源标称电压的峰值。

c) 按交流电网电源瞬态值和内部产生的重复峰值来确定要求的耐压值。

d) 如果设备预定要与通信网络连接,则要确定通信网络的瞬态电压值。

e) 按通信网络瞬态值来确定要求的耐压值。

f) 确定总的所要求的耐压值。

g) 用要求的耐压值来确定最小电气间隙。

### 3.11.4.2 确定要求的耐压——电网电源瞬态电压和内部重复电压峰值

对来自电网电源瞬态电压值和内部重复电压峰值,要求的耐压根据下述的条款 a)、b)或 c)确定。a)和 b)仅适用于交流电网电源,c)仅适用于直流电网电源。

a) 一次电路

如果 $U_{峰值工作电压} \leqslant U_{交流电网电源电压峰值}$,

$U_{要求的耐压} = U_{电网电源瞬态值}$;

如果 $U_{峰值工作电压} > U_{交流电网电源电压峰值}$,

$U_{要求的耐压} = U_{电网电源瞬态值} + U_{PW} - U_{交流电网电源电压峰值}$;

或者,上述公式中,用 $U_{测量值}$ 代替 $U_{电网电源瞬态值}$。

b) 其一次电路由交流电网电源供电的二次电路

$U_{要求的耐压} = U_{电网电源瞬态值}$ 或 $U_{PW}$(取较大者);

或者,上述公式中,用 $U_{测量值}$ 代替 $U_{电网电源瞬态值}$;

或者,把 $U_{电网电源瞬态值}$ 用下列电压中小一个级别的电压代替:

330,500,800,1 500,2 500,4 000,6 000 和 8 000 V(峰值)

下列情况的二次电路允许使用上述规则:

——由交流电网电源供电,因与单一故障时可能不带危险电压,但为了减小可能影响绝缘的瞬态值而需要接地的电路、变压器屏蔽层和元器件(例如电涌抑制器)接地而与电源保护接地端子相连的二次电路；

——由交流电网电源供电，因与单一故障时可能不带危险电压，但为了减小可能影响绝缘的瞬态值而需要接地的电路、变压器屏蔽层和元器件（例如电涌抑制器）接地而与电源保护接地端子相连的金属屏与一次电路隔离的二次电路。

　　c）由直流电网电源供电的二次电路

$$U_{\text{要求的耐压}} = U_{\text{电网电源瞬态值}} \text{ 或 } U_{\text{PW}}（取较大者）；$$

或者，把 $U_{\text{电网电源瞬态值}}$ 用下列电压中小一个级别的电压代替：

　　　　330,500,800,1 500,2 500,4 000,6 000 和 8 000 V（峰值）

上述公式中，$U_{\text{PW}}$ 是指电气间隙的峰值工作电压。

**3.11.4.3 确定要求的耐压——来自通信网络的瞬态电压值**

对于来自于通信网络的瞬态电压值，要求的耐压为按3.11.2.2.3确定的通信网络瞬态电压值或按3.11.4.4测量的值，取其中较小者。

如果电网电源瞬态电压值和内部重复电压峰值瞬态电压值与来自通信网络的瞬态电压值影响同一个间隙，那么要求的耐压是这两个电压值中较大者。不应当把这两个值相加。

**3.11.4.4 最小电气间隙的确定**

预定在海拔2 000 m以下工作的设备，每个电气间隙应当对应要求的耐压值符合标准中表G.2给出的最小尺寸。

规定的电气间隙值应满足的最小值要求同3.11.3.1。

**3.11.5 爬电距离**

爬电距离的尺寸应当确保在给定的工作电压和污染等级下不会出现绝缘闪络或绝缘击穿（例如，由于电痕化引起的）。关于电痕化，由于污染表面干燥使表面泄漏电流分断而产生闪烁时，其闪烁过程中集中释放的能量使绝缘材料收到损伤，绝缘材料的特性可根据其损伤程度大致显现出来。在闪烁作用下绝缘材料可能有以下性能：

——绝缘材料性能不发生衰变；

——放电作用使绝缘材料蚀损（电腐蚀）；

——绝缘材料表面上电介质导电性污染和电场强度的综合效应，在其表面上逐渐形成导电通道（电痕化）。

电痕化或电腐蚀一般需在以下条件发生：

——承载表面泄漏电流的液膜破裂时；和

——外施电压足以击穿小间隙，该间隙在液膜破裂时形成；和

——表面泄漏电流必须大于限值，以便提供足够能量，以热的方式局部地分解液膜下的绝缘材料。

绝缘的恶化随着电流通过的时间增长而加剧。

在各种不同的污染和电压下绝缘材料的性能是非常复杂的，在各种不同的条件下许多材料可能呈现出两种甚至三种上述特性，而不仅仅是电痕化，故绝缘材料与根据相比电痕化指数划分的组别实际上无直接关系。但经验和试验表明，具有较高相关性能的绝缘材料的排列也与按相比电痕化指数（CTI）相应等级的排列大致相同，所以对爬电距离考核时采用CTI值进行绝缘材料分类。

在考虑爬电距离的最小值时,同时应考虑到工作电压、污染等级和材料组别。

污染等级的划分见 3.11。

材料组别取决于相比电痕化指数(CTI)并按如下分类:

材料组别Ⅰ　　　　　　CTI≥600;

材料组别Ⅱ　　　　400≤CTI<600;

材料组别Ⅲa　　　175≤CTI<400;

材料组别Ⅲb　　　100≤CTI<175。

如果不知道材料的组别,可以假定材料为Ⅲb组。

爬电距离的最小限值在标准表 2N 中给出。与 GB 4943—2001 不同,GB 4943.1—2011 中,该表有效值工作电压的范围扩大了,并按印制板和其他材料分别给出爬电距离的最小限值。

如果从表格中查得的最小爬电距离小于相应的最小电气间隙值,则应当采用所查得的该电气间隙值作为最小爬电距离的数值。

对于玻璃、云母、上釉陶瓷或类似的无机材料,如果最小爬电距离大于相应的最小电气间隙,允许把最小电气间隙的数值作为最小爬电距离的数值。

### 3.11.6　测量电气间隙和爬电距离的具体图例分析

标准中附录 F 给出了不同情况下测量电气间隙和爬电距离的具体图例。测量路径中可能包含有沟槽、凹槽等,也可能需要测量固体绝缘材料、薄层绝缘材料或绝缘化合物填充的组件的电气间隙和爬电距离等。

例如图 3-8(标准中图 F.13)中,爬电距离和电气间隙被插入的、未连接的(浮地的)导电零部件分割,电气间隙和爬电距离是各单独间距的总和 $d+D$,如果满足最小要求,也认为是合格的。

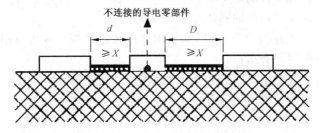

图 3-8　电气间隙和爬电距离图例 1

又如图 3-9 所示,所测量的路径有一个 V 形沟槽。CTL 391 号决议说明:当内角小于等于 80°时用 $X$ mm 的连线短接作为爬电距离的路径。当内角大于 80°时,沿沟槽轮廓线伸展测量爬电距离。

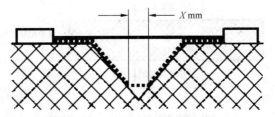

图 3-9　电气间隙和爬电距离图例 2

图例中的 $X$ 值按不同的污染等级有所不同,如表 3-8 所示。如果图例中所示的距离

小于 $X$，则在测量爬电距离时，缝隙或沟槽的深度忽略不计。

表 3-8　X 值

| 污染等级 | $X$ mm |
|---|---|
| 1 | 0.25 |
| 2 | 1.0 |
| 3 | 1.5 |

图 3-8 中，如果 $d$ 或 $D$ 小于 $X$，则在计算电气间隙和爬电距离时就可以忽略不计。

但是，只有在要求的最小电气间隙等于或大于 3 mm 时，表 3-8 才有效。如果要求的最小电气间隙小于 3 mm，$X$ 的值取下列较小值：

a）表 3-8 中的相应值；或

b）要求的最小电气间隙的 1/3。

比如，相对于污染等级 2，当要求的最小电气间隙为 2.1 mm 时，$X$ 应取 0.7 mm。

GB 4943.1—2011 中增加了图 F.14～图 F.18 几个图例，对薄层绝缘材料、粘合的接缝和绝缘化合物填充的组件的电气间隙、爬电距离和绝缘穿透距离路径做了描述，以便更清楚地说明测量的路径。

### 3.11.7　固体绝缘

固体绝缘是在两个相对表面之间而不是沿着外表面提供电气绝缘的材料，其尺寸应当确保过电压，包括可能进入设备的瞬态电压和可能在设备内部产生的峰值电压不会击穿固体绝缘，其装配应当使薄层绝缘层上由于存在针孔而产生击穿的可能性受到限制。印制板、薄层绝缘材料、绝缘化合物等均可以作为固体绝缘，并通过测量、抗电强度试验及相应的附加试验来检验是否满足要求。

#### 3.11.7.1　基于绝缘穿透距离的固体绝缘

如果基于绝缘穿透距离进行设计，那么固体绝缘应当按绝缘的应用场合和工作电压满足最小绝缘穿透距离的要求：

——如果峰值工作电压不超过 71 V，则无绝缘穿透距离要求；

——如果峰值电压超过 71 V，则：

● 对于功能绝缘和基本绝缘，都无绝缘穿透距离要求；

● 对于附加绝缘或加强绝缘，单层绝缘穿透距离应当是 0.4 mm 或更大。

例如图 3-10（标准中图 F.14）中使用固体绝缘材料作为附加绝缘或加强绝缘，则其厚度至少应为 0.4 mm，并通过相应的抗电强度试验。

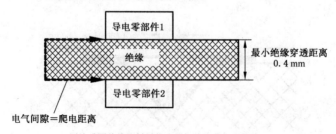

厚片或固体绝缘材料作为附加绝缘或加强绝缘

图 3-10　固体绝缘材料

#### 3.11.7.2 薄层材料中的绝缘作为固体绝缘

当使用薄层材料中的绝缘作为固体绝缘时,不要求两层或更多层薄层材料固定到同一个导电零部件上。该两层或更多层薄层材料可以:

——固定在要求隔离的一个导电零部件上;或

——在两个导电零部件之间均分;或

——不固定在任一导电零部件上。

对用作功能绝缘或基本绝缘的薄层材料的绝缘没有尺寸或结构要求。

如果薄层材料中的绝缘用在设备外壳内,并且在操作人员正常维护期间,绝缘不会受到磕碰和磨损,则允许按照以下层数的要求用作附加绝缘和加强绝缘,而没有绝缘穿透距离的要求,如图 3-11(标准中图 F.15)所示。

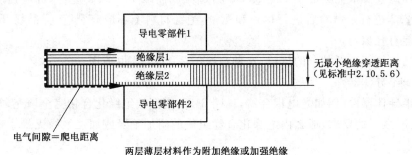

两层薄层材料作为附加绝缘或加强绝缘

图 3-11 薄层绝缘材料

#### 3.11.7.2.1 可分离的薄层材料

对可分离的薄层材料有如下的层数要求:

——附加绝缘应当至少由两层材料组成,其中的每一层材料要能通过附加绝缘的抗电强度试验;或

——附加绝缘应当由三层材料组成,三层中两层合并的所有的组合要能通过附加绝缘的抗电强度试验;或

——加强绝缘应当至少由两层材料组成,其中的每一层材料要能通过加强绝缘的抗电强度试验;或

——加强绝缘应当由三层材料组成,三层中两层合并的所有组合要能通过加强绝缘的抗电强度试验。

在进行抗电强度试验时,可以使用标准试验步骤,也可以使用替代试验步骤。

标准试验步骤即对所有层一起进行抗电强度试验,试验电压是:

● 如果使用两层,200%的 $U_{试验}$;或

● 如果使用三层或更多层,150%的 $U_{试验}$。

替代试验步骤即对每层分离进行单独试验:

● 如果使用两层,那么每层都应当通过试验。

● 如果使用三层或更多层,每两层合并的所有的组合应当通过试验。

● 如果使用三层或更多层,允许为试验目的把它们分成两组或三组。在抗电强度试验中,对两组或三组进行试验代替两层或三层的试验。

#### 3.11.7.2.2 不可分离的薄层材料

对由不可分离的薄层材料构成的绝缘,应满足如下要求:

——附加绝缘应当至少由两层材料组成,按上述标准试验步骤进行抗电强度试验;

——加强绝缘应当至少由两层材料组成,按上述标准试验步骤进行抗电强度试验;或

——加强绝缘应当由三层或更多层材料组成,按上述标准试验步骤进行抗电强度试验并按标准中附录 AA 进行芯轴试验。

### 3.11.7.3　绝缘化合物作为固体绝缘

如果元器件或组件的壳体完全被绝缘化合物填充,例如密封、封装和真空灌注等处理,并且元器件或组件内的每一处绝缘穿透距离都满足要求,单独样品通过了标准中 2.10.10 的热循环—湿热处理—抗电强度试验,那么内部没有最小电气间隙或爬电距离的要求。

热循环试验要求见标准中 2.10.9,湿热处理按标准中 2.9.2 进行,抗电强度试验按标准中 5.2.2 进行。试验后进行检查和测量,绝缘材料上不应有裂缝,样品切开后,绝缘材料中不能有孔隙。

这种结构可能包括粘合的接缝,这种情况下 3.11.7.5 也适用。

### 3.11.7.4　半导体器件

如果半导体器件(例如光电耦合器,见图 3-12)内部被绝缘化合物完全填充,并且符合下列 a)或 b)之一的要求,那么由绝缘化合物组成的附加绝缘或加强绝缘无最小绝缘穿透距离的要求:

a)通过型式试验和标准中 2.10.11 的检查判据(包括承受热循环试验,进行抗电强度试验和切开检查等),并且在制造过程中通过了例行抗电强度试验;或

b)仅对光电耦合器,应当符合 IEC 60747-5-5 的要求,其中 IEC 60747-5-5:2007 的 5.2.6 中规定的对型式试验和例行试验的试验电压值应当是 GB 4943.1—2011 的 5.2.2 中适当的试验电压值。

作为上述 a)或 b)的替代,如果适当,也允许按照上述 3.11.7.3 的要求处理半导体器件。

这种结构可能包含粘合的接缝,在这种情况下,3.11.7.5 也适用。

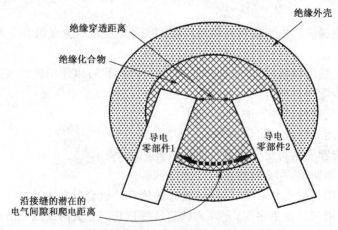

绝缘化合物作为组件内侧的附加绝缘或加强绝缘

图 3-12　绝缘化合物填充的组件

### 3.11.7.5　粘合的接缝

当导电零部件之间的路径被绝缘化合物填充，并且绝缘化合物在两个非导电零部件之间(例如由粘合剂固定隔板的变压器的分隔式骨架，见图 3-14，或在由粘合剂密封的绕组线上的螺旋缠绕层之间)或非导电零部件和自身之间(例如多层印制板中的两层，见图 3-13，或在光电耦合器的非导电外壳和充满壳体的绝缘化合物之间，见图 3-12)形成粘合的接缝时，下述 a)，b)，c)之一适用：

a) 沿两个导电零部件之间路径的距离不得小于对污染等级 2 要求的最小电气间隙和爬电距离。对绝缘穿透距离的要求不适用于沿接缝方向。

b) 沿两个导电零部件之间路径的距离不得小于对污染等级 1 要求的最小电气间隙和爬电距离。另外，一个样品应当通过标准中 2.10.10 的试验。对绝缘穿透距离的要求不适用于沿着接缝的方向。

c) 对绝缘穿透距离的要求适用于沿接缝方向的导电零部件之间。另外，三个样品应当通过标准中 2.10.11 的试验。

对上述 a)和 b)，如果涉及的绝缘材料具有不同的材料组别，则使用最不利的情况。如果不知道材料组别，应当假定为材料组别Ⅲb。

对上述 b)和 c)，如果在温度的试验期间测得的印制板的温度不超过 90 ℃，那么使用预浸材料制成的印制板不需要进行标准中 2.10.10 和 2.10.11 的试验。

除非由于老化等原因接缝脱开，否则不存在实际的电气间隙和爬电距离。为了覆盖这种可能性，如果最小电气间隙和爬电距离不满足 a)或 b)，那么 c)的要求和试验适用。

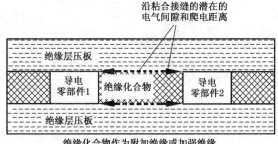

绝缘化合物作为附加绝缘或加强绝缘

图 3-13　多层印制板中的粘合接缝

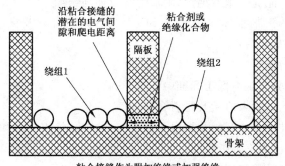

粘合接缝作为附加绝缘或加强绝缘

图 3-14　带隔板的骨架

### 3.11.7.6　绕组组件中的绝缘

对绕组组件中的功能绝缘没有尺寸或结构要求。

绕组组件中的基本绝缘、附加绝缘或加强绝缘可以通过如下来提供：

——绕组线或其他线上的绝缘；或

——其他绝缘；或

——两者的组合。

在成品绕组组件中的基本绝缘、附加绝缘和加强绝缘应当通过标准中5.2.2的抗电强度的例行试验。

对绕组线的导体和另一个导电零部件之间的双重绝缘，允许在一个绕组线上采用符合绕组线的绝缘提供基本绝缘，由符合附加的绝缘提供附加绝缘，或者反过来也允许。

另外，绕组组件可能含有粘合的接缝，这种情况下3.11.7.5也适用。

### 3.11.7.6.1 绕组线

提供基本绝缘、附加绝缘或加强绝缘的绕组线和其他线应符合如下要求：

如果峰值工作电压不超过71 V，没有尺寸和结构要求。

如果峰值工作电压超过71 V，下述a)，b)或c)之一适用：

a）对不承受应力（如来自绕线张力）的基本绝缘，没有尺寸或结构要求。对处于这种应力下的基本绝缘，b)或c)适用。

b）对基本绝缘、附加绝缘或加强绝缘，绕组线上的绝缘应当符合单层厚度至少0.4 mm，或符合薄层材料的基本要求和标准附录U。

c）绕组线应当符合标准中附录U。另外，螺旋绕包带叠包层或绝缘挤包层的最少层数应当如下：

基本绝缘：1层；

附加绝缘：2层；

加强绝缘：3层。

对两个相邻绕组线之间的绝缘，每个导线上的1层认为可以提供附加绝缘。

小于50%重叠绕制的同轴绕制胶带认为构成一层。

多于50%重叠绕制的同轴绕制胶带认为构成两层。

同轴绕制胶带绕组应当密封并且通过标准2.10.5.5 a)，b)或c)的试验。

### 3.11.7.6.2 带有溶剂型漆的绕组线

不认为溶剂型漆能提供基本绝缘、附加绝缘或加强绝缘。

认为绕组线上的溶剂型漆可以满足SELV、TNV和可触及导电零部件与TNV-2、TNV-3电路之间的隔离要求。

所有导线上的绝缘应当是符合GB/T 6109系列标准之一的等级2的绕组线要求的漆，其型式试验的试验电压不低于标准中5.2.2的要求。

通过检查和下述试验来检验其是否合格。

成品组件按标准中5.2.2承受抗电强度的型式试验（绕组之间和绕组与铁心之间）以及例行试验，试验电压为1 000 V。

不需要满足电气间隙和爬电距离的要求。

### 3.11.7.6.3 绕组组件中另加的绝缘

绕组组件中除绕组线或其他线上的绝缘外另加的绝缘，例如：

——绕组间的绝缘；和

——绕组线或其他线和绕制组件中任何其他导电零部件之间的绝缘。

应当满足如下要求：

a）如果峰值工作电压未超过 71 V，则没有尺寸或结构要求；

b）如果峰值工作电压超过 71 V，

——对不承受机械应力的基本绝缘，没有尺寸或结构要求；

——对加强绝缘或附加绝缘，应当符合如下要求之一：

● 单层厚度至少为 0.4 mm；或

● 符合薄层材料的基本要求。

### 3.11.7.7 印制板的结构

#### 3.11.7.7.1 未涂覆的印制板

未涂覆的印制板的外表面上的导体之间的绝缘应当符合最小电气间隙和最小爬电距离的要求。

#### 3.11.7.7.2 涂覆的印制板

对外表面预计要涂覆适当涂层材料的印制板，涂覆前的导电零部件应满足如下要求：

——标准中表 2Q 的最小隔离距离；和

——制造时执行质量控制程序，以达到至少相当于标准中第 R.1 章给出示例的可靠等级。双重绝缘和加强绝缘应当通过例行的抗电强度试验。

相邻两个导电零部件中的一个或两个应当有涂层，而且在两个导电零部件之间沿表面距离至少 80% 应当有涂层。

标准中 2.10.8 提供了涂覆印制板的试验方法。

#### 3.11.7.7.3 在印制板相同内表面上的导体间的绝缘

在多层印制板的内表面上任意两个导体间的路径应当符合对粘合的接缝的要求。

#### 3.11.7.7.4 在印制板不同表面上的导体间的绝缘

在双面单层印制板、多层印制板和金属线芯印制板的不同表面上的导电零部件之间的附加绝缘或加强绝缘，应当符合如下之一的要求：

——最小厚度至少为 0.4 mm；或

——符合标准中表 2R 的绝缘规格之一并且通过相关试验。

对功能绝缘和基本绝缘没有相应的要求。

### 3.11.7.8 组件的外部接线端子

允许在组件的外部端子上进行涂覆以提高有效电气间隙和爬电距离。需要满足的要求详见标准中 2.10.7。

### 3.11.7.9 内部布线上的固体绝缘

内部布线的每根导线的绝缘应当满足固体绝缘的要求，并能承受适用的抗电强度试验。

如果电源软线的绝缘性能符合标准中 3.2.5 规定的软线类绝缘性能，而该电源软线又在设备内作为外部电源软线的延伸部分，或作为单独的电缆来使用，则可以认为该电源软线的护套有足够的附加绝缘。

如果未提供有关的试验数据,则应当采用约 1 m 长的样品进行抗电强度试验来检验其是否合格,施加相应试验电压的方法如下:

——导线绝缘,采用 IEC 60885-1 第 3 章给出的电压试验方法并针对所考虑的绝缘等级,使用标准中 5.2.2 有关的试验电压;和

——对于附加绝缘(例如一组导线上的套管),试验电压应当加在插入该套管的导体与紧包在该套管上、长度至少 100 mm 的金属箔之间。

## 3.12　接触电流和保护导体电流测试

### 3.12.1　定义

接触电流是指接触一个或多个可触及零部件时流过人体的电流。

保护导体电流是指正常工作条件下流过保护接地导体的电流。

接触电流的提法是 IEC 60990(GB/T 12113)《接触电流和保护导体电流的测量方法》提出的,此前有关的安全标准(包括 IEC 60950:1995 和以前的版本)都称为"漏电流"。

"漏电流"一词以往一直用于表达多种概念,例如,对人体接触电气设备而流过人体的电流、对设备保护导体中的电流、对流过绝缘表征绝缘特性的电流都称为"漏电流",但 IEC 60990 认为,人体接触电气设备构成了电流的通路而形成的电流不能叫做"漏电流",应改称为"接触电流"。因此,在 IEC 60990 以后,新制定的 IEC 安全标准均采用"接触电流"这一术语,而不再使用"漏电流"的术语。

设备的设计和结构应当保证接触电流或保护导体电流均不可能产生电击危险。

### 3.12.2　接触电流和保护导体电流的区别

接触电流是指在正常条件或单一故障条件下,当人体接触连接到设备(Ⅰ类或Ⅱ类)时流过人体的电流;保护导体电流是指在正常条件下流过Ⅰ类设备的保护导体的电流。

接触电流仅在人体(或等效电路)作为电流通路时才存在。

保护导体电流只要Ⅰ类设备正常工作就客观存在。

另外,二者的测试方法和判定值不同,详见后续条款。

### 3.12.3　电流的人体效应

在四种人体效应中,感知、反应和摆脱与接触电流的峰值有关,并且随频率变化而不同。电灼伤与接触电流的有效值有关,而与频率无关。故对电击是测量电流的峰值,对电灼伤是测量电流的有效值。

感知阈和反应阈由人体与电极接触的面积,接触的状态(干、湿、压力、温度)以及个人的生理特点等因素决定。15 Hz~100 Hz 正弦交流电反应阈的通用值为 0.5 mA(r. m. s)。

摆脱阈由接触面积、电极的形状和大小,以及个人的生理特点等因素决定。15 Hz~100 Hz 正弦交流电摆脱阈的平均值为 10 mA(r. m. s)。

由于高频电流对人体的影响与普通工频电流不同,尤其是对人体造成危害的阈值不同,为了能够合适地评价测量结果对人体造成伤害的程度,一般采用对高频测试电流进行加权的方法,通过加权后的测试结果与工频下的人体阈值进行比较。

IEC 60990 采用频率因数的概念来表征测试网络对电流加权的程度,频率因数是指通过该测试网络的实际电流与测试结果的指示电流的比,相当于高频电流进行加权的倍数。同样,人体本身对高频电流的效应也适用于频率因数的概念,其意义是指引起同样人体生理效应的频率为 $f$ 的电流阈值与 50 Hz 的电流阈值之比。

### 3.12.4 接触电流产生的原因

目前,信息技术设备广泛采用无工频变压器的脉宽调制电源,即开关电源,开关电源具有效率高、体积小、重量轻等优点,但其缺点是射频干扰(RFI)或电磁干扰(EMI)较大。

为了有效地抑制射频干扰,提高抗干扰能力,往往在电源输入端加电网滤波器,由电容器(线对地)和电感器组成的滤波电路对由开关电源的开关脉冲对电网产生的传导干扰起到隔离作用,称共模抑制滤波电路。通过该电容器的电流是接触电流的主要成分。从抑制干扰来说,希望加大对地电容,但该电容器的容量越大,接触电流就越大,人体接触带电的可触及零部件时,就会产生电击危险。因此在设备设计时应给予综合考虑。

另外,接触电流还来自一次电路和接地电路(或可触及的导电零部件)之间的杂散电容,杂散电容的介电材料就是一次电路和接地电路(或可触及零部件)之间的绝缘。

考虑到电流通路和接触条件,通常情况下,人体在接触可触及零部件时,流过他们身体的电流是从手到手或从手到脚。

### 3.12.5 接触电流的和保护导体电流的限值

在 GB 4943.1 中根据不同的设备,接触电流的限值分别规定为 0.25 mA、0.75 mA、3.5 mA 有效值,最大保护导体电流的要求值为输入电流的 5%,见表 3-9。

表 3-9 最大电流

| 设备的类型 | 测量仪器的 A 端连接到 | 接触电流 mA(有效值) | 最大保护导体电流 |
|---|---|---|---|
| 所有设备 | 未连接到保护接地的可触及的零部件和电路 | 0.25 | — |
| 手持式设备 | | 0.75 | — |
| 移动式设备(手持式设备除外,但包括可携带式的设备) | | 3.5 | — |
| 驻立式 A 型可插式设备 | 设备电源保护接地端子(如果有) | 3.5 | — |
| 所有其他的驻立式设备<br>——不符合标准中 5.1.7 的条件<br>——符合标准中 5.1.7 的条件 | | 3.5<br>— | <br>输入电流的 5% |

### 3.12.6 接触电流的测量方法

#### 3.12.6.1 测量网络

人体对电流呈现一定的阻抗,IEC 60479 根据试验结果,规定了一个人体阻抗模型,如图 3-15 所示。因此,要测量接触电流就要有一个模拟人体阻抗的网络,IEC 60990 中规定了一个模拟人体阻抗的接触电流测量网络,如图 3-16 所示。

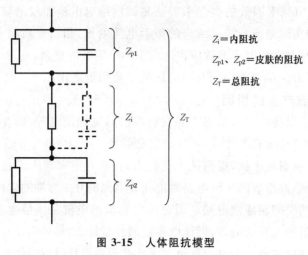

图 3-15　人体阻抗模型

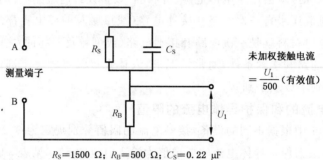

$R_S$=1500 Ω；$R_B$=500 Ω；$C_S$=0.22 μF

图 3-16　未加权的接触电流的测量网络

另外，人体阻抗具有一定的频率特性，为了使接触电流测量网络的频率特性符合人体阻抗的频率特性，IEC 60990 又在图 3-16 的基础上加上一个加权网络，称为加权接触电流（感知/反应电流）测量网络，如图 3-17 所示。

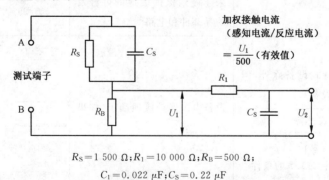

$R_S$＝1 500 Ω；$R_1$＝10 000 Ω；$R_B$＝500 Ω；

$C_1$＝0.022 μF；$C_S$＝0.22 μF

图 3-17　加权接触电流（感知电流或反应电流）的测量网络

加权接触电流（摆脱电流）的测量网络详见 GB/T 12113。

### 3.12.6.2　对供电系统的要求

预定连接到中性导体直接接地的电源（如 TT、TN 配电系统）的设备应在中线与地之间电位差最小的情况下进行测试。被测设备用的保护导体与接地中性导体之间的电位差小于 1% 线电压。

### 3.12.6.3 测量步骤

在额定电压或额定电压范围的上限的上偏差下进行测量。

试验电路图见 3-18。

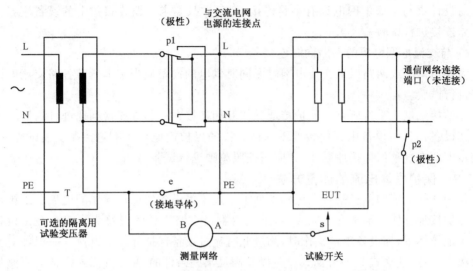

图 3-18 接到星形 TN 配电系统的单相设备接触电流试验电路

接触电流试验应在被测设备的可同时触及的零部件之间和可触及零部件与试验时所用的电源的任意一极之间进行。测量网络的 B 端连接到电源的地(中线),通过极性开关 P 倒换极性。

测量应在设备正常工作的所有适用的条件下进行,A 端依次连接到每个未接地的或非导电的可触及零部件或电路上。试验期间测量配置图中的开关 e 和 s 应保持接通状态。

对Ⅰ类设备,还应测试接地失效的情况下的接触电流。测试时,断开接地导体(开关 e),A 端连接到设备的电源保护接地端子上,以正常极性和相反极性(开关 P)进行测量。

测量时,一次电路中的以及正常使用时可能动作的任何开关的所有可能的打开和关闭的组合状态都应该考虑。单相设备应以正常极性和相反极性(开关 P)进行测量。

对于仅偶然与其他零部件有电气连接的可触及导电件,应在与其他零部件有电气连接和没有电气连接的情况下进行测量,关于偶然连接的零部件(可触及的导电零部件,它们与地或任何规定的电压既不可靠连接,也不确实断开)详见 GB/T 12113—2003 中的附录 C。

对可触及的非导电零部件,应当在该零部件上贴覆金属箔模拟手接触进行试验。该金属箔的面积为 100 mm×200 mm。

测量的接触电流是 $U_2/500$ 的计算值。

### 3.12.6.4 受试设备的连接方法

GB 4943.1—2011 中给出了与电网电源的多种连接方式下接触电流的测试连接方法。

a) 与交流电网电源的单独连接

由各自连接到交流电网电源的设备互连而成的系统,应当单独对每一台设备进行试验。通过公共连接端与交流电网电源连接的互连设备构成的系统,应当作为一台设备来进行试验。

b) 与交流电网电源的多路冗余连接

对设计成与交流电网电源有多路连接,但每次只要求一路连接供电的设备应当仅接上一路连接进行试验。

c) 与交流电网电源的多路同时连接

需要由两路或两路以上交流电网电源同时供电的设备应当接上所有各路交流电网电源来进行试验。

总的接触电流是将所有的保护接地导体互相连接在一起并连接到地进行测量。

在设备内未与设备中其他接地零部件连接的保护接地导体不包括在上述试验中,如果交流电源有这种保护接地导体,则应当按照单独进行试验。

### 3.12.7　保护导体电流的测量方法

保护导体电流的测量是对在正常条件下流过 I 类设备的保护导体的电流。当被试设备的保护接地导体和端子安装完成后,采用内阻可忽略不计的安培表串接在被试设备的保护接地导体中,在设备正常工作时,测量此时流过设备保护导体的电流。一般针对驻立式永久式设备、驻立式 B 型可插式设备以及满足某些条件的 A 类可插式设备需要测量保护导体电流。

### 3.12.8　接触电流超过 3.5 mA 的设备

在 GB 4943—2001 中,允许带有电源保护接地端子的驻立式永久连接的设备或驻立式 B 型可插式设备的接触电流超过 3.5 mA,但其保护导体电流不得超过输入电流的5%,并还应在设备上加贴"大漏电流"等警告标记。在 GB 4943.1—2011 中增加了下述设备也适用于这一要求:

——与交流电网电源单独连接的驻立式 A 型可插式设备,除了电源保护接地端子外,如果有,还有一个独立的保护接地端子。安装说明书应当规定这个独立的保护接地端子应当永久的连接到地。

——在受限制接触区使用的、与交流电网电源单独连接的可移动式设备或驻立式 A 型可插式设备,除了电源保护接地端子外,如果有,还有一个独立的保护接地端子。安装说明书应当规定这个独立的保护接地端子应当永久的连接到地。

——与交流电网电源有多路同时连接的驻立式 A 型可插式设备,预定用于有等电位连接(例如,通信中心、专业计算机机房或受限制接触区)的场所,设备上应当提供独立的附加保护接地端子,安装说明书应当包括如下所有的要求:

● 建筑设施应当提供与保护接地连接的装置;和

● 设备将被连接到这个装置上;和

● 维修人员应当检查给设备供电的输出插座是否提供了与建筑物保护地的连接,如果没有,维修人员应当安装从独立的保护接地端子到建筑物内的保护接地线的保护接地导体。

在需要满足的要求方面,删除了保护连接导体的截面积尺寸要求。

### 3.12.9　与电源有多路同时连接

当设备与电源有多路同时连接时,如果测得的接触电流的总和超过 3.5 mA 有效值,则在每次连接一路交流电网电源和它的保护接地导体,断开其他各路交流电网电源包括其保护接地导体的情况下重复进行试验。如果任何重复试验测得的接触电流超过3.5 mA 有效值,那么标准中 5.1.7.1a)的要求适用于这路与交流电网电源的连接。

### 3.12.10 传入通信网络和电缆分配系统的接触电流限值

交流电源供电的设备传入通信网络的接触电流应加以限制,使用上述的试验电路检验其是否合格。测试时,对没有电源保护接地端子的设备,开关 e 处于关闭状态(除非 e 连接到设备的功能接地端子上时则处于打开状态)。

B 端应连接到电源的接地(中性)导体上。A 端应通过测量开关"s"和极性开关"p2"连接到通信网络或电缆分配系统的连接口。对于单相设备,试验应在极性开关"p1"和"p2"的所有组合下进行。

测量的值不应超过 0.25 mA 有效值。

如果设备连接到通信网络或电缆分配系统上的电路与保护接地端子相连,则从设备传入通信系统或电缆分配系统的接触电流认为是零而不需要测量。

### 3.12.11 来自通信网络的接触电流的总和

如果设备连接多路其他设备并为其提供通信网络连接端口,则不应由于接触电流的累积,而对使用人员和通信网络的维修人员产生危险。

许多设备可通过"星形"拓扑结构连到一个独立的中心设备上,这就是信息技术设备、尤其是在通信应用场合的一个特点。例如将增设的电话分机或数据终端连到一个具有几十个或几百个端口的 PABX 上,在下列说明中使用了这个示例(见图 3-19)。

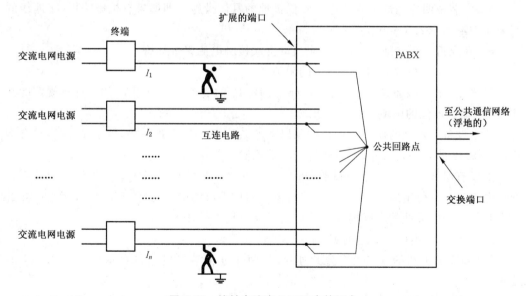

**图 3-19 接触电流在 PABX 内的汇合**

每个终端设备都能向接触互连电路的人体传送电流($I_1$、$I_2$ 等),这个电流将和来自PABX 端口电路的任何电流叠加在一起,如果这样几个电路连接到一个公共点上,它们各自的接触电流将汇总在一起,这就可能对接触互连电路的接地人体构成危险。

可以采用将所有的互连电路相互隔离并与地隔开,并按对 $I_1$、$I_2$ 等加以限制。这意味着在 PABX 中每一个端口使用一个单独的电源,或者每一个端口使用单独的线路(信号）变压器,这种方法可能成本很高,一般不推荐采用。

也可以采用将所有的互连电路连到一个与地隔离的公共回路点上。在这种情况下,所有互连电路的总电流将流过接触任何一个互连电路线的接地人体。这个电流只能通过控制与 PABX 端口数有关的 $I_1$,$I_2$,$\cdots$,$I_n$ 数值来限制,但是总电流值将可能由于谐波和其他影响而小于 $I_1+I_2+\cdots+I_n$。

或者采用将所有互连电路连到一个公共回路点,然后将该点接到保护地上。由于安全依靠接地连接,因此要根据可能流过的总电流的最大值使用高牢固性的接地配置。

按上述适用的情况,应当满足如下 a)或 b)的要求。

a）带有接地通信端口的 EUT

如果设备的每个通信端口都连接到其电源保护接地端子上,则按如下 1),2)和 3)考虑要求,其中:

——$I_1$ 是在 EUT 的通信端口处借助通信网络从其他设备接收的接触电流;

—— $\sum I_1$ 是在 EUT 所有这样的通信端口处,从其他设备接收的接触电流的总和;

——$I_2$ 是由于 EUT 的交流电网电源所造成的接触电流。

除非已知来自其他设备的实际电流较小,应当假定每个通信端口从其他设备接收的电流($I_1$)为 0.25 mA。

1) 如果 $\sum I_1$(不含 $I_2$)超过 3.5 mA:

● 对永久性连接到保护地的设备,除了 A 型或 B 型可插式设备的电源线中保护接地导体外,还应当具有保护措施;和

● 安装说明应当规定永久连接到保护地的具体措施。即如果有机械防护,接地线的截面面积不小于 2.5 $\text{mm}^2$,否则应当为 4.0 $\text{mm}^2$;和

● 在靠近永久接地连接端处,应当设置大接触电流警告标牌。

2) $\sum I_1$ 加上 $I_2$ 应当符合表 3-7 的限值。

3) 相关的话,设备还应当符合本指南 3.12.10 的要求。应当用 $I_2$ 的值计算规定的每相 5％的输入电流的限值。

如果设备对永久的保护地连接按照以上的条款 1)提供保护措施,除了 $I_2$ 应当符合本指南 3.12.2 的有关要求外,不需要进行其他测试。

如果有必要进行接触电流试验,将与交流电网电源具有相同频率和相位的容性耦合交流电源施加到每个通信端口上,以使得流入通信端口的电流为 0.25 mA,或者是已知的来自其他设备的较低的实际电流。然后测量流过接地导体的电流。

b）通信端口不接保护地的 EUT

如果 EUT 的通信端口没有公共连接点,每个通信端口应当符合本指南 3.12.11 的要求。

如果所有的通信端口或任意组这样的端口具有公共连接端,来自每个公共连接端的总的接触电流不得超过 3.5 mA。

通过检查和必要时通过本指南 3.12.11 的试验,或者如果有公共连接点,通过如下的试验来检验条款 b)是否合格。

将与交流电网电源具有相同频率和相位的容性耦合交流电源施加到每个通信端口上,以使得流入通信端口的电流为 0.25 mA,或者是已知的来自其他设备的较低的实际电

流。不管这些公共连接点是否可触及,都要按照本指南 3.12.8 对这些点进行试验。

## 3.13 抗电强度测试

### 3.13.1 试验目的

设备在运行过程中要承受各种因素引起的瞬态过电压,包括线路送电、重合闸、出事故、雷击放电等而加在设备上的过电压。瞬态过电压常达到正常工作电压的数倍,甚至数十倍。

另外,设备在正常寿命期间,所使用的绝缘材料要承受一定范围内变化的电气、温度或工作环境(包括温度、湿度等)等条件,因此对于任何电气设备,都要根据其环境和应用条件,对带电部件的绝缘防护进行抗电强度试验。

通过进行抗电强度试验模拟正常工作时可能承受的过电压来考核设备承受瞬态过电压的能力以及在不同环境和使用条件下绝缘材料的耐压性能。

### 3.13.2 试验要求

抗电强度试验不仅对整个设备需要进行,设备内部的变压器、机内单根导线的绝缘、电源软线绝缘、隔离电容器等关键部件都应按有关标准的规定进行抗电强度试验。

在标准中,要求在湿热处理后、发热试验后和异常/故障条件试验后进行抗电强度试验。

#### 3.13.2.1 湿热条件处理后的抗电强度试验

在湿热条件下,由于水气吸附、吸收和扩散作用,材料在吸湿后会引起电性能下降。因此标准中规定,天然橡胶、吸湿性材料和含石棉的材料不能作为绝缘来使用。这可以通过提交材料的相关数据来证明,也可以通过对材料进行湿热处理后进行抗电强度试验来确定,实验室普遍采用后一种做法。

在湿热处理后,绝缘应在潮湿箱内或在能达到规定温度的房间内承受抗电强度试验。

预定在热带气候条件下使用的设备,承受湿热处理应当在温度为 40 ℃±2 ℃,相对湿度为 93％±3％的条件下进行,处理时间为 5 d(120 h)。如果设备预定仅在非热带气候条件使用,则湿热处理在温度为 20 ℃～30 ℃,相对湿度为 93％±3％的条件下进行理,处理时间为 48 h 时,则需要在设备上增加相应的警告标识。

当处理的温度选择在 20 ℃～30 ℃的范围内时,应选择在此温度范围内不会产生凝露的任一温度,同时在处理期间样品的所有位置上温度应保持在所选温度值±2 ℃范围内。

经制造厂商同意,可以延长上述 48 h 的处理时间。

在进行湿热处理前,样品温度应当达到 $t$ ℃～$(t+4)$℃。$t$ 为所选择的湿热处理温度。

另外,CTL DSH373 说明,可以仅把所涉及的元器件或部件进行潮湿处理而不必把整个设备进行潮湿处理,然后再对元器件或部件进行抗电强度试验。当然也不排除在更方便的前提下,对整个设备进行潮湿处理和抗电强度试验。

实际上,标准中1.4.3也说明:如果对设备和电路的检查表明,在设备以外对电路、元器件或部件分别进行试验的结果就能代表对完整设备试验的结果,则可以用这样的试验来代替对完整设备的试验。如果这种试验表明完整设备可能不符合要求,则应当在设备上重新进行试验。

所以,如果设备体积较大不易进潮湿箱,可以仅把涉及材料吸湿会影响设备绝缘性能的元器件或部件进行湿热处理,然后进行抗电强度试验。这些元器件或部件一般是指设备的电源部分。如果经过分析判断电源单元安装在整机设备上后,有可能有其他影响因素,则还需要对整机进行抗电强度试验。

在湿热处理期间,设备、元器件或组件不通电。

### 3.13.2.2 发热试验后的抗电强度试验

在正常发热试验后,设备仍处于充分发热状态时,绝缘材料承受的热应力也处在最大程度,如果超过其正常能承受的最高温度(即安全值)就会引起绝缘性能下降,此时立即进行抗电强度试验,可以充分考核绝缘材料的性能。

如果一些元器件或组件(例如变压器)在设备外单独进行抗电强度试验,在进行抗电强度之前使这些元器件或组件达到其在进行发热试验时的温度(例如将它们放置在烘箱中)。但是,对用作附加绝缘或加强绝缘的薄层绝缘材料的抗电强度试验,允许在室温下进行。

### 3.13.2.3 故障试验后的抗电强度试验

在进行异常工作和故障条件(包括变压器过载、电池充放电试验)测试后,一方面设备处于充分发热状态,另一方面,如果故障导致绝缘出现可见损伤,或绝缘无法进行检查,或电气间隙/爬电距离减小到规定值以下,则要进行抗电强度试验来检验绝缘性能是否受到损伤。这些绝缘部位包括:

——加强绝缘;

——构成双重绝缘一部分的基本绝缘或附加绝缘;

——Ⅰ类设备的一次电路和可触及导电零部件之间的基本绝缘。

### 3.13.2.4 对功能绝缘考核时的抗电强度试验

就功能绝缘而言,可以用抗电强度试验来检验电气间隙和爬电距离的合格性。标准中规定,功能绝缘的电气间隙和爬电距离应当符合下列a)、b)或c)的要求之一。

a) 符合对功能绝缘的电气间隙和爬电距离的要求;

b) 承受对功能绝缘的抗电强度试验;

c) 爬电距离和电气间隙由于短路而引起如下情况时被短路:

● 任何材料过热而引起着火的危险,除非这种可能过热的材料是V-1级材料;或

● 基本绝缘、附加绝缘或加强绝缘的热损坏,由此而产生电击危险。

所以当测量功能绝缘的电气间隙或爬电距离不符合规定值时,可以通过进行抗电强度试验来做判定,如果通过了抗电强度试验,则还是可以判定功能绝缘符合要求。

实际操作中,我们通常需要测量熔断器前L、N之间功能绝缘的电气间隙和爬电距离,一旦不合格,还可以通过进行抗电强度试验来验证。

#### 3.13.2.5 其他情况下的抗电强度试验

在标准中的其他条款中,也提及了要进行抗电强度试验的要求,见表3-10。

表 3-10  标准中涉及抗电强度试验的要求

| 标准中条款 | 概 要 内 容 |
|---|---|
| 2.1.1.1  接触带电零部件 | 危险电压超过1 000 V交流或1 500 V直流的情况下,不但不允许触及,而且在带危险电压的零部件和处在最不利位置的试验指或试验针之间应当有一空气间隙。这个空气间隙应当至少具有对基本绝缘的最小间隙,或能承受5.2.2的相关抗电强度试验 |
| 2.1.1.3  ELV 配线的可触及性 | 如果ELV电路的内部配线的绝缘某些条件,则该配线是操作人员可触及的。其中条件之一是绝缘通过了5.2.2对附加绝缘的抗电强度试验 |
| 2.8.7  联锁系统中的开关和继电器 | 除了ELV电路、SELV电路和TNV-1电路中的舌簧开关以外,在完成过载试验和耐久性试验后,接点间隙间应当承受5.2.2规定的抗电强度试验 |
| 表2H,表2K  最小电气间隙 | 只有在制造时执行有效的质量控制程序,以提供至少相当于如条款R.2中示例的可靠等级时,括号中的数值才适用于基本绝缘、附加绝缘或加强绝缘。对双重绝缘或加强绝缘,应当承受例行的抗电强度试验 |
| 2.10.5  固体绝缘 | 固体绝缘可按5.2的抗电强度试验来验证是否足够可靠 |
| 2.10.5.1  绝缘穿透距离 | 在制造过程中按5.2.2规定的试验电压进行例行的抗电强度试验 |
| 2.10.5.2  薄层材料 | 附加绝缘应当至少由两层材料组成,其中的每一层材料要能通过附加绝缘的抗电强度试验…… |
| 2.10.5.3  印制板 | 如果需要进行例行试验,则试验电压为5.2.2相应的试验电压 |
| 2.10.5.4  绕组元件 | 成品元件应当通过5.2.2的抗电强度的例行试验。绝缘绕组导线按附录U进行抗电强度试验 |

此外,涉及的标准中的条款还有2.10.6.2涂覆的印制板,2.10.12封装的和密封的零部件,2.10.5.3绝缘化合物作为固体绝缘,3.1.4导体的绝缘,3.2.5.1交流电源软线,3.2.6软线固紧装置和应力消除,4.2.1基本要求,4.3.8电池,6.1.2通信网络与地的隔离,6.2对设备使用人员遭受来自通信网络上过电压的防护,B.5堵转过载试验,B.7.4抗电强度试验,表G.2,附录K.1通断能力,附录U无需使用隔层绝缘的绝缘绕组线等。

#### 3.13.3  试验部位

抗电强度试验时,试验电压按适用情况施加在:

——一次电路与机身之间;

——一次电路与二次电路之间;

——一次电路的零部件之间;

——二次电路与机身之间;

——彼此独立的二次电路之间;

以及其他要求的部位之间。

### 3.13.4 试验电压的选择

抗电强度的要求是根据所预计可能从电网电源进入设备的瞬态过电压而确定的。

根据 GB/T 16935.1,交流电网电源的电网电源瞬态电压值取决于交流电网电源的电压和过电压类别Ⅰ至Ⅳ,详见标准中表 G.1)。

其中过电压类别取决于设备连到建筑物配电系统的方式,通常认为是如表 3-11 所示的几种情况。如果提供了限制瞬态电压的措施,例如在交流电网电源中的外部滤波器,则设备可以在高一级的过电压类别中使用。当可能承受超过其设计的过电压类别的瞬态过电压时,需要在设备外部提供附加保护。在这种情况下,安装说明书应当指明需要这种外部保护。

表 3-11 过电压类别

| 过电压类别 | 设备及其连到交流电网电源的位置 | 设 备 示 例 |
|---|---|---|
| Ⅳ | 连接到交流电网电源进入建筑物端的设备 | 电表<br>用于远程电测量的通信信息技术设备 |
| Ⅲ | 和建筑物配线形成一整体部件的设备 | 器具插座、熔断器板和开关板<br>电源监视设备 |
| Ⅱ | 由建筑物配线供电的可插式或永久性连接式设备 | 家用电器、便携式工具、家庭用电子设备<br>在建筑物内使用的大多数信息技术设备 |
| Ⅰ | 连接到已经采取减小瞬态电压措施的专用交流电网电源的设备 | 通过一个外部滤波器或一个电动机驱动的发电机供电的信息技术设备 |

标准范围内的设备,均认为供电端是Ⅱ类过电压设施。

标准要求的抗电强度试验电压还与设备的绝缘等级(功能绝缘、基本绝缘、附加绝缘或加强)以及绝缘两端的工作电压有关。

试验电压或者是波形基本上为正弦波形、频率为 50 Hz 或 60 Hz 的交流电压,或者是等于规定的交流试验电压峰值的直流电压。

按照绝缘等级(工作绝缘、基本绝缘、附加绝缘或加强绝缘),使用峰值工作电压($U$),按标准中表 5B 或使用要求的耐压,按标准中表 5C 或标准中其他具体要求来确定要施加在被测部位上的电压值。

需要注意的是,新版标准中增加了使用要求的耐压来确定抗电强度试验电压的方法。对Ⅰ类过电压类别和Ⅱ类过电压类别的设备,允许使用标准中表 5B 或表 5C。但是,对于二次电路,如果既没有连接到保护地也没有提供保护屏蔽,则应使用标准中表 5C。对Ⅲ类过电压类别和Ⅳ类过电压类别的设备,应使用标准中表 5C。

举例说明,在对Ⅰ类设备的一次电路与机身之间进行抗电强度试验时,如果机壳本身接地,作为接地的导电零部件,则一次电路与机身之间为基本绝缘,如果机壳不接地,作为可触及的导电零部件,则一次电路与机身之间为加强绝缘,应施加不同的试验电压。当测得的工作电压在 420 V 至 1.41 kV(峰值)之间时,例如 680 V,对一次电路与机身之间的基本绝缘进行抗电强度试验的试验电压是 2 006 V(有效值),对一次电路与机身之间的加强绝缘进行抗电强度试验的试验电压是 3 000 V(有效值)。如果使用直流电压,则分别乘以 1.414。如果按标准中表 5C,则要按 $U_{要求的耐压}=U_{电网电源瞬态值}+U_{PW}-U_{交流电网电源电压峰值}$ 进行计算。

另外,需要注意的是,如果机壳是由绝缘材料制成的,则应当使用金属箔接触在绝缘表面上进行试验。如果使用背胶的金属箔,胶应当是导电的。

### 3.13.5 试验条件和步骤

试验前要进行试验仪器的自检,确定仪器功能正常。

试验要设置适当的漏电流判定值。然后根据设定的漏电流判定值和规定的试验电压,选用合适的经过校准的校准装置对测试设备及工装的完好性进行校验。

标准中提到要按照标准中 5.2 进行抗电强度试验时,是指抗电强度试验是在设备按照标准中 5.2.1 处于充分发热状态下进行。如果提到要按照标准中 5.2.2 进行抗电强度试验时,是指设备不需要进行标准中 5.2.1 的预热就进行抗电强度试验。

施加试验电压的速度按 CTL 6 A 号决议的说明:"起初,施加不超过一半的规定电压,然后快速增加到规定的数值,然后在该电压值上保持 60 s。"

标准中提到的例行试验是指在制造期间或制造后对每个独立产品进行的试验,以检验其是否符合相关的判据。在进行抗电强度的例行试验时,电压持续时间可以缩短到 1 s。

### 3.13.6 试验结果的判定

我们在试验前设定了判定电流,一般用它来判定耐压试验的结果是否合格。但这个判定值只是为了观察绝缘是否被击穿的一种指示手段,不是限定值。

绝缘击穿的最终判定是:当由于加上试验电压而引起的电流以失控的方式迅速增大,即绝缘无法限制电流时,则认为已发生绝缘击穿。电晕放电或单次瞬间闪络不认为是绝缘击穿。

一般整机耐压试验的判定电流设置在 10 mA,元器件耐压试验的判定电流设置为 5 mA,基本满足要求。但有些设备由于漏电流较大,就会造成仪器报警,这可能被误判为击穿,但实际上却并不一定是绝缘击穿了,而可能是由于设定的判定电流过低造成仪器报警,而非设备绝缘被击穿,这时可以把判定电流设适当调高。

可以从图 3-20 来解释绝缘击穿的原理:在正常大气条件下,空气可以是较好的绝缘介质,许多电子产品采用空气作为绝缘介质。气体分子在外层游离因素作用下不断出现生成离子与离子复合的过程。在电场作用下,一部分离子沿电场方向运动到电极形成电流,当电场强度很弱(小于 $E_1$ 时),离子的平均迁移速度正比于电场强度。因此,电流密度和电场强度的关系符合欧姆定律。当电场强度达到 $E_1$ 时,气体中的所有的离子都参加电导,离子迁移速度很快,电流密度受电场强度变化的影响很小,电流不随电压增加而增加,这时的电流密度为饱和电流密度。气体通常都工作在饱和区 Ⅱ 内,此时的气体有良好的绝缘性能。当电场强度继续增大时达到临界值 $E_m$ 时,电流 $j$ 无限增大成指数上升(区域 Ⅲ),使气体丧失了绝缘性能,产生绝缘击穿,造成电击危险。

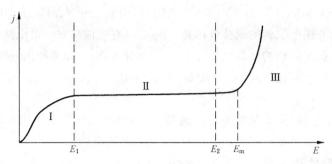

图 3-20  击穿电压图

为了避免损坏与本试验无关的元器件或绝缘,可将集成电路或类似的电路断开,或者采用等电位连接。

对加强绝缘和较低等级的绝缘两者并用的设备,应当注意加到加强绝缘上的电压不要使基本绝缘或附加绝缘承受超过规定的电压应力。

如果被试绝缘上跨接有电容器,则建议采用直流试验电压。与被试绝缘并联提供直流通路的元件应断开。原因是由于电容器的通交隔直的特性,用交流测试时可能无法充满这些电容,包括离散电容,这时就会有一个持续电流流过这些电容器,容易造成漏电流过大造成误判。直流电压试验时,试验电压是交流试验电压值乘以 1.414。

如果受试绝缘上并联有抑制电压的器件,例如电涌抑制器,箝位二极管等,这些器件的作用就是抑制传入设备的高压的,一般动作电压在几百伏,在试验前应该先把这些器件拆除。

### 3.13.7  制造厂生产线上的例行耐压检验

例行试验是在制造期间或制造后对每个独立产品进行的试验,以检验其是否符合相关的判据。

例行试验是非破坏性试验,可采用等效方法,抗电强度的持续时间可以减小到 1 s,并且如果使用标准中的表 5C,允许把试验电压降低 10%。

### 3.13.8  几点注意事项

a) 在进行 I 类设备初次级的抗电强度试验时,要注意次级试验点的选取。应当选取直接构成初次级绝缘的次级试验点。如果该测试点通过设备的次级电路与保护地有连接,则进行交流 3 000 V 的测试很有可能通不过。因此,在进行有些设备的初次级抗电强度试验时,需要把设备拆开,对其中的电源部分进行试验。

b) 由于抗电强度试验属于具有一定破坏性的试验,所以能一起进行试验的端子尽量一次完成,例如,对初次级间的加强绝缘进行抗电强度试验时,应把次级所有符合的端子连接在一起进行试验,而不要分别进行试验。

c) 进行抗电强度试验时,试验人员要注意自身防护。站在绝缘垫上,带绝缘手套,加高压时,先接通低电位(黑色接线端子),再接通高电位(红色接线端子),撤高压时,先撤红色接线端子,再撤黑色接线端子。

## 3.14  设备和工装

### 3.14.1  测量仪器的选择

当需要通过仪器测量来判断产品是否符合标准要求时,所使用的测量仪器的选择对于结果判定有很重要的关系。考虑到被测参数的所有谐波分量（直流、电网电源频率、高频和谐波分量），电子测量仪器应当具有足够的频带宽度，以提供准确的读数。如果测量有效值，应当使用能给出和正弦波一样的非正弦波的真实有效值读数的测量仪器。

a）在选择测量仪器时，首先应根据测量的对象和性质选择适当的测量仪器。例如在测量直流性质的电气参数时可以选择磁电系仪器，测量交流电气参数时，按照测量的频率特性，选择静电系或数字式仪表进行测量。在进行抗电强度试验时，如果被试绝缘上跨接有电容器，则采用直流试验电压为宜，这样就要求试验仪器具有直流测试档。

b）其次要根据测量值的大小和准确度的要求选择测量仪器的量程和准确度。对指针式仪表，在检测过程中，被测量的指示值超过仪表满刻度的 1/2，在满刻度的 2/3 左右比较好，这样就可以充分利用仪器的测量精度，而测量仪器的精度等级一般来说应当比被测量要求的精度高一个等级。

c）根据测量需要和引入系统误差最小的原则选择测量电路和测量仪器。例如在测量电压时，要求电压表的内阻越大越好；测量电流时，要求电流表的内阻越小越好。测量一次电路电容器放电时，测试连接中不能加入容性或阻性的控制开关等。

## 3.14.2 相关测试仪器使用

在防电击危险的相关测试中，可能使用如下测试仪器：

a）试验指，试验针，试验探头等；

b）示波器；

c）接地连续性测试仪；

d）卷轴试验仪器；

e）瞬态过电压测试仪器；

f）潮湿箱；

g）耐电痕化指数测试仪器；

h）薄层绝缘材料耐压测试仪器；

i）卡尺，塞规；

j）接触电流测试仪；

k）抗电强度试验仪等。

其中有几种测试仪器的操作和使用需要特别注意。例如：

——放电测试使用的示波器，为了减小测量仪器对测量结果的影响，要求选用示波器探头的输入阻抗由一个 100 MΩ±5 MΩ 电阻和一个电容量不大于 25 pF 的电容并联组成。

——在进行接地连续性测试时，测试仪器的设置要把自身的测试线和连接端子的内阻去掉，这样才能保证测试结果的准确性。

——在进行抗电强度测试时，判定电流一般设置为 10 mA，抗电强度试验过程中如果实际漏电流超过判定电流，则报警，为避免误判，此时可以将判定电流加大。

——进行接触电流测试时，为了准确反应电流随频率变化的特性，要求使用模拟人体阻抗网络进行测量。

——测量工作电压或放电时间常数时，为了减少测量中的高频损耗，要求使用的示波器至少具有 500 MHz 的测量带宽等。

——在测量接触电流时,影响接触电流 $I$ 测量精度的主要因素是其测试网络的频率特性是否符合试验标准要求,图 3-21 就是测量网络的频率特性参数。

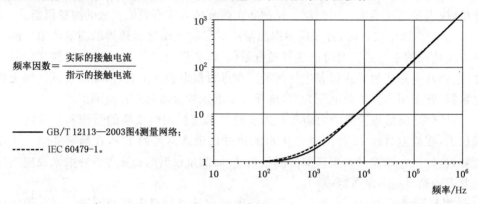

$$频率因数 = \frac{实际的接触电流}{指示的接触电流}$$

—— GB/T 12113—2003图4测量网络;

-------- IEC 60479-1。

**图 3-21　感知电流/反应电流的频率因数**

测量网络产生一个可以测量的电压响应,该电压响应近似于图 3-21 实线给出的曲线,网络所提供的参考曲线除了为简化测量电路,在 300 Hz 至 10 kHz 之间的曲线拐点允许有一点偏差外,一般是与 IEC 60479-1 中所公布的曲线相符合。随着接触电流频率的增高,实际的接触电流和仪器指示的接触电流的值差别更大,其比值为频率因数,我们看到频率在 1 000 Hz 以下时频率因数是 1.0 附近,而随着频率的升高,频率因数也快速上升。通过该图也清楚说明了人体对感知/反应电流的承受随频率上升而升高。

所以对该测量网络进行校准时,必须校准其频响特性。通过将 $U_2$ 的频率系数与上图中的实线在不同频率下进行比较来校准测量网络。画出能表示 $U_2$ 与理想曲线的偏差随频率变化的校准曲线。

校准时采用一台标准信号源(信号频率为 15 Hz～1 MHz),在接触电流测量网络 A、B 两端输入正弦波形信号,按表 3-12 频率特性参数表要求设置正弦波信号的频率。

**表 3-12　未加权接触电流测量网络的输入阻抗和传输阻抗的计算值**

| 频率<br>Hz | 输入阻抗<br>$U/I$ | 传输阻抗<br>$U_2/I$ |
| --- | --- | --- |
| 20 | 1998 | 500 |
| 50 | 1990 | 499 |
| 60 | 1986 | 498 |
| 100 | 1961 | 495 |
| 200 | 1857 | 480 |
| 500 | 1433 | 405 |
| 1 000 | 973 | 284 |
| 2 000 | 661 | 162.9 |
| 5 000 | 512 | 68.3 |
| 10 000 | 485 | 34.4 |

表 3-12（续）

| 频率<br>Hz | 输入阻抗<br>$U/I$ | 传输阻抗<br>$U_2/I$ |
|---|---|---|
| 20 000 | 479 | 17.21 |
| 50 000 | 477 | 6.89 |
| 100 000 | 476 | 3.45 |
| 200 000 | 476 | 1.722 |
| 500 000 | 476 | 0.689 |
| 1 000 000 | 476 | 0.345 |

然后用数字电压表（测量频率为 10 Hz～1 MHz）测量对应的 $U_2$ 两端电压值，看是否满足图 3-21 中的对应数值，从而达到校验接触电流测量网络的频率特性的目的。

# 第 4 章 发热要求

## 4.1 发热产生的原理及危险

### 4.1.1 发热产生的原理

电子设备热量来源有以下四个方面：

a) 电转换成热。当电流通过导体、气体、真空时将有能量损失；处于交变磁场中的磁性材料有磁滞消失，交变磁场中的非磁性导电材料有涡流损失；处于交变电场中的绝缘材料有介质损失。这些损失所产生的热能是由电能转换而来的。

b) 空气动力加热。高速运行的设备，由于空气阻力的作用，在设备与空气的接触面上将产生大量的热量。这些热量将传到电子设备内部，这就是空气动力产生的热量。

c) 机械摩擦转换成热量。电子设备中除电子元件以外还有各种机械部件。为了克服机械运动过程中的摩擦力将损失部分能量，这又是一种热能的转换形式。

d) 来自电子设备所处环境的热量。由于电子设备所使用地点、载体、用途不同，及其在载体上所处位置不同，其环境温度也大不同，如温带条件、热带条件、寒带条件，使用在这些地方的电子设备来自环境的热量应引起重视。

### 4.1.2 发热引发的危险

正常工作条件下由于高温引发的危险主要有如下几种类型：

——接触烫热的可触及零部件引起灼伤；

——导致绝缘等级下降和安全元器件性能降低；

——引燃可燃液体或可燃材料。

由直接危险还会产生二次危险以及其他次生危害。

以下从灼伤、绝缘等级下降、着火和耐异常热几方面分析其造成伤害的原理。

#### 4.1.2.1 灼伤

人体裸露的皮肤接触到烫热的物体表面时，会产生疼痛、摆脱的反应，严重的会导致灼伤。在 GB/T 18153—2000《机械安全 可接触表面温度 确定热表面温度限值的工学数据》中，将灼伤（该标准中称为烧伤）分为三个等级：

a) 表皮烧伤 superficial partial thickness burn

最表层的烧伤，表皮角质层、透明层、颗粒层以至棘细胞层完全被破坏，但是生发层健在。

b) 深层烧伤 deep partial thickness burn

皮肤的基本部分和所有的腺坏死，仅有毛囊深处或汗腺残存。

c) 全层烧伤 whole thickness burn

皮肤全层已经破坏，皮肤附件全部坏死。

GB 4943.1—2011 中考虑的灼伤危险不包括烫热液体或逸出烫热气体造成的烫伤，

仅仅是通过接触,热从高温物体表面传导向皮肤,热的传导遵循以下基本定律——傅立叶定律:

$$\Phi = \frac{\Delta t \lambda A}{\delta}$$

式中:$\Phi$——导热热流量,W;

$\Delta t$——温差,℃;

$\delta$——导热路径长度,m;

$\lambda$——材料导热系数,W/(m·℃);

$A$——与导热热流反响垂直的截面积,即导热面积,$m^2$。

由上式可见,温差、材料导热系数和接触面积与烫伤的严重程度成正比关系。

#### 4.1.2.2 绝缘等级下降和安全元器件性能降低

电气绝缘是将危险电压隔离,使设备能够正常工作,并防止触电危险的一种安全防护措施。绝缘性能是判断设备安全与否的重要因素,评价绝缘的指标有绝缘电阻、耐高压能力、爬电距离和电气间隙等。

电子产品的绝缘受到多种因素(如温度、电和机械的应力、振动、化学物质和辐照等)影响,而温度通常是对绝缘材料和绝缘结构老化起支配作用的因素。

元器件、绝缘和塑料材料等如果在正常使用时温度过高,可能会降低其电气、机械或其他性能,造成危险。主要表现在:

——工作在高温环境中,绝缘材料的化学结构产生破坏、解聚、碳化等,这些变化不可逆,虽然可能是缓慢变化,有时不会转化成危险显现出来,但已埋下隐患;

——高温会使绝缘结构(如变压器骨架)发生形变,减小电气间隙和爬电距离;

——高温会使外壳、塑料支撑元器件的机械强度降低;

——安全元器件性能降低。

其可能造成的后果如表 4-1 所述。

表 4-1　高温对材料性能的影响和可能造成的后果

| 可能的影响 | 可能的后果 |
| --- | --- |
| 绝缘材料化学结构破坏、解聚、碳化等 | 绝缘被破坏,设备短路、过载 |
| 绝缘结构形变 | 绝缘被破坏,设备短路、过载,造成人员触电等 |
| 机械强度降低 | 设备损坏 |
| 安全元器件性能降低 | 人员触电,电子设备温度升高 |

#### 4.1.2.3 着火

设备内的高温会降低局部的相对湿度,同时也会使材料中的阻燃剂挥发,高温、干燥的环境容易引起着火。

另外,热源与可燃物的隔离措施不充分,或者由于可燃液体渗漏、外溢到高温的元器件上,也会引起着火。

#### 4.1.2.4 耐异常热

直接安装上带危险电压零部件的热塑性塑料件(如变压器骨架或初级连接器或直插

式设备的电源插头间的绝缘外壳等）可能承受异常热，由于热塑性塑料材料在高温下会发生形变，改变绝缘结构，可能使爬电距离和电气间隙减小，导致设备短路、过载、人员触电等危险。

## 4.2 发热要求

### 4.2.1 基本要求

标准中 4.5 规定了发热要求，即元器件或设备的部位正常工作温度不应超过标准中表 4B 和表 4C 的限值，否则被视为是危险的。

——标准中表 4C 是对可触及件的温度限值要求，即在正常工作条件下，使用人员和维修人员可接触到的部件（如设备的外壳、旋钮、把手等）不应有过高的温度，以免造成灼伤；

——标准中表 4B 是对材料和元器件的温度限值要求。每种元器件或材料等都有其最高使用温度，如果在正常使用时温度过高，可能会降低其电气、机械或其他性能，产生危险隐患，影响设备预期寿命。

相对于 GB 4943—2001 而言，GB 4943.1—2011 适用于在热带气候条件下使用的设备，最高环境温度以 35 ℃或制造商技术规范允许的最高环境温度为基准。因此在温度限值不变的前提下，温升限值要降低 10 K。但声明仅在非热带气候条件下使用的设备仍可使用原限值。

——还应当考虑长期使用时某些绝缘材料的电气性能和机械性能可能会长期受到不利的影响（例如受到低于材料正常软化点的温度下挥发的软化剂的影响）。

另外对工作在高温下的元器件应有效地屏蔽或隔离，以避免导致其周围元器件或材料过热。

### 4.2.2 防灼伤要求

在表 4-2(标准中表 4C)接触温度的限值中，对不同材料和接触时间长短不同的部位给出了不同的接触温度限值。对金属、玻璃和塑料等材料的可触及件给出的正常工作条件下的最高温度限值都在 100 ℃以下，但在表下的注释中给出例外情况，即：

——在正常使用时不可能被触及到，并且尺寸不超过 50 mm 的设备外表面上的某一部位，温度限值可以达到 100 ℃；

——对需要热量完成预定功能的零部件，在邻近发热零部件的显著位置提供了警告标识，则也允许其温度限值达到 100 ℃。

其他零部件如果满足相类似的要求，即：

——不可能无意间接触这样的零部件；和

——该零部件提供了发热警告标记，则也允许其温度超过限值。这也是出于短暂接触不会造成很大危害而考虑的。

对于安装在受限制接触区的设备，其外部金属散热片或有明显发热警告标记的外部金属部件可以允许温度限值达到 90 ℃。

如果能提供材料的参数特性值，也可以根据该值确定适当的最高温度限值。

表 4-2　接触温度的限值

| 操作人员接触区的零部件 | 最高温度($T_{max}$) ℃ | | |
|---|---|---|---|
| | 金属 | 玻璃、瓷料和釉料 | 塑料和橡胶[b] |
| 仅短时间被握持或被接触的把手、旋钮、提手等 | 60 | 70 | 85 |
| 正常使用时被连续握持的把手、旋钮、提手等 | 55 | 65 | 75 |
| 可能会被接触到的设备外表面[a] | 70 | 80 | 95 |
| 可能会被接触到的设备内表面[c] | 70 | 80 | 95 |

[a] 下述零部件的温度不超过 100 ℃ 是允许的：

　　——在正常使用时不可能被触及到的、尺寸不超过 50 mm 的设备外表面上的某一部位；和

　　——如果操作人员很清楚地知道设备的某个零部件需要热量来完成预定功能（如文件压合机）。在设备的邻近发热零部件的显著位置应当有警告标识。

　　警告标识可以是：

　　● 符号 IEC 60417-5041(DB:2002-10)： 或

　　● 下述或类似语句

　　　　　　　　警告

　　　　　　　热表面

　　　　　　　不要接触

[b] 对每一种材料，应当考虑该种材料的参数特性，以便确定适宜的最高温度。

[c] 允许温度超过限值的零部件必须满足如下条件：

　　——不可能无意间接触这样的零部件；和

　　——有警告标记的零部件，该标记指明此零部件是发热的。对该警告标记，允许使用符号 。

### 4.2.3　绝缘材料和元器件的温度限值要求

　　GB 11021—1989《电气绝缘的耐热性评定和分级》中，明确地将电气绝缘的耐热性划分为若干等级，各耐热等级及对应的温度值如表 4-3 所示。

表 4-3　温度与耐热等级表

| 耐热等级 | 温度/℃ |
|---|---|
| Y | 90 |
| A | 105 |
| E | 120 |
| B | 130 |
| F | 155 |
| H | 180 |
| 200 | 200 |
| 220 | 220 |
| 250 | 250 |

不同耐热等级的绝缘材料对应不同的使用温度,产品的设计者在设计、选用绝缘时应根据设备内的实际温度选用适用的材料,并将绝缘材料的耐热等级提供给产品验收、检测人员。

对于绝缘材料的耐热要求,GB 4943.1—2011 中给出了不同部件不同等级的绝缘材料的最高温度限制,见表 4-4。

表 4-4　温度限值、材料和元器件

| 零　部　件 | 最高温度($T_{max}$)<br>℃ |
|---|---|
| 绝缘,包括绕组绝缘:<br>　　105 级　材料(A)<br>　　120 级　材料(E)<br>　　130 级　材料(B)<br>　　155 级　材料(F)<br>　　180 级　材料(H)<br>　　200 级　材料<br>　　220 级　材料<br>　　250 级　材料 | <br>$100^{a,b,c}$<br>$115^{a,b,c}$<br>$120^{a,b,c}$<br>$140^{a,b,c}$<br>$165^{a,b,c}$<br>$180^{a,b}$<br>$200^{a,b}$<br>$250^{a,b}$ |
| 内部布线或外部布线(包括电源软线)的橡胶或聚氯乙烯塑料(PVC)绝缘<br>　　无温度值标志<br>　　有温度值标志 | <br><br>$75^{d}$<br>温度标记值 |
| 其他热塑性塑料绝缘 | 见$^{e}$ |
| 接线端子,包括驻立式设备(装有不可拆卸的电源软线的驻立式设备除外)的外部接地导线用的接地接线端子 | 85 |
| 与可燃液体接触的零部件 | 见标准中 4.3.12 |
| 元器件 | 见标准中 1.5.1 |

[a] 当用热电偶测量绕组的温度时,除了以下情况,这些温度值应当减小 10 ℃,
　　——电动机;或
　　——有内置式热电偶的绕组。

[b] 对每一种材料,应当考虑该种材料的参数特性,以便确定适宜的最高温度。

[c] 在括号中给出了 IEC 60085 原来指定的 A～H 的命名对应的 105～180 的热分级。

[d] 如果电线上没有标识,那么电线线轴上的标识或电线的制造厂商指定的温度额定值认为是可接受的。

[e] 由于热塑性材料品种繁多,不可能对它们一一规定出允许的最高温度,因此,这些材料应当符合标准中 4.5.5 的规定。

### 4.2.4　防火要求

关于防火的安全防护措施见本指南第 5 章。

### 4.2.5　耐异常热要求

标准规定对这类塑料件要进行球压试验,来验证其是否能耐异常热。

如果根据材料物理特性的检查能清楚表明该材料能满足球压试验的要求(如变压器

骨架采用热固性材料,热固性材料通常掰断时非常脆,且热的电烙铁与其接触时不易产生明显的熔化现象),则不必进行试验。

球压试验的试验温度为$(T-T_{amb}+T_{ma}+15)℃±2℃$,即比在制造商允许的最高环境温度下该热塑件的发热温度高15℃。这比GB 4943—2001中规定的"试验温度比在进行温升试验时所测得的该塑料件的最高温升高40 K±2 K。"即"25℃环境温度下该热塑件的发热温度高15℃"更趋于合理。

但是,支撑一次电路零部件的热塑性塑料件至少应当在125℃的温度下进行试验。

对球压试验的试验仪器、样品、试验步骤等的要求简述见表4-5。

**表 4-5　球压试验要求和方法简述**

| | |
|---|---|
| 试验仪器 | 负载装置:<br>压力球直径5 mm,砝码系统可施加一个负载等于20 N±0.2 N(包括压力球的质量)向下的作用力。 |
| | 试验样品支座 |
| | 单室烘箱 |
| | 光学测量装置:<br>10倍至20倍的光学放大倍率,并与经过校准的网络或十字叉丝线的测量台一起使用。照明装置照亮实施过压力球的样品表面。 |
| 样品 | 从产品上切割:<br>——厚度至少为2.5 mm,当样品较薄时,可用叠加两个或多个样品的方法获得这样的厚度;<br>——边长至少为10 mm的方形平面或直径为10 mm的圆形平面。 |
| | 专门制备:<br>——厚度为3.0 mm±0.5 mm;<br>——边长同上。 |
| 预处理 | 试验样品应在温度为15℃~35℃之间,相对湿度为45%~75%之间的环境下至少放置24 h。 |
| 试验步骤 | 1)烘箱、试验样品支座和负载装置在设定的温度下保持24 h或者达到热平衡为止,可取时间较短者。<br>2)当达到热平衡时,将试验样品放置在样品支座上靠近中心的位置。(在尽可能短的时间内完成。)<br>3)试验施加$60\ min^{+2\ min}_{0\ min}$后取出,在10 s内将试验样品浸入温度为20℃±5℃的水中保持6 min±2 min。<br>4)从水中取出样品后在3 min内进行测量。 |
| 判定 | 压痕直径应不大于2.0 mm。最大和最小测量值差异不超过0.2 mm。如有异议,再测2块样品。 |

# 4.3　温度试验方法

与GB 4943—2001相比,GB 4943.1—2011中发热测试的合格判据是以最高温度值作为限值,而不是最高温升值。这一点从发热的原理来讲更合理。

### 4.3.1 测试环境

试验应按标准中1.4.4所述,在制造商操作说明范围内,在下列参数最不利的组合条件下进行试验:

——电源电压,在额定电压或额定电压范围的上下限进行测量;

——电源频率;

——工作温度,见本指南4.3.2环境温度要求;

——设备的现场配置和可移动零部件的位置;

——工作方式;

——调节位于操作人员可接触区内的恒温器、调节装置或类似的控制装置。

音频放大器应按GB 8898—2011的要求工作。

### 4.3.2 环境温度要求

在新版标准中,将温度测量条件分为以下两类:

a) 温度依赖型设备,温度测量应当在制造商规定的工作范围内的最不利环境温度下进行。在这种情况下,$T$不得超过$T_{max}$。

b) 非温度依赖型的设备,允许使用a)的方法。或者,试验在制造商规定的工作范围内的任何环境温度值$T_{amb}$下进行。在这种情况下,$T$不得超过$(T_{max}+T_{amb}-T_{ma})$。

试验期间,$T_{amb}$不得超过$T_{ma}$。

因此在进行试验测量后,在判定时还要根据实际的$T_{amb}$和$T_{ma}$计算出限值。或者在测量值上进行计算,限值保持不变的。即:$T$(测量值)$-T_{amb}+T_{ma}$。

应注意的是,$T_{ma}$是35 ℃或制造商技术规范允许的最高环境温度,取较大者。

### 4.3.3 测试条件

设备处于最大工作条件下,并保持4 h以上或达到稳定工作状态后开始测量。

可以采用热电偶法测量元器件或部件的温度。对绕组,还可以采用绕组法测量温度。

### 4.3.4 测试方法

#### 4.3.4.1 热电偶法

测量温度时,应当选取电子设备内的以下部位和电子元器件进行温升测试:

a) 可触及零部件

使用人员和维修人员可触及的零部件(如,外壳、把手、旋钮等)的温度不应超过表4-1相关的限值。

b) 电气绝缘的零部件和与其靠近的热源

提供基本绝缘、附加绝缘或加强绝缘的零部件,如果其失效会引起电击或着火危险,则该绝缘(如:承载高压的导线等)以及其靠近的热源(如大功率元器件、散热片等)上的某一点的温度不应超过表4-4对该绝缘的温度限值。如果布线的绝缘上有温度值标志,则以此温度标记值作为该绝缘的温度限值。

c) 标有温度限值的元器件

以标记的温度值作为该元器件的温度限值。

当使用热电偶法测量除电动机和有内置式热电偶的绕组以外的绕组温度时,表4-4中的温度限值应当减小10 ℃。

在 IECEE 的 OP108 文件中给出了对热电偶的制备、安装、延伸和使用的要求，以及对热电偶线的验收要求。例如：

——推荐使用 K，T 和 J 型热电偶。

——热电偶的制备要求代表尺寸见图 4-1，详述如下：

- 剥去内绝缘层直至距离顶端约 1.5 mm 处；
- 剥去外绝缘层（如有）直至距离顶端约 15 mm 处；
- 顶端通过点焊连接。

——热电偶测量接点必须布置在温度测量处，使其与被测部位达到相同的温度。

——安装热电偶时接点应与被测部件表面紧密接触，保持良好的热接触。

——为了避免热电偶接点与临近引线存在温差从而产生从接点到引线或反向的热传递而影响测量结果，建议选用 0.320 mm 或 0.254 mm 线径的热电偶。

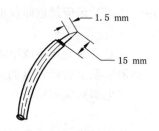

图 4-1　热电偶的制备要求代表尺寸

——热电偶固定的方法有：绑扎、粘接、喷射、焊接和用胶带固定。

——用来对热电偶引线进行固定的胶带应远离接点处。

### 4.3.4.2　电阻法

对绕组的温度测量还可以采用四端电阻法。即在测试前，先要确定测量的绕组数，用四条外接导线连接至被测绕组。使用这种测量方法时，温度限值按表 4-4 中对应等级的限值，不需要减小 10 ℃。

电阻法测量首先要测量室温 $t_1$ 和被测绕组的冷态电阻 $R_1$，然后使设备在规定的试验条件下工作，直到设备工作达到稳定状态。通常认为 4 h 后设备即进入稳定状态，这时切断设备电源，立即测量断电瞬间绕组的热态电阻 $R_2$ 和试验结束时的室温 $t_2$。一般可以通过测量切断电源后一个时间段的相应电阻值，来确定绕组电阻值与时间的关系曲线，由此来推断出设备断电瞬间绕组的电阻值。

绕组温升的计算公式如下：

对铜导线绕组　　　$\Delta t = \dfrac{R_2 - R_1}{R_1}(234.5 + t_1) - (t_2 - t_1)$

对铝导线绕组　　　$\Delta t = \dfrac{R_2 - R_1}{R_1}(225 + t_1) - (t_2 - t_1)$

式中：$\Delta t$——温升，K；

　　　$R_1$——试验开始时绕组的电阻值，$\Omega$；

　　　$R_2$——试验结束时绕组的电阻值，$\Omega$；

　　　$t_1$——试验开始时的室温，℃；

　　　$t_2$——试验结束时的室温，℃。

将计算的温升值加上 35 ℃ 与规定的温度限值进行比较。

### 4.3.5　注意事项

温度测量一般采用数字记录仪配合相应的热电偶进行，由于使用数字仪器和需要用热电偶对设备温度测量布点，为了保证测试准确和不损坏测试仪器，一般需注意如下要求：

——热电偶不能直接粘在带电件上；

——粘热电偶时尽量不要点太多的胶，尽量不要用胶纸覆盖测试点，以免影响测试点本身的发热；

——测散热器时尽量测试最热的点，比如热电偶粘在被散热元件与散热器接触处；

——热电偶尽量不要粘在干扰元件上，以避免记录仪被干扰。如接地不好的散热器、屏蔽罩、回扫变压器的漏磁处等；

——记录仪供电频率尽量与样品供电频率一致；

——一般记录仪通道间仅能承受 150 V 的电压差，每个通道仅能测量不超过 50 V 的电压；

——注意在测变压器或电动机或初级线圈等高压绕组时，不要损坏绕组的绝缘，尽量用一层薄胶带贴上后将热电偶布在胶带上，除非特殊情况，一般不要直接布在绕组上；

——热电偶点胶固定好后，一般应在附近将热电偶线固定（用胶带等），以避免热电偶承受应力；

——热电偶线尽量不要影响散热，比如将一大堆热电偶线缠绕在一起而挡住了散热通道；

——热电偶头裸露线不能太长，以免触及带电件，损坏记录仪；

——热电偶头不能太大，以免影响散热，使测试数据不能真实反映测试点的温度；

——热电偶测初级滤波线圈时，应用一薄层胶带贴在线圈绕组上，然后热电偶布在胶带上；

——热电偶测变压器内部绕组或初级绕组时，可以采用测初级滤波线圈的方法，也可以用一薄胶带缠住热电偶头，然后布到测试点上，当然，测初级滤波线圈也可用此法；

——抗电强度和绝缘电阻以及雷击浪涌试验时，应将热电偶与记录仪断开或取掉热电偶试验；

——测漏电流时，也应将热电偶与记录仪断开或取掉热电偶试验；

——激光瞄准红外测温方法，不能用于小元件或测试面面积小于红外接收窗面积的部件的测量，不能用于浅色面测量，只有在测量黑色大面积测试面时才有比较高的准确度。测量时，一定要用红外接收窗感应被测面，激光只能用于辅助定位。

## 4.4  故障条件下的温度试验

设计人员应考虑设备可能发生故障的情况，并采取相应的过热防护措施，避免危险。

应通过在易发生故障点设置短路、开路等模拟故障，或堵塞通风孔、堵转风扇，并同时测试温度。标准中给出了故障条件下热塑性塑料材料以外的绝缘材料的温度限值，以及电动机、变压器等元器件在故障条件下的温度限值。

## 4.5  试验设备和耗材

a）功率计；

b）温度巡检仪或数据采集仪（具备温度采集功能）；

c）热电偶。

# 第5章 防着火危险的要求

## 5.1 着火危险产生的原理

设备着火的必要条件是具有可燃物质、助燃物质,同时存在引燃源。助燃物质多数是空气中的氧。引燃源则是指具有一定温度和热量的能源,如电火花、电弧和灼热的物体等。在电子设备中,电气原因是造成着火的主要原因,设备里的线路、开关、保险、插座、电动机等均有可能产生火花和高温成为引燃源。这些引燃源集中在电子设备的电源部分、接口部分、高压部分、大功率部分及电动机部分等。而电子设备中的易燃的元器件(如集成电路、电容器等)和材料(如导线的绝缘层、塑料外壳、橡胶护套等)则是可燃物质。通常来说,导致电子设备发生着火有如下三种原因:

a) 设备本身设计不合理。例如,选用的导线截面积与它们预定要承载的电流不相适应,容易使导线过载,产生高温引发着火;布线时导线紧靠着会损伤导线绝缘的毛刺、散热片、运动零部件,使导线的绝缘遭到损坏,造成短路,产生高温引发着火;载流部件接触不良,使接触电阻过大,工作时产生高温引发着火;电气间隙太小,导致瞬态过电压或设备内部产生的峰值电压产生飞弧引发着火;在容易出现引燃源的部位未使用阻燃材料,使引燃源点燃可燃物质引发着火等。

b) 设备发生故障。例如,设备内部的元器件被击穿,造成短路,产生高温引发着火;电动机发生堵转,产生高温引发着火等。

c) 设备异常工作。例如,设备被接入过大负载,导致电路中超出了实际所能承受的电流,产生高温引发着火。

## 5.2 对防着火危险的要求

对信息技术设备的着火防护要从两方面来考虑,第一是避免自身起火,防止引燃源点燃易燃材料,减小这种危险的方法包括:提供过流保护装置;使用符合要求的适当燃烧等级的材料;选择避免产生着火危险的零部件和元器件;限制易燃材料的使用;将易燃材料与引燃源屏蔽或隔离。第二是减少火焰蔓延,在火源产生时,防止火焰向设备周围蔓延,减小这种危险的方法包括:使用防护外壳或挡板,以限制火焰只在设备内部蔓延;使用具有一定阻燃等级的材料制造防火防护外壳,以减小火焰向设备外部蔓延。

因此,对设备的防火要求主要涉及供电电源的要求、元器件的阻燃等级要求、印制板的阻燃要求、防火防护外壳的阻燃要求以及防火防护外壳的开孔要求等。元器件、印制板、外壳的阻燃防火要求,密切相关,相辅相成,共同实现了整个设备降低着火危险的措施。以下从几个方面来介绍 GB 4943.1 的防火要求。

### 5.2.1 设备中元器件与防火防护外壳间的关系

防火防护外壳是指用来使设备内发生的着火或火焰的蔓延减小到最低限度的设备

部件。

如果把能产生高温的零部件作为可能的引燃源,而包裹这些元器件的外壳作为可燃物质的话,零部件与外壳的阻燃要求的对应关系如表5-1所示。

表 5-1 零部件与防火防护外壳的对应关系

| 要求防火防护外壳的零部件 | 不要求防火防护外壳的零部件 |
| --- | --- |
| 安装有下列的零部件,就要求防火防护外壳:<br>——一次电路的元器件;<br>——由超过标准中 2.5 规定限值的电源供电的二次电路中的元器件;<br>——由按标准中 2.5 规定的受限制电源供电,但未安装在 V-1 级材料上的二次电路中的元器件;<br>——按照标准中 2.5 规定限制功率输出的电源或组件内的元器件,包括过流保护装置、限制阻抗、调整网络和达到满足受限制电源输出判据点的配线;<br>——具有未封装的起弧零部件,例如开放式开关和继电器接点以及整流器,带有危险电压或危险能量等级的电路中的元器件;<br>——绝缘配线 | 如下零部件不要求防火防护外壳:<br>——电动机;<br>——变压器;<br>——符合标准中 5.3.5 的机电元器件;<br>——带有聚氯乙烯(PVC)、四氟乙烯(TFE)、聚四氟乙烯(PTFE)、氟化乙丙烯(FEP)和氯丁橡胶或聚酰亚胺绝缘的导线和电缆;<br>——构成电源软线或互连电缆部件的插头和连接器;<br>——满足标准中 4.7.3.2 要求,装塞在防火防护外壳开孔中的元器件,包括连接器;<br>——由在设备正常工作条件下和单一故障(见标准中 1.4.14)后被限制到最大输出为 15 VA(见标准中 1.4.11)的电源供电的二次电路的连接器;<br>——由符合标准中 2.5 要求的受限制电源供电的二次电路中的连接器;<br>——二次电路中的其他元器件:<br>1)由符合标准中 2.5 要求的受限制电源供电,安装在 V-1 级材料上;<br>2)由内部或外部电源供电,这些电源在设备正常工作条件下和单一故障(见标准中 1.4.14)后被限制到最大输出为 15 VA(见标准中 1.4.11)。当元器件材料的最薄有效厚度小于 3 mm 时,安装在 HB75 级材料上,当元器件材料的最薄有效厚度大于等于 3 mm 时,安装在 HB40 级材料上;<br>3)符合标准中 4.7.1 的方法 2。<br>——设备或设备的一部分具有短时接触开关,该开关需要使用人员连续触发,其断开将切断设备或设备的部分的所有电源供应 |

金属、陶瓷材料和玻璃可认为符合防火要求。

### 5.2.2 防火防护外壳的结构要求

以下从外壳顶部和侧面、外壳底部、门或盖、可携带式设备的外壳 4 个方面来讲述外壳防火的结构要求。

在无法保证每个元器件都有防火特性的情况下,可以考虑使用合适材料制作外壳,以减少火焰向设备外蔓延的可能性。防火外壳上的开孔也十分重要,合理的开孔可以改善设备的通风效果,防止设备温度过高而发生元器件失效、绝缘老化造成着火危险。

### 5.2.2.1 外壳顶部和侧面

除可携带式设备的外壳(见标准中 4.6.4)以外,外壳顶部和侧面的开孔位置和结构应当使得外来物进入开孔不可能接触裸露零部件而产生危险。

这里的危险包括能量危险以及由于桥接绝缘或由操作人员触及带危险电压的零部件(例如通过金属饰物)而产生的危险。

如果设备的开孔在门、面板、盖关闭或就位时满足要求,那么安置在操作人员能开启或移开的门、面板、盖等后面的开孔认为满足要求。

如果防火防护外壳侧面的某一部分是在按图 5-4(标准中图 4E)以 5°夹角投影出的面积内,则关于防火防护外壳底部(标准中 4.6.2)开孔的尺寸限制也适用于防火防护外壳侧面上的这一部分。

下列尺寸和形状的开孔均认为符合要求:

——在任何方向上的尺寸不大于 5 mm 的开孔;

——宽度不超过 1 mm(不管多长)的开孔;

——防止垂直进入的顶部开孔(见图 5-1)(标准中图 4B);

——提供的百叶窗形状的侧面开孔使外部垂直掉落物向外偏离(见图 5-2)(标准中图 4C);

——在下述裸露导电零部件上方的顶部或侧面开孔(见图 5-3)(标准中图 4D),未垂直开设在正上方,或在开孔最大尺寸 L 的范围内以 5°角垂直投影不超过所限定的体积 V:

1) 带危险电压;

2) 存在标准中 2.1.1.5 含义范围内的能量危险。

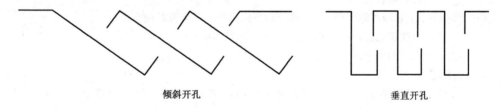

倾斜开孔　　　　　　　　　　　　垂直开孔

图 5-1　防止垂直进入的开孔截面设计示例

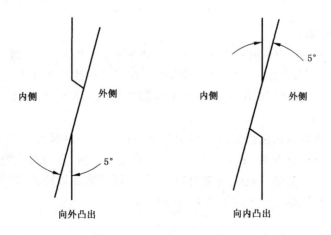

图 5-2　百叶窗设计示例

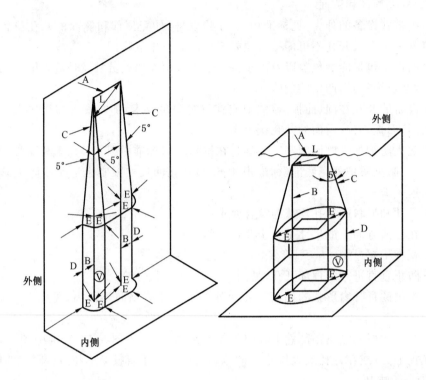

A——外壳开孔；

B——开孔边缘的垂直投影；

C——倾斜线，它以偏离侧面开孔的边缘 5°的方向投影到距 B 为 E 的点上；

D——是在与外壳侧壁为同一个平面中直接向下的投影线；

E——开孔边缘 B 和倾斜线 C 的投影（不大于 L）；

L——外壳开孔的最大尺寸；

V——容积，在其内应当不存在带有危险电压的裸露零部件或能量危险（见标准中 4.6.1）。

图 5-3　外壳的开孔

## 5.2.2.2　外壳底部

对防火防护外壳底部的开孔设计应满足如下要求：防火防护外壳底部（除了可携带式设备的防火防护外壳）或独立的挡板应当能在所有那些在故障条件下可能会喷出一些物质引燃支撑表面的内部零部件（包括仅作了局部密封的元器件或组件）的下面具有防护作用。

防火防护外壳的底部或挡板的安装位置应当符合图 5-4（标准中图 4E）的规定，其面积不得小于图 5-4（标准中图 4E）的规定，而且应当是水平板、鱼鳞板或做成能具有等效防护作用的其他形状。底部开孔应当装有防护板、屏网等来加以防护，以便使熔融的金属、燃烧的物质等不能掉落在防火防护外壳的外面。

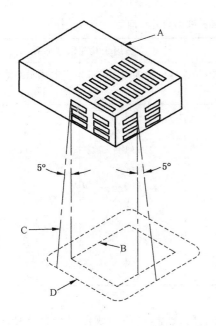

A——组件部分,在该部分的下方(例如在可能掉出燃烧颗粒的元器件或组件上那些开孔的下方)需要装有防火防护外壳。如果元器件或组件本身无防火防护外壳,则需要受保护的区域应当是该元器件或组件所占据的整个区域。

B——A所占据的区域在防火防护外壳最低点的水平面上垂直投影的轮廓线。

C——用以在与B同一平面上划出轮廓线D的斜线。当斜线在围绕轮廓线B移动时,要使该斜线与沿A的各开孔周边每一点的垂线方向成5°夹角来划轮廓线,而且该斜线的方向应当取能划出最大面积的方向。

D——防火防护外壳底部的最小轮廓线。防火防护外壳侧面的某一部分,如果处在由5°角斜线划出的范围内,则这一部分也认为是防火防护外壳底部的一个组成部分。

图 5-4　局部封装组件或组件用典型防火防护外壳底部

对预定仅安装在受限制接触区使用、并安装在混凝土地面或其他不易燃表面上的驻立式设备应对设备应当作如下的标记:"仅适宜安装在混凝土或不易燃的表面上"。

当开孔不满足要求时,可以进行灼热燃油试验(试验方法见本指南第13章的13.5),如果通过了该试验,也可判定该设备满足防火要求。

下列结构被认为符合要求的结构:

——防火防护外壳的底部不开孔;

——本身符合防火防护外壳要求的内挡板、屏网或相似的隔挡物下面的任何尺寸的底部开孔;

——在满足 V-1 级材料或 HF-1 级泡沫材料要求的元器件和零部件下面、或通过 GB/T 5169.5 施加 30 s 火焰的针焰试验的小型元器件下面的底部开孔,每个孔的面积不大于 40 mm$^2$;

——挡板结构符合图 5-5(标准中图 4F)的规定;

——防火防护外壳金属底部开孔符合表 5-2(标准中表 4D)规定的尺寸和间距要求;

——金属底部屏网的中心线间距不大于 2 mm,而且金属丝直径不小于 0.45 mm。

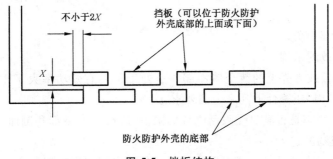

图 5-5　挡板结构

表 5-2　防火防护外壳金属底部开孔的尺寸和间距

| 适用于圆形孔 | | | 适用于其他形状的孔 | |
|---|---|---|---|---|
| 金属底部最小厚度<br>mm | 最大孔径<br>mm | 最小孔心距<br>mm | 最大面积<br>mm² | 开孔间最小边距<br>mm |
| 0.66 | 1.1 | 1.7 | 1.1 | 0.56 |
| 0.66 | 1.2 | 2.3 | 1.2 | 1.1 |
| 0.76 | 1.1 | 1.7 | 1.1 | 0.55 |
| 0.76 | 1.2 | 2.3 | 1.2 | 1.1 |
| 0.81 | 1.9 | 3.1 | 2.9 | 1.1 |
| 0.89 | 1.9 | 3.1 | 2.9 | 1.2 |
| 0.91 | 1.6 | 2.7 | 2.1 | 1.1 |
| 0.91 | 2.0 | 3.1 | 3.1 | 1.2 |
| 1.0 | 1.6 | 2.7 | 2.1 | 1.1 |
| 1.0 | 2.0 | 3.0 | 3.2 | 1.0 |

#### 5.2.2.3　门或盖

防火防护外壳包含有能通向操作人员接触区的门或盖,这些门或盖应符合下列之一的要求:

——门或盖应装有联锁装置,使门或盖还未处于能使试验指触及危险零部件的任何位置之前,危险已先行消除;

——预定日常由操作人员来打开的门或盖,应确保操作人员无法从防火防护外壳上拆下,并且装有在正常工作时使其关紧的装置;

——预定操作人员偶然使用的门或罩,例如安装附属件,允许拆下的门或罩,应在操作说明中说明正确拆卸和更换门或罩的方法。

#### 5.2.2.4　可携带式设备的外壳

对可携带式设备的外壳开孔而言,为了减小由于小的金属物,如钢纸夹或钉书钉在可携带式设备携带期间在其内部活动而引起引燃的危险,应采取措施使这样的物体进入设备桥接裸露导电零部件(有敷形涂覆或其他涂层的导电零部件不认为是裸露导电零部件)引起着火危险的可能性减至最小,而按照受限制电源的要求加以限制的电源供电的裸露导电零部件不要求这种措施。

下列结构被认为符合要求的结构:

——提供宽度不超过 1 mm(不管多长)的开孔;

——提供屏网,其网眼的中心线间距不大于 2 mm,而且金属线或丝的直径不小于0.45 mm;

——提供内部挡板;

——其他等效的结构。

如果塑料挡板或外壳上的镀金属零部件是处于距离有效功率大于 15 VA 的电路零部件 13 mm 范围内,要符合下列之一的要求:

a) 无论有效功率是否满足受限制电源的限值,应按外壳顶部和侧面的开孔要求限制外来金属物的进入;

b) 在裸露的导电零部件和镀金属的挡板或外壳之间应当有挡板;

c) 在裸露的导电零部件和距离裸露零部件 13 mm 的挡板或外壳邻近的镀金属件之间桥接一个直接通路来进行模拟故障试验,试验中,不得引燃镀金属的挡板或外壳。

上述的挡板或隔屏如果是靠粘合剂粘附于外壳内侧或外壳内的其他零部件上的,则粘合剂在设备的寿命期间应当具有足够的粘合特性。

对于防火防护外壳在适当的情况下应能保证外壳材料在释放由模压或注塑成形所产生的内应力时,该外壳材料的任何收缩或形变均应不会暴露出危险零部件,也不应使爬电距离和电气间隙减少到低于所要求的最小值。

总之,在防着火危险的设计过程中应考虑正常工作和故障条件下过载、元器件失效、绝缘击穿或连接松动等可能导致设备过高温度,采取措施以防止引燃源的产生;采用金属或阻燃材料对引燃源和引燃物进行隔离,防止火焰蔓延;根据需要采用封装等方式将引燃源与助燃物进行隔离。

### 5.2.3 设备中元器件与印制板的阻燃等级间的关系

标准中 4.7.3.4 规定防火防护外壳内的元器件和印制板的阻燃等级都要求 V-2 级,如果印制板阻燃等级为 V-1 级,那么元器件的阻燃等级无要求。

## 5.3 试验方法

### 5.3.1 受限制电源

测量受限制电源的目的是为了确定由其供电的设备所需的阻燃等级。是否为受限制电源不作为判定产品合格与否的依据。

以下从 3 个方面来对受限制电源进行讲述,首先介绍一下受限制电源的 4 种情况,然后介绍一下受限制电源的测试,最后介绍受限制电源测试的注意事项。

### 5.3.1.1 受限制电源限值

受限制电源有下列 4 种情况:

a) 内在地限制输出,使其符合表 5-3(标准中表 2B);

b) 使用一个线性的或非线性的阻抗限制输出,使其符合表 5-3(标准中表 2B);如果使用正温度系数装置,则该装置应当通过 GB 14536.1 第 15、17、J.15、J.17 章的试验;

c) 使用一个调节网络限制输出,使之在调节网络的非故障条件下和模拟单一故障条件下(开路或短路)(见标准中 1.4.14)均能符合表 5-3(标准中表 2B);

d) 使用过流保护装置并按照表 5-4(标准中表 2C)的限值限制输出。

如果使用过流保护装置,它应当是一个熔断器或是一个不能调节的非自动复位的机电装置。

由交流电网电源供电的受限制电源或由电池供电且在向负载供电的同时由交流电网电源充电的受限制电源应当装有隔离变压器。

通过检查和测量以及适用时通过对制造厂商提供的电池参数进行检查来检验其是否合格。当依据表 5-3(标准中表 2B)和表 5-4(标准中表 2C)的条件对 $U_{oc}$ 和 $I_{sc}$ 进行测量时,电池应当充满电。

调节表 5-3(标准中表 2B)和表 5-4(标准中表 2C)中提到的非容性负载以给出最大的 $I_{sc}$ 或 $S$ 的测量值。

按上述 c)项的要求,在上述最大的 $I_{sc}$ 或 $S$ 的测量值的情况下对调节网络施加模拟的故障。

表 5-3　无过流保护装置的电源的限值

| 输出电压[a] | | 输出电流[b,d] | 视在功率[c,d] |
| $(U_{oc})$ | | $(I_{sc})$ | $(S)$ |
| V(a.c.) | V(d.c.) | A | VA |
| $\leqslant 30$ | $\leqslant 30$ | $\leqslant 8.0$ | $\leqslant 100$ |
| — | $30 < U_{oc} \leqslant 60$ | $\leqslant 150/U_{oc}$ | $\leqslant 100$ |

[a] $U_{oc}$:断开所有的负载电路,按照标准中 1.4.5 的规定所测得的输出电压。电压为基本正弦波形的交流电压和无纹波直流电压。对于非正弦波形的交流电压和带有纹波大于 10%峰值的直流电压,其峰值电压不得超过 42.4 V。

[b] $I_{sc}$:带上任意的非容性负载(包括短路)测得的最大输出电流。

[c] $S$(VA):带上任意非容性负载测得的最大输出伏安。

[d] 如果通过电子电路或正温度系数装置来进行保护,则在施加负载后 5 s 测量 $I_{sc}$ 和 $S$。对其他情况,在 60 s 后测量。

表 5-4　有过流保护装置的电源的限值

| 输出电压[a] | | 输出电流[b,d] | 视在功率[c,d] | 过流保护装置的电流额定值[e] |
| $(U_{oc})$ | | $(I_{sc})$ | $(S)$ | |
| V(a.c.) | V(d.c.) | A | VA | A |
| $\leqslant 20$ | $\leqslant 20$ | | | $\leqslant 5.0$ |
| $20 < U_{oc} \leqslant 30$ | $20 < U_{oc} \leqslant 30$ | $\leqslant 1\,000/U_{oc}$ | $\leqslant 250$ | $\leqslant 100/U_{oc}$ |
| — | $30 < U_{oc} \leqslant 60$ | | | $\leqslant 100/U_{oc}$ |

[a] $U_{oc}$:断开所有的负载电路,按照标准中 1.4.5 的规定所测得的输出电压。电压为基本正弦波形的交流电压和无纹波直流电压。对于非正弦波形的交流电压和带有纹波大于 10%峰值的直流电压,其峰值电压不得超过 42.4 V。

[b] $I_{sc}$:带上任意非容性负载(包括短路),施加负载后 60 s 测得的最大输出电流。

[c] $S$(VA):带上任意非容性负载,施加负载后 60 s 测得的最大输出伏安。

[d] 测量时限流电阻仍保留在电路中,但旁路过流保护装置。

　　注:测量时旁路过流保护装置是为了确定在过流保护装置动作期间能提供可能引起过热的能量值。

[e] 过流保护装置的电流额定值按照熔断器和电路断路器在 120 s 内所切断电路的电流为表中规定的电流额定值的 210%选定。

#### 5.3.1.2 受限制电源测试

a）根据被测设备的电路原理图，判定被测设备或电路是否有过流保护装置，从而选定受限制电源的判定限值的判定类型；

b）检查被测设备是否能正常工作；

c）试验在设备额定电压的±10%的容差范围内的电压下进行；

d）断开被测设备的所有负载，测出设备的空载电压 $U_{oc}$；

e）调节非容性负载（包括短路），施加负载 60 s 后测量最大输出电流 $I_{sc}$；

f）带上任意的非容性负载，施加负载 60 s 后测量最大输出伏安 $S(VA)$；

g）如果适用，测量过流保护装置的额定过载保护电流。

如果所测得的数据满足相应的要求（见表 5-3 和表 5-4），则认为该电源为受限制电源，否则为非受限制电源。

对于要求电池成为受限制电源时，限值见表 5-3 和表 5-4。通过检查制造厂商提供的电池参数（最大输出电压、最大输出电流，如有必要也可以通过测量电获得）进行检查来检验其是否合格。

为了限制附加设备或附件（例如扫描仪、鼠标、键盘、DVD 驱动器、CD ROM 驱动器或游戏棒）内着火的危险，连接这种设备的 SELV 电路数据端口应当由符合标准中 2.5 的受限制电源供电。如果已知附加设备符合标准中 4.7，那么这个要求不适用。

#### 5.3.1.3 受限制电源测试注意事项

a）有不同档位输出电压的多个电源应分别对各档位的样品进行测量，例如，系列样品中，电源适配器的标称输出电压有 12 V（d. c.）和 36 V（d. c.）两种，则这两种电源适配器都必须进行本项试验；

b）对于具有多路输出的电源，应对每路输出按上述测试进行测量，只有每路都满足受限制电源的要求，该电源才为受限制电源。

c）受限制电源合格与否不是判定检验产品合格与否的判据，而是判定该电源或该端子供电产品外壳防火等级的重要信息。在信息技术设备中，对所有的输出端口都要进行受限制电源测量，才能准确判定与之相连部件或产品外壳的要求。例如由超过标准中 2.5 规定限值的电源供电的二次电路中的元器件；由按标准中 2.5 规定的受限制电源供电，但未安装在 V-1 级材料上的二次电路中的元器件；按照标准中 2.5 规定限制功率输出的电源或组件内的元器件，包括过流保护装置，限制阻抗，调整网络和达到满足受限制电源输出判据点的配线等；都需要防火防护外壳。再如由符合标准中 2.5 要求的受限制电源供电的二次电路中的连接器；二次电路中的其他元器件，由符合标准中 2.5 要求的受限制电源供电，安装在 V-1 级材料上；则无需防火防护外壳。

#### 5.3.1.4 设备和工装

受限制电源测试时需要的设备有：隔离电源、稳压电源、数字功率计和电子负载或纯阻性负载。

受限制电源测试工装如图 5-6 所示。

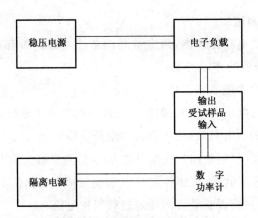

**图 5-6　受限制电源测试示意图**

### 5.3.2　外壳阻燃等级试验

外壳阻燃等级试验详见本指南第 13 章中 13.4。

### 5.3.3　元器件阻燃等级试验

元器件阻燃等级试验详见本指南第 12 章。

# 第 $6$ 章　防辐射危险的要求

## 6.1　概述

标准中所述辐射危险主要涉及了电离辐射、紫外线辐射和激光辐射,下面分别从产生原理、安全要求和测试方法三方面阐述这三种类型辐射危险。

## 6.2　电离辐射

能引起物质电离的各种辐射称为电离辐射。电离辐射分为直接电离辐射和非直接电离辐射,如 α、β 等带电粒子能直接使物质电离,就称为直接电离辐射。而 γ 光子、中子等非带电粒子,先作用于物质产生高速电子,继而由这些高速电子使物质电离,就称为非直接电离辐射。能产生直接或非直接电离辐射的物质或装置称为电离辐射源,自然界中的电离辐射主要来自宇宙射线及地壳岩石层的铀、钍、镭等。随着工业和技术的发展,X 射线机和高压阴极射线管等成为主要的人工电离辐射源,在电子产品中典型的电离辐射源如显像管显示器。

标准中附录 H 给出了电离辐射的要求和测试方法。

对会产生电离辐射的设备样品进行测试时,被试设备应当在最不利的电源电压下工作,而且使设备保持在正常使用的工作状态下,适当调节操作人员用的控制装置和维修用的控制装置,以便使设备产生出最大的辐射量。

在离操作人员接触区表面 50 mm 的任何一点上,使用电离室型的、有效面积为 1 000 mm² 的辐射探测器,或者使用能给出相同结果的其他类型的测量设备来测定辐射量,辐射量率不得超过 36 pA/kg(5 μSv/h)(0.5 mR/h)。

另外,欧洲理事会在 1996 年 5 月 13 日的第 96/29/Euratom 号指令中,要求电离辐射量在离设备表面 10 cm 的任何一点上,考虑背景辐射等级,辐射量率不得超过 1 μSv/h(0.1 mR/h)。

## 6.3　紫外线辐射

### 6.3.1　原理

紫外线是波长为 100 nm~400 nm 的电磁波。它又分为:近紫外线 UVA、远紫外线 UVB 和超短紫外线 UVC。紫外线是不能引起人们视觉的电磁波。自然界中太阳可以发出紫外线,人工的紫外线光源有多种气体的电弧(如低压汞弧、高压汞弧),紫外线的化学作用能使照相底片感光,荧光灯和农业上用来诱杀害虫的黑光灯都是用紫外线激发荧光物质发光的。紫外线还能杀菌、消毒、治疗皮肤病和软骨病等。但紫外线技术运用不好对人体也会产生有害影响,特别是紫外线渗透对人体皮肤造成伤害,紫外线的波长越短,对人类皮肤危害越大。

另外,紫外线能够改变有机材料的分子组成,降低材料的机械性能。

### 6.3.2 要求和测试方法

下面分别从紫外线对材料和人体的影响,阐述其安全要求和测试方法。

#### 6.3.2.1 紫外线(UV)辐射对材料的影响

暴露在设备内的灯的 UV 辐射下的非金属零部件(例如非金属外壳和内部材料,包括布线和电缆绝缘),应当具有足够的抗辐射能力以使辐射危害降低到不影响安全的程度。通过对可获得的设备中暴露在 UV 辐射中的零部件的抗 UV 特性的有关数据的检查来检验其是否合格。

如果不能得到相关数据,则对需检验的零部件进行标准中表 4 A 的相关试验,试验前进行如下条件的预处理:

样品垂直安装在光照射仪圆柱面内侧,使样品最宽部分面对弧光,他们的安装应当使彼此互不接触。使用一个氙弧辐射仪器连续辐射,此试验仪器应当带有 6 500 W、水冷氙弧灯,光谱辐射率 340 nm 时为 0.35 W/m$^2$,并在黑色面板温度为 63 ℃±3 ℃、相对湿度为 50%±5%下工作。样品进行预处理后,应当无明显变形的迹象,如龟裂、裂化。然后在室温条件下放置至少 16 h,但不超过 96 h。

#### 6.3.2.2 人体暴露在紫外线(UV)辐射下

设备不得发射过量的紫外线,UV 辐射应当满足如下之一的要求:

——被 UV 灯的外壳或设备的外壳充分罩住;或

——不超过 IEC 60825-9 中给出的相关限值。

在正常工作期间,相关限值是对照射 8 h 的限值。

对维修和清洁操作期间,如果有必要使 UV 灯处于打开状态,那么在有限时间间隔内允许较高的限值。相关的限值是指使用说明书和维修手册中标明的此类操作预定的时间间隔的相应限值。

所有操作人员可触及的门或盖,如果打开时可能接触比上述允许的更高的辐射,那么应当有下列之一的标记(标准中 1.7.12):

——"注意:打开前关闭 UV 灯"或类似语句;或

——符号 ⚠ 或类似符号。

允许上述标记在门或盖附近,或者如果门可靠固定在设备上,可标在门上。

如果提供了安全联锁开关,而且当门或盖打开时,能够断开 UV 灯的电源,或提供了其他任何机械装置可以阻挡 UV 辐射,这样的门或盖不需要上述标记。

如果设备上使用了 UV 辐射符号,那么符号和类似上述的警告语句应当在使用说明书和维修手册中同时给出。

如果维修人员接触区有可接触的高于上述允许值的辐射,而且设备在维修期间有必要保持带电状态,那么设备应当有如下之一的标记:

——"警告:维修期间使用 UV 辐射防护装置,保护眼睛和皮肤"或类似语句,或

——符号 ⚠ 或类似符号。

标记应当放置在维修操作期间很容易看到的地方。

如果设备上使用了 UV 辐射符号，那么符号和类似上述的警告语句应当在维修手册中同时给出。

使用光谱扫描仪或特定的探测器来测量 UV 辐射，测量仪器应当具有与 UV 范围的相应光谱效应相同的光谱反应。

正常工作期间的 UV 辐射照射量和有效发光不得超过 IEC 60825-9 中给出的 8 h 照射的限值。

在维修和清洁操作过程中，UV 辐射照射量和有效发光不得超过 IEC 60825-9 中与有关说明书中声明的此类操作的照射时间相应的限值。允许的最大辐射量是照射 30 min 的辐射量。

注意：允许的辐射量随着照射时间的减少而增加。

所有使用人员接触的门和盖，以及如透镜、滤波器和类似零部件，如果打开或移动可能导致 UV 辐射增强，那么在测量期间应当将他们打开或移动。

## 6.4 激光辐射

### 6.4.1 原理

激光是由物质受激辐射产生的，如果把一段激活物质放在两个互相平行的反射镜（其中至少有一个是部分透射的）构成的光学谐振腔中，处于高能级的粒子会产生各种方向的自发发射。其中，非轴向传播的光波很快逸出谐振腔外，轴向传播的光波却能在腔内往返传播，当它在激光物质中传播时，光强不断增长。如果谐振腔内单程小信号增益 $G_{01}$ 大于单程损耗 $\delta$（$G_{01}$ 是小信号增益系数），则可产生自激振荡。原子的运动状态可以分为不同的能级，当原子从高能级向低能级跃迁时，会释放出相应能量的光子（所谓自发辐射）。同样的，当一个光子入射到一个能级系统并为之吸收的话，会导致原子从低能级向高能级跃迁（所谓受激吸收）；然后，部分跃迁到高能级的原子又会跃迁到低能级并释放出光子（所谓受激辐射）。这些运动不是孤立的，而往往是同时进行的。当创造一种条件，譬如采用适当的媒质、共振腔、足够的外部电场，受激辐射得到放大从而比受激吸收要多，那么总体而言，就会有光子射出，从而产生激光。

在 400 nm～1 400 nm 波长范围内，最大的危害是视网膜损伤。该波长范围内的辐射可以透过角膜、房水、晶状体和玻璃体。对于小于 400 nm 或大于 1 400 nm 的波长，最大的危害是眼球水晶体或角膜的损伤。

在信息技术设备中，比较常见的激光产品为激光读写设备，如 CD、VCD（波长为 780 nm）、DVD（波长为 635 nm～650 nm）、Blu-ray（波长为 405 nm）。

### 6.4.2 激光产品分类

GB 4943.1 中有关激光产品的安全要求引用了国标 GB 7247.1，需要注意的是，该引用没有标注年代号，按照引用标准的规则，未标注年代号的引用标准为该标准的最新版本。对 GB 7247.1 来说，我国现行的标准为 GB 7247.1—2001 版，该版等同采用了 IEC 60825-1:1993，而目前正在修订的新版国标 GB 7247.1 等同采用了 IEC 60825-1：2007，这两版标准存在较大的差异。例如，在国家标准 GB 7247.1—2001 中，将激光产品分为:1 类、2 类、3A 类、3B 类、4 类,而 IEC 60825-1:2007 中,将激光产品分为:1 类、1M 类、2 类、2M 类、3R 类、3B 类、4 类。为了 GB 4943.1—2011 版今后实施使用的方便,在这里仅介绍新版 7247.1。在该标准中,对各个激光产品类别的描述如下:

a) 1 类:在合理可预见的工作条件下是安全的激光器,包括光学仪器对光束内视的使用。

b) 1M 类:在合理可预见的工作条件下,在 302.5 nm～4 000 nm 波长范围内发射是安全的激光器,但如果使用者在光束内使用镜片可能是危险的。两个条件适用:

1) 对于发散光束,如果使用者在距光源 100 nm 范围内为聚集(准直)光束放置光学元件;或

2) 对于测量辐照度和辐照量时,准直光束直径大于表 6-1 规定的直径。

c) 2 类:发射 400 nm～700 nm 波长范围内可见光的激光器,通常可由包括眨眼反射在内的回避反应提供眼睛保护。这种反应可以在合理可预见的工作条件下提供适当的保护,包括使用光学仪器进行光束内视。

注:在 400 nm～700 nm 波长范围外,任何 2 类激光器的额外发射都要求低于 1 类 AEL。

d) 2M 类:发射 400 nm～700 nm 波长范围内可见光的激光器,通常可由包括眨眼反射在内的回避反应提供眼睛保护。但如果使用者在光束内使用镜片观看输出可能更加危险。两个条件适用:

1) 对于发散光束,如果使用者在距光源 100 nm 范围内为聚集(准直)光束放置光学元件;或

2) 对于测量辐照度和辐照量时,准直光束直径大于表 6-1 规定的直径。

注:在 400 nm～700 nm 波长范围外,任何 2M 类激光器的额外发射都要求低于 1M 类 AEL。

e) 3R 类:发射 302.5 nm～$10^6$ nm 波长范围内的激光器,直接进行光束内视有潜在危险但其危险低于 3B 类激光器,而且相对 3B 类激光器对制造要求和控制措施对使用者来说都少一些。在 400 nm～700 nm 波长范围内可达发射极限低于 2 类 AEL 的 5 倍,而在其他波长范围低于其 1 类 AEL 的 5 倍。

f) 3B 类:直接光束内视通常是危险的(例如,在 NOHD 内)激光器。观察漫反射通常是安全的。

g) 4 类:能产生危险的漫反射的激光器。它们可能引起皮肤灼伤、也可引起火灾。使用这类激光器要特别小心。

### 6.4.3　要求

标准要求,对激光产品应按以下两种情况进行分类和标识。

a) 当设备是固有的 1 类激光产品。即设备不含有更高级别的激光或发光二极管(LED),不需要有激光警告标记或其他激光声明。应从元器件制造厂商处获取必要的数据,确保这些组件符合按 GB 7247.1 测量时 1 类可达发射极限。

对于用作指示灯、家庭娱乐装置中的红外装置、数据传输的红外装置、光电耦合器和其他低功率装置等的 LED,通常认为符合上述要求。

b) 当 a)条不适用时,设备应当按 GB 7247.1、IEC 60825-2《激光产品的安全要求:第 2 部分 光纤通讯系统的安全要求》和 IEC 60825-12《激光产品的安全要求:第 12 部分 数据传输用的自由空间光通讯系统的安全》的适用情况进行分类和标识。

### 6.4.4 测试方法

#### 6.4.4.1 概述

需要通过测量（或计算）来确定激光类别，由此来评估产品是否采取了相应的防护措施。

在测量激光辐射时，必须先测得（获得）激光辐射波长、激光的类型（连续或脉冲）、脉冲长度和重复周期、激光源的数值孔径、对向角等，以下是几个相关的参数和定义：

a) 表观光源对向角（$\alpha$）；

b) 辐射持续时间（$t$）；

c) 波长（$\lambda$）；

d) 修正因子 $C_1 \sim C_7$，转效点 $T_1$、$T_2$；

e) 光斑大小（$d$）；

f) 可达发射极限（$AEL$）；

g) 相应时间基准内脉冲串的脉冲数（$N$）。

进行激光辐射防护测试机判定的流程如下：

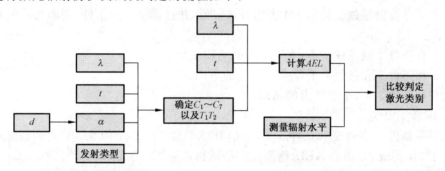

根据 GB 7247.1 中对激光产品分类时，需要对激光发射水平进行测量。当激光源的物理特性及局限性使得激光产品或激光设备明确归于某一类时，则无需进行测量。测量应在下列条件下进行：

a) 在可达发射水平达到最大的情况下和过程中，包括激光产品的启动、稳定发射及关闭。

b) 利用操作、维护及检修说明书中所列的所有控制和调节措施进行综合调节以获得最大可达辐射水平。测量也需要使用可能增加辐射危险的附件（例如，准直光学透镜），附件由使用该产品的制造厂商提供并担负。

c) 对激光器而非激光系统来说，激光器必须与这样的激光能源相连，该激光能源由激光产品制造厂商指定、与激光器匹配，且可使产品产生的可达辐射到最大。

d) 在测量可达发射水平的操作过程中，人员可能接触空间各点（例如，如果操作时要求移开防护罩的某些部分，且安全联锁失效的话，则应在产品外壳内可能接触的那些部位进行测量）。

e) 测量仪器的探测器相对激光产品的位置和方向，应使测量仪器测量到最大的辐射探测值。

f) 应采取适当措施以避免或消除伴随辐射对测量的影响。

g) 1 类和 1M 类：

1 类的波长适用范围为 180 nm～1 mm，1M 类的波长适用范围为 302.5 nm～4 000 nm。

为确定条件1、条件2和条件3下的可达发射,见表6-1。

对于小于302.5 nm和大于4 000 nm的波长,如果条件3下,可达发射小于1类的AEL,则激光产品被指定为1类。

对于在302.5 nm～4 000 nm范围内的波长,如果辐射水平在条件1、条件2和条件3下,小于1类的AEL,那么激光产品被指定为1类;如果可达发射满足下列条件,则激光产品被指定为1M类:

——在条件1或条件2下,大于1类的AEL;

——在条件1和条件2下,小于3B类的AEL;

——在条件3下,小于1类的AEL。

h) 2类和2M类

2类和2M类适用的波长范围为400 nm～700 nm。为确定条件1、条件2和条件3下的可达发射,见表6-1。

如果可达发射超过1类和1M类的要求限值,别且在条件1、条件2和条件3下,小于2类的AEL,则激光产品被指定为2类。

如果可达发射超过1类和1M类的要求限值,并且满足下列条件,则激光产品被指定为2M类:

——在条件1或条件2下,大于2类的AEL;

——在条件1和条件2下,小于3B类的AEL;

——在条件3下,小于2类的AEL。

i) 3R类、3B类

如果在条件1、条件2和条件3下,根据IEC 60825-1:2007的9.3确定的辐射水平小于或等于3R类或3B类的AEL,则激光产品被指定为3R类或3B类。

j) 4类

如果在条件1、条件2或条件3下,根据IEC 60825-1:2007的9.3确定的辐射水平超过3B类的AEL,则激光产品被指定为4类。

### 6.4.4.2　测量条件

表6-1中给出了三种测量条件,条件1适用于预定使用望远镜可能增加危害的准直激光束;条件2适用于预定具有高发散输出的光源,使用显微镜、放大镜可能增加危害;条件3适用于肉眼观察,对于扫描激光辐射的功率和能量测量使用条件3。

表6-1　测量孔径和测量距离

| 波长 nm | 条件1 用于准直光束 例如望远镜或双筒望远镜可能会增加危害 | | 条件2 用于发散光束 例如放大镜、显微镜可能会增加危害 | | 条件3 用于确定与裸眼和扫描光束有关的辐射 | |
|---|---|---|---|---|---|---|
| | 孔径光阑 mm | 距离 mm | 孔径光阑 mm | 距离 mm | 孔径光阑/极限孔径 mm | 距离 mm |
| <302.5 | — | — | — | — | 1 | 0 |
| ≥302.5 nm～400 | 25 | 2 000 | 7 | 70 | 1 | 100 |
| ≥400 nm～1 400 | 50 | 2 000 | 7 | 70 | 7 | 100 |

表 6-1（续）

| 波长<br>nm | 条件 1<br>用于准直光束<br>例如望远镜或双筒望远镜可能会增加危害 | | 条件 2<br>用于发散光束<br>例如放大镜、显微镜可能会增加危害 | | 条件 3<br>用于确定与裸眼和扫描光束有关的辐射 | |
|---|---|---|---|---|---|---|
| | 孔径光阑<br>mm | 距离<br>mm | 孔径光阑<br>mm | 距离<br>mm | 孔径光阑/极限孔径<br>mm | 距离<br>mm |
| $\geqslant 1\,400\ \text{nm} \sim 4\,000$ | 7×条件 3 | 2 000 | 7 | 70 | $1(t \leqslant 0.35\ \text{s})$<br>$1.5t^{3/8}(0.35\ \text{s} < t < 10\ \text{s})$<br>$3.5(t \geqslant 10\ \text{s})$ | 100 |
| $\geqslant 4\,000\ \text{nm} \sim 10^5$ | — | — | — | — | $1(t \leqslant 0.35\ \text{s})$<br>$1.5t^{3/8}(0.35\ \text{s} < t < 10\ \text{s})$<br>$3.5(t \geqslant 10\ \text{s})$ | 0 |
| $\geqslant 10^5\ \text{nm} \sim 10^6$ | — | — | — | — | 1 | 0 |

注：表中为典型示例，并不是唯一的。

a）窗口直径

为了分类的目的，测量辐射时使用的窗口直径按表 6-1 所示。

b）接收角

接收角是有孔径光阑的直径与透镜到视场光阑的距离（图像距离）之比确定，见图 6-1；或由孔径光阑的直径与光源检测器的距离之比确定，见图 6-2。透镜带来的损失应计算在内。

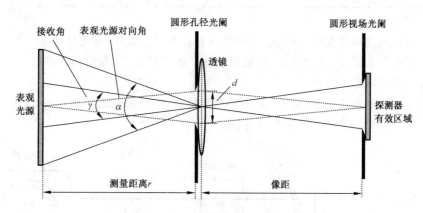

图 6-1 将表观光源映射到视场板上示意图

对于条件 2 和条件 3，应下述 1)和 2)的规定确定可达发射量的接受角。对于条件 1，接收角等于 1)和 2)中给定的值除以因子 7。

1）光化学视网膜极限

针对光化学极限（400 nm～600 nm）进行光源测量时，极限接收角 $\gamma_{ph}$ 由表 6-2 给出。

如果光源的对向角 $\alpha$ 大于规定的极限接收角 $\gamma_{ph}$，则接收角应不大于 $\gamma_{ph}$ 的值。如果光源的对向角 $\alpha$ 小于规定的极限接收角 $\gamma_{ph}$，则接收角应完全包围该光源。

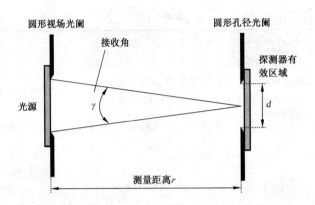

图 6-2　圆光阑或遮光板放在接近表观光源位置示意图

2）所有其他的视网膜极限

为了将辐射量与光化学限值之外的视网膜极限进行比较,接收角应完全包围该光源(即接收角至少应与光源的对向角同样大小)。然而,如果 $\alpha$ 大于 $\alpha_{max}$,极限接收角就是 $\alpha_{max}$(100 mrad)。在 400 nm～1 400 nm 的波长范围内,为了评估由多个点组成的表观光源,接收角必须在 $\alpha_{min} \leqslant \gamma \leqslant \alpha_{max}$ 范围内变化。

表 6-2　极限接收角

| 发射持续时间<br>s | 条件 1 的 $\gamma_{ph}$<br>mrad | 条件 2 和条件 3 的 $\gamma_{ph}$ |
|---|---|---|
| $10 < t \leqslant 100$ | 1.57 | 11 |
| $100 < t \leqslant 10^4$ | $0.16 \times t^{0.5}$ | $1.1 t^{0.5}$ |
| $10^4 < t \leqslant 3 \times 10^4$ | 16 | 110 |

### 6.4.4.3　测量设备

激光辐射测量必须在暗室进行,工作台应有良好的稳定性,避免环境振动的影响。常用的仪器设备有光谱仪、光功率计、透镜以及配套的测量装置,考虑到仪器的量程范围,应适当配置光学衰减器。

光源尺寸测量方法示意见图 6-3,为安全起见,人眼不能直视光源观察,光源在感光板的成像尺寸一定要和光源的实际尺寸相同。

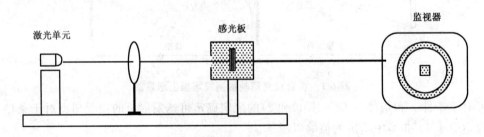

图 6-3　光源尺寸测量示意图

激光辐射波长的测量没有测量距离的要求,波长是正态分布的(见图 6-4),峰值可以作为被测波长的读数。测量激光辐射功率时,光源和测试光阑间除了必要的光学衰减器外,不再放置任何透镜。

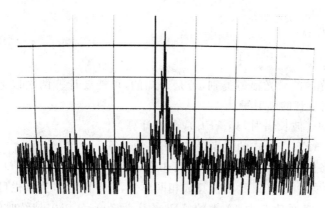

**图 6-4 激光辐射波长分布**

#### 6.4.4.4 时间基准

对于 1 类可达发射限值,时间基准为 $t=100\cdot s$;

其余的时间基准按如下确定:

a) 400 nm~700 nm 波长范围内,对于 2 类、2M 类和 3R 类激光辐射的时间基准为 0.25 s;

b) 对于所有波长大于 400 nm 的激光辐射,除 a)和 c)中列举的情况外,时间基准为 100 s;

c) 对于所有波长小于或等于 400 nm 的激光辐射和波长大于 400 nm,且激光产品设计或者功能本身要求有意识长期观察的激光辐射,时间基准为 30 000 s。

#### 6.4.4.5 对向角

光源在感光板的成像见图 6-5。

$\alpha=\arctan\dfrac{d}{L}$,$L$ 为人眼可调节的最短距离,$L=100$ mm。

光源是椭圆或矩形时 $\alpha=\dfrac{(\alpha_1+\alpha_2)}{2}=\dfrac{\arctan\dfrac{d_1}{L}}{2}+\dfrac{\arctan\dfrac{d_2}{L}}{2}$

当 $\alpha_1$ 或 $\alpha_2$ 小于 1.5 mrad,或大于 100 mrad 时,以 1.5 mrad 或 100 mrad 代入上式。

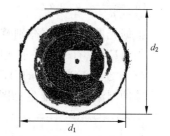

**图 6-5 光源在感光板的成像**

#### 6.4.4.6 光源可达发射极限 AEL

AEL 可通过波长和发射持续时间在 GB 7247.1 的表 4、表 5、表 7、表 8 查到。如果设备没有特殊规定,1 类设备的时间基准是 100 s,其他类别的时间基准是 0.25 s。

a) 根据波长与时间基准求 AEL

1) 定为某一类别的单波长激光源,其 AEL 可由标准的表中查到。

2) 辐射由多波长组成时,当辐射的两个或两个以上波长落在按 GB 7247.1 中的有叠加效应光谱范围内的激光源,其类别通过下列计算得到:

$$\frac{Q_{\lambda 1}}{AEL_{X-1}} + \frac{Q_{\lambda 2}}{AEL_{X-1}} + \cdots\cdots > 1$$

$$\frac{Q_{\lambda 1}}{AEL_{X}} + \frac{Q_{\lambda 2}}{AEL_{X}} + \cdots\cdots < 1$$

$X$ 为待测激光源的激光辐射类别,若是未知的,可能要计算两次以上,$AEL_X$ 由查表得到,$Q_\lambda$ 是实际测量到的辐射量。

无叠加效应的多波长辐射,其 $AEL$ 应分开计算。

b) 具有不同 $AEL$ 表示式的激光设备 $AEL$ 的计算

有些激光设备的 $AEL$ 在表的同一栏目中会有两个不同的表示式 $Q$ 和 $H$,应分别求出其值,并根据持续时间、光阑孔径换算成相同单位,取严酷者作为该栏目的限值。

例如,GB 7247.1 的表 3 中 3A 类的 $AEL$ 在 $\lambda$ 为 700~1 050,持续时间为 0.25 s 的栏目中

$$Q = 3.5 \times 10^{-3} t^{0.75} C_4 C_6 \quad (J)$$

$$H = 18 t^{0.75} C_4 C_6 \quad (J \cdot m^{-2})$$

由 $Q$ 得出 $P = \dfrac{Q}{t} = 3.5 \times 10^{-3} t^{-0.25} C_4 C_6 \quad (W)$

由 $H$ 得出 $E = \dfrac{H}{t} = 18 t^{-0.25} C_4 C_6 \quad (W \cdot m^{-2})$

$$P' = ES = E \cdot \frac{\pi d^2}{4} = 18 t^{-0.25} C_4 C_6 \cdot \frac{0.007^2 \pi}{4} \quad (W)$$

由 IEC 60825-1 中表 1~表 4 中得到:

$$C_4 = 10^{0.002(\lambda - 700)}$$

$$C_6 = 1 \quad \alpha \leqslant \alpha_{min}$$

$$C_6 = \frac{\alpha}{\alpha_{min}} \quad \alpha_{min} < \alpha \leqslant \alpha_{max}$$

$$C_6 = \frac{\alpha_{max}}{\alpha_{min}} \quad \alpha > \alpha_{max}$$

根据光源的 $\lambda$、$\alpha$ 可分别算出 $P$、$P'$,取其中较小值作为该光源的 $AEL$。

当 $AEL$ 只有一个表示式时,不用比较,直接取值。

c) 脉冲型激光辐射的 $AEL$ 计算

脉冲型激光辐射能量见图 6-6。

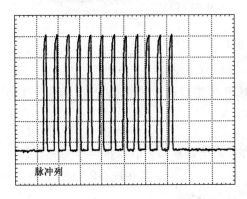
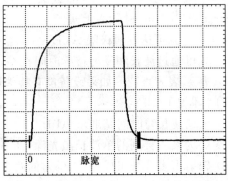

图 6-6 脉冲型激光辐射能量

各类别限值取下列三种计算得出的最小值。

1）根据实际脉宽 $t$ 求单脉冲 $AEL$

测量光束光电转换后接入示波器测出辐射的脉宽 $t$。脉冲串中任一脉冲的辐射量不超过单脉冲 $AEL$，此单脉冲 $AEL$ 根据辐射波长 $\lambda$ 和脉宽 $t$ 从表中查到，查找时以脉宽 $t$ 作为发射持续时间。例如 I 类情况下：

当 $\lambda=700$ nm、$t=10^{-8}$ s 时，由 GB 7247.1 表 1 中查到

$$AEL=2\times10^{-7}C^6 \quad (J)——AEL_a$$

2）在选定的时间段 $T$ 求 $AEL$ 平均值在选定的时间段中脉冲串的平均功率 $AEL\_$ 要小于各类别表中持续发射时间为 $T$ 的连续辐射 $AEL_T$ 值。

如 $T$ 内有 $N$ 个脉冲，则 $AEL\_ \cdot N < AEL_T$

$T$ 取眨眼反应时间 0.25 s，当脉冲频率 $f=1$ MHz 时，$N=Tf=2.5\times10^5$，在 I 类情况下，当 $\lambda=700$ nm 时，则

$$\frac{AEL_T}{N}=\frac{7\times10^{-4}t^{0.75}C_6}{2.5\times10^5} \quad (J)$$

$$AEL_b=\frac{AEL_T}{N}=2.8\times10^{-9}t^{0.75}C_6 \quad (J)$$

$$=2.8\times10^{-9}0.25^{0.75}C_6 \quad (J)$$

3）根据实际脉宽求脉冲串的辐射量 $AEL_串$

脉冲串的辐射量 $AEL_串$ 不得超过单脉冲的 $AEL_单$ 值与修正因子 $C_5$ 的乘积

$$AEL_串=AEL_单 \cdot C_5$$

根据实际脉宽求，$AEL_单=2\times10^{-7}C_6 \quad (J)$

$$C_5=\frac{1}{\sqrt[4]{N}}=\frac{1}{\sqrt[4]{2.5\times10^5}}$$

$$AEL_c=AEL_串=\frac{2\times10^{-7}C_6}{\sqrt[4]{2.5\times10^5}} \quad (J)$$

取 $AEL_a$、$AEL_b$、$AEL_c$ 中最小值作为该脉冲型激光辐射的相应类别的 $AEL$。

d）发散光束、点光源的 $AEL$ 计算

对于发散光束、点光源来说，其 $AEL$ 应考虑发散性对前面计算出的 $AEL$ 的放大作用。光束发散性可通过光源资料中的数值孔径 $NA$ 得到，也可通过测量一定间距的两个光束直径来计算出（由于设备限制，不作讨论）。

$$NA=\sin\frac{\phi}{2}$$

$$d_{63}=\frac{2rNA}{1.7}$$

一般发散光束分布是高斯型的，在距离光源 $r$ 处用直径 $d_a$ 的光阑测量辐射量时，放大因子为：

$$\eta=1-\frac{1}{e^{(\frac{d_a}{d_{63}})^2}}$$

上述计算中，$r$ 总是 100 mm，并根据 GB 7247.1 中可得到 $d_a$，此处 $d_a$ 根据 $AEL$ 表中相应栏（由 $\lambda$、$t$ 定）的量的不同而取不同值（7 mm，50 mm），$AEL$ 用 $Q$、$P$ 表示，则 $d_a$ 为

$\phi 50$ mm，$AEL$ 用 $H$、$E$ 表示，则 $d_a$ 为 $\phi 7$ mm。如果 $AEL$ 分别用 $Q$ 和 $H$ 表示，应分别以 $\phi 50$ mm 和 $\phi 7$ mm 代入 $\eta$ 的计算式。

发散光源、点光源的 $AEL_点$ 为分类表中查到的 $AEL$ 值乘以 $\eta$ 的倒数。

$$AEL_点 = \frac{AEL}{\eta}$$

### 6.4.5　测量注意事项

检测应考虑测量过程中的所有误差、统计不确定度（见 IEC 61040）、发射的增加和辐射安全随时间推移的降低。对于特殊用户的要求可进行附加测试。

用工作状态下的检测来确定产品的类别。工作、维护和检修期间的检测同样被用于确定对安全联锁、标记和用户说明的要求。这样的检测应分别在可合理预见的每一个单一故障条件下进行。然而，对于仅有一个受限周期和产品检修之后发生的合理不可预见的人类接触辐射，不必考虑导致辐射超过 $AEL$ 的发射的故障。例如，表面发射的 LED 就是不需要考虑单一故障条件的产品组。（表面发射的 LED 是常用的无增益 LED，发射与晶片表面垂直，并且可直接观察晶片表面。可以有一个内置式透镜或反光镜。）

可采用等效的检测方法或程序。

可用包括最大额定输入功率或能量的最大可达总输出功率或能量对光学放大器分类。

注：在那些没有明确输出功率或能量限值的情况下，最大功率或能量加上放大其使用条件下得到的必要的输入功率和能量。

设备应当按故障条件下的可达发射水平进行分类和标记，但对不超过 GB 7247.1 中规定的 1 类设备不适用。

对通过手动或者诸如工具或者硬币的任何的物体从外部可调节的所有控制件，以及对未用可靠方法锁定的那些内部调节件或者预调装置，将其调节到能给出最大的辐射（焊接或者漆封属于可靠锁定的例子）。

对 1 类激光系统，不测量 GB 7247.1 提到的改变发射方向的激光辐射。

# 第 7 章 防化学危险

## 7.1 化学危险产生的原理

由于某些设备在正常工作或异常工作条件下或单一故障条件下或受到环境条件的影响,设备会产生臭氧、气体和烟雾,或设备中的电池会产生化学泄漏,或使设备中与保护接地端子和连接端接触的导电零部件由于电化学作用而受到明显腐蚀或使设备内化学液体泄漏,或由于机械变形和受到急速点火或产生的大量的高热气体能引起爆炸,而由此产生臭氧、气体和烟雾、电池化学泄漏、连接端接触的导电零部的腐蚀等,从而造成人身伤害和财产损失。

## 7.2 防化学危险的要求

### 7.2.1 一般要求

a) 对产生臭氧的设备,其臭氧浓度不应超过安全值。目前推荐长期释放臭氧的浓度限值为 $0.1 \times 10^{-6}(0.2 \ mg/m^3)$(标准中 1.7.2.6)。

b) 与保护接地端子和连接端接触的导电零部件,按设备规定的条件工作、贮存或运输环节时不得由于电化学作用而受到明显腐蚀,不能将表 7-1 电化学电位表中分界线以上金属进行组合(标准中 2.6.5.6)。

c) 配有可更换电池的设备,在设计上应当保证在正常条件下和设备中出现单一的故障,包括设备电池组件内电路的故障后,不会着火、爆炸和化学泄漏的危险。对于电池的防护要求和试验方法详见本指南 7.3。

d) 如果内部布线、绕组、整流子、滑环等零部件和一般的绝缘是暴露在油液、滑脂或类似物质中的,则这类绝缘应当能在这些条件下有足够抗劣变的性能。

通过检查以及对绝缘材料数据的检查来检验其是否合格。

e) 会产生灰屑(例如纸屑)的设备,或者使用粉末、液体或气体的设备,在构造上应当使这些物质既不会形成危险浓度,也不会在正常工作、贮存、加料或排放时,由于凝结、蒸发、泄漏、溢流或腐蚀而引起标准含义范围内的危险。爬电距离和电气间隙不得减小到小于标准中 2.10(或标准中附录 G)的要求值。

f) 对正常使用时装有液体或气体的设备,应当装有能防止压力过大的适当的安全保护装置。

g) 对可燃性液体应有足够的防护。

表 7-1　电化学电位表

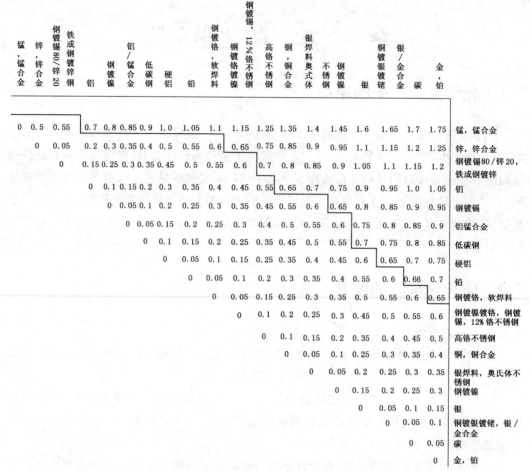

### 7.2.2　防护要求

a）采用标志来告诉使用者及维修人员不要接触或吸入可能造成伤害的堆积的和消耗性的材料；

b）使用耐腐蚀材料，或通过适当的电镀或涂覆处理来达到耐腐蚀；

c）用合适的贮存器，该容器应足够耐用和不易损坏的或在超过产品使用寿命期被贮存的东西不降低。

### 7.2.3　测试方法

a）目视检查标志。

b）对于耐腐蚀性，通过检查或查阅电化学电位表或用目视检查是否合格。

c）对于电池的试验方法详见本指南的 7.3.3。

## 7.3　电池

电池的工作原理是基于电化学反应，因而由电池引发的种种危险也被归为化学危险。

### 7.3.1 电池分类

常见电池按照是否可充电可以分为充电电池和不可充电电池两种：

a）不可充电电池（又称原电池）：如碳性电池、锌锰电池、锂原电池等。

b）可充电电池（又称二次电池）：如镍氢电池、镍镉电池、铅酸蓄电池、锂离子电池、锂离子聚合物电池等。部分电池分别见图7-1、图7-2、图7-3、图7-4和图7-5。

在信息技术设备中，不可充电电池常用作记忆电池，如钮扣形锂电池等；充电电池常用作设备的电源系统的主供电电池，如笔记本电脑用锂离子电池、集团电话用铅酸电池等；有时充电电池也用作记忆电池，如镍氢电池等。

图 7-1 镍氢电池

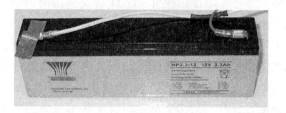

图 7-2 铅酸蓄电池

图 7-3 锂金属电池　　图 7-4 锂离子电池　　　图 7-5 锂离子聚合物电池

### 7.3.2 要求

#### 7.3.2.1 可更换电池的标记和说明

如果设备配备有可更换的电池，而且，如果用不正确型号的电池替代会引起爆炸（例如，某些锂电池），则应当符合下列要求：

a）如果电池是安装在操作人员接触区内，则应当在电池邻近处有标记或同时在操作说明书和维修说明中说明；

b）如果电池安装在设备的其他地方，则应当在电池邻近处有标记或在维修说明中说明。

这类标记或说明应当包括下述或类似的语句：

注　意
用错误型号电池更换会有爆炸危险
务必按照说明处置用完的电池

#### 7.3.2.2 设计要求

使用电池的设备在设计上应当保证在正常条件下和设备中出现单一的故障、包括设备电池组件内电路的故障后，能减少着火、爆炸和化学泄漏的危险。对使用者可更换的电池,如果极性接反可能导致危险,则在设计上应当减少极性接反的可能。

电池电路在设计上应当保证:

a）电池充电电路的输出特性与它的可再充电的电池特性相一致;

b）对不可再充电的电池,应当防止以超出制造厂商推荐的速率放电和无意间的充电;

c）对于可再充电的电池,应当防止以超出制造厂商推荐的速率充电和放电以及反极性充电。

当充电电路的极性接反时就会出现可充电电池的反极性充电,结果助长了电池放电。

操作人员可更换的电池触点间应不可能被标准的图 2 A 的试验指短接,或其固有保护能避免产生 GB 4943.1—2011 含义范围内的危险。

如果电池含有液体或凝胶电解液,应当提供可以容纳由于电池内产生的内部压力造成的可能泄漏的任何液体的电池托盘。如果电池的结构使得电池内不可能流出电解液,那么不要求提供电池托盘。如阀门调节型的密封电池,可认为是电解液不可泄漏的电池。

如果要求提供电池托盘,容量应当至少等于电池所有单元的电解液的总量,或者如果电池的设计使得从多个单元同时泄漏不可能发生,那么电池托盘的容量应当至少等于单个单元的容量。

如果几个电池单元(如 12 V 铅酸电池的 6 个电池单元)在一独立的电池箱中,其破裂可能导致比单独电池单元更大的泄漏量。

### 7.3.2.3　其他与电池有关的要求

标准中其他可能会涉及电池的考核项目:

a）电池仓的可触及性考核(标准中 2.1.1.2);

b）能量危险——直流电网电源(标准中 2.1.1.8);

c）受限制电源(标准中 2.5)。

### 7.3.3　试验方法

通过检查以及通过评价由设备制造厂商和电池制造厂商提供的数据来检验其是否合格。

如果得不到相应的数据,通过试验来检验其是否合格。但是,在一定条件下本来就安全的电池不按照这些条件进行试验。对于消费类、不可再充电的碳锌或碱性电池被认为在短路情况下是安全的,因此不进行放电试验,这样的电池在贮存条件下也不进行泄漏试验。

规定的某些试验对在进行这些试验的人来说可能是有危险的,应当针对可能的化学或爆炸危险采取各种相应的措施以保护试验人员。

应当使用随设备提供的或者制造厂商推荐用于设备的一个新的不可充电的电池或者一个充满电的可充电电池进行表 7-2 的试验。

表 7-2　电池试验项目

| 试验项目<br>电池类型 | 过充电 | 无意间充电 | 反向充电 | 超放电速率放电 |
|---|---|---|---|---|
| 可充电电池 | √ | | √ | √ |
| 不可充电电池 | | √ | | √ |

1. 可充电电池的过充电

电池依次按照下述每种条件进行充电：

电池断开的情况下调节电池的充电电路给出充电装置额定输出电压的 106% 的输出电压，或者是从充电装置（没有模拟故障）可得到的最大充电电压，选取其中较高的电压，然后电池充电 7 h。

电池断开的情况下调节电池的充电电路给出充电装置额定输出电压的 100% 的输出电压。电池仅承受充电电路中可能发生的任何单一元器件模拟故障引起的电池过充电。为了使试验时间最短，选择能引起最大过充电电流的故障。然后电池在模拟故障的情况下充电单个周期 7 h。

2. 不可充电电池的无意间充电

电池充电时仅承受充电电路中可能发生的任何单一元器件模拟故障引起的电池无意间充电。为了使试验时间最短，选择能引起最大充电电流的故障。然后电池在模拟故障的情况下充电单个周期 7 h。

3. 可充电电池的反向充电

电池充电时仅承受在充电电路中可能发生的任何单一元器件模拟故障引起的反向充电。为了使试验时间最短，选择能引起最大过充电电流的故障。然后电池在模拟故障的情况下反向充电单个周期 7 h。

4. 任何电池的超放电速率

通过开路或短路受试电池的负载电路中的任何限流或限压元器件使电池承受快速放电。

上述试验不得导致如下的任一情况：

——由于电池封套的龟裂、断裂或爆裂引起的化学泄漏而严重地影响要求的绝缘；

——从电池内的任何压力释放装置中溢出液体（除非这种溢出被设备容纳并且不会对绝缘造成损害或对操作人员造成伤害）；

——由于电池爆炸而导致人身伤害；

——火焰蔓延到或熔融的金属掉落到设备外壳的外侧。

在完成这些试验后，设备应当承受抗电强度试验（标准中 5.3.9.2）。

### 7.3.4 新旧标准版本差异

GB 4943.1—2011 版与 GB 4943—2001 版在电池部分存在的差异见表 7-3。

表 7-3　新旧标准电池项目差异

| 项目 ＼ 标准条款 | GB 4943—2001 | GB 4943.1—2011 | 内容比较 |
|---|---|---|---|
| 可更换电池（标记和说明） | 1.7.15 | 1.7.13 | 内容一致 |
| 可充电电池的过充电 | 4.3.8 | 4.3.8 | 正常条件试验时由最大速率修改为最大电压 |
| 不可充电电池的无意间充电 | 4.3.8 | 4.3.8 | 明确了选择能引起最大充电电流的故障 |

表 7-3（续）

| 项目　　　标准条款 | GB 4943—2001 | GB 4943.1—2011 | 内容比较 |
|---|---|---|---|
| 可充电电池的反向充电 | 4.3.8 | 4.3.8 | 明确了选择能引起最大过充电电流的故障 |
| 任何电池的超放电速率 | 4.3.8 | 4.3.8 | 内容一致 |
| 电池仓的可触及性考核 | 2.1.1.2 | 2.1.1.2 | 内容一致 |
| 能量危险 | 无 | 2.1.1.8 | 新增内容 |
| 受限制电源 | 2.5 | 2.5 | 见受限制电源部分 |

# 第 8 章　防机械危险的要求

## 8.1　危险的来源

机械伤害是由于人体和设备的可触及零部件之间的相对运动，或由于从设备中抛射出的零部件撞击人体引起的。当人体部分与设备零部件发生碰撞时，动能传递到人体部分造成伤害。本章规定了由于机械能量源的能量传递到人体部分可能引起的伤害（例如割伤、擦伤、骨折等）的安全保护。

动能源的例子有：

——人体相对于锐缘和锐角的运动；

——旋转部件或其他运动部件引起的（包括挤压点运动部件引起的）零部件的运动；

——零部件松脱、爆裂，或内爆引起的零部件的运动；

——不稳定引起的设备的运动；

——墙壁、天花板或机架安装件失效引起的设备的运动；

——把手失效引起的设备的运动；

——电池爆炸引起的零部件的运动；

——脚轮或支撑脚不稳定引起的设备的运动。

对机械伤害所采取的安全防护有基本安全保护、附加安全保护和加强安全保护，均与特定的能量源有关。

1. 基本安全保护

基本安全保护示例：

——倒圆的边缘和棱角；

——防止运动零部件可触及的外壳；

——防止抛射出运动零部件的外壳；

——控制接触其他运动零部件的安全联锁；

——使运动零部件停止运动的装置；

——使设备稳定的装置；

——把手；

——安装装置；

——将爆炸或内爆时抛射出的零部件围封的装置。

2. 附加安全保护

附加安全保护示例：

——指示性安全保护；

——指导和培训；

——附加外壳和挡板；

——安全联锁。

3. 加强安全保护

加强安全保护示例：

——阴极射线管正面外加的厚玻璃；

——机架滑轨和支撑装置；

——安全联锁。

另外，信息技术设备内部有一些带危险电压的布线，这些布线如果连接的方法、布线位置、固定措施不符合要求，很容易导致绝缘损伤引起电击危险。接线端子的尺寸、导线的截面积与产品额定电流不适应也会导致设备不能正常工作或在某些单一故障时产生危险。

## 8.2　对防机械危险的要求及评估方法

信息技术设备对防机械危险有两个方面的要求，一个是指布线、连接和供电，另一个是指稳定性试验、机械强度、机械结构等。按照标准中对这两方面的要求进行检查或相应试验后，必须满足相应条款的要求，不能出现不满足各种电气绝缘、电气间隙和爬电距离以及抗电强度要求的现象，不能出现对人体机械性的损害。

### 8.2.1　布线、连接和供电

设备内部的布线和线体相互连接的空间走向，要防止机械损伤这些导线的绝缘，避免接触会损伤导线绝缘的毛刺、散热片、活动零部件。内部布线要以适当的方式连线、支撑、夹持或固定，以防止在导线上和端接处产生过应力、端接处松动或导线绝缘受到损伤。如果使用螺钉进行电气连接，则螺钉与金属板、金属螺母或金属嵌装件应当至少啮合两个全螺纹。如果在内部布线上使用套管作为附加绝缘，则应当采用可靠的方法将套管固定在位。

#### 8.2.1.1　与电网电源的连接

a) 为了安全和可靠地与交流电网电源或直流电网电源连接，设备应当具有下列之一的连接装置：

——能与电源作永久性连接的接线端子；

——能与电源作永久性连接的，或能利用插头与电源连接的不可拆卸的电源线；

——能连接可拆卸电源软线的器具插座；

——作为直插式设备一部分的电源插头（仅对交流电网电源）。

这些连接装置使用时不应引起危险，如果反极性连接会产生危险，插头和器具插座的设计应当能避免反极性连接。对于与多种电源连接（例如不同电压/频率的电源，或作为备用的电源），则分别装有各自电源独自的连接装置。

b) 对于电源软线在符合相关标准的同时还要求考虑导线的截面积，电源导线最小尺寸的选用要与设备的额定电流相适应，通过本指南第 3 章表 3-2 导线规格来检查是否符合要求。

c) 对于使用不可拆卸的电源软线的设备应当装有软线固紧装置，以保证：

——导线的连接点不承受应力；和

——导线的外套不受磨损。

对具有保护接地线的不可拆卸电源软线,其结构上应当保证如果电源线在其固紧装置中滑动,致使导线承受拉力,则最后受力的应当是保护接地导线。

通过检查以及用随设备提供的该类型的电源软线进行下列试验来检验其是否合格:

将被试样品固定在试验机上,使软线应当承受表 8-1(标准中表 3C)规定的稳定拉力25 次,拉力沿最不利的方向施加,每次施加时间为 1 s。试验期间,软线不得受到损伤。试验后,软线的纵向位移量不得超过 2 mm,该软线的连接处也不得有明显的形变。

表 8-1  电源软线的物理试验

| 设备的质量($M$)<br>kg | 拉 力<br>N |
|---|---|
| $M \leqslant 1$ | 30 |
| $1 < M \leqslant 4$ | 60 |
| $M > 4$ | 100 |

d) 对永久性连接式设备内或使用普通不可拆卸的电源软线连接的设备内提供的电源布线空间应当设计成:

——使导线能容易装入和连接;和

——能保证导线无绝缘端不会从其接线端子脱开,或者万一脱开也不会与下列部件接触:

● 未屏蔽接地的可触及导电零部件;或

● 手持式设备的可触及导电零部件;和

——在装上盖子(如果有的话)前,能检验导线连接和布线位置是否正确;和

——在装上盖子(如果有的话)时,能保证不会出现损伤电源导线或其绝缘的危险;和

——当要接触接线端子时,盖子(如果有的话)无需使用专用工具就能打开。

通过检查来检验其是否合格。

e) 对手持的或预定在操作时要移动的并使用不可拆卸的电源软线的设备,在其电源软线入口开孔上应当装有软线入口护套,或者软线入口或衬套应当具有光滑圆形的喇叭口,喇叭口的曲率半径至少等于所连接的最大截面积的软线外径的 150%。

软线入口护套应当:

——设计成能防止软线在进入设备的入口处的过分弯曲;

——用绝缘材料制成;

——采用可靠的方法固定;和

——伸出设备外超过入口开孔的距离至少为该软线外径的 5 倍,或者对扁平软线,至少为该软线外形截面长边尺寸的 5 倍。

必要时通过下列试验来检验其是否合格:

设备的放置应当使软线在不受应力时,该软线离开其软线套处的护套轴线 45°角。然后将质量等于 $10 \times D^2 g$ 的重物固定在软线的自由端,$D$(单位为 mm)是随同设备一起提供的软线的外径,或者是随同设备一起提供的扁平软线外形截面的短边尺寸。

### 8.2.1.2  外部导线用接线端子

永久性连接式设备和使用普通不可拆卸的电源软线的设备应当装有利用螺钉、螺母

或等效装置来实现连接的端子。电网电源端子应当相互就近固定,并固定在电源保护接地端子(如果有的话)附近。

a) 接线端子能连接导线的截面积与连接设备的额定电流要相适应,其规格范围见表 8-2。

表 8-2　接线端子能连接的导线的规格范围

| 设备的额定电流<br>A | 标称截面积/mm² | |
| --- | --- | --- |
| | 软线 | 其他电缆 |
| ≤3 | 0.5～0.75 | 1～2.5 |
| >3～≤6 | 0.75～1 | 1～2.5 |
| >6～≤10 | 1～1.5 | 1～2.5 |
| >10～≤13 | 1.25～1.5 | 1.5～4 |
| >13～≤16 | 1.5～2.5 | 1.5～4 |
| >16～≤25 | 2.5～4 | 2.5～6 |
| >25～≤32 | 4～6 | 4～10 |
| >32～≤40 | 6～10 | 6～16 |
| >40～≤63 | 10～16 | 10～25 |

b) 电网电源导线和保护接地导线螺钉接线端子与连接设备的额定电流要相适应,接线端子的规格见表 8-3(标准中表 3E)。

表 8-3　电网电源导线和保护接地导线[a] 的接线端子的规格

| 设备的额定电流<br>A | 最小标称螺纹直径/mm | |
| --- | --- | --- |
| | 柱型或螺栓型 | 螺钉型[b] |
| ≤10 | 3.0 | 3.5 |
| >10～≤16 | 3.5 | 4.0 |
| >16～≤25 | 4.0 | 5.0 |
| >25～≤32 | 4.0 | 5.0 |
| >32～≤40 | 5.0 | 5.0 |
| >40～≤63 | 6.0 | 6.0 |

[a] 本表也用于标准中 2.6.4.2 规定的保护连接导体端子的尺寸。

[b] "螺钉型"系指夹紧螺钉头下的导线端子,有或没有垫圈。

c) 接线端子在设计上应当使其能以足够的接触压力将导线夹持在金属表面之间而不会损伤导线。接线端子的设计或配置应当使夹持导线的螺钉或螺母在拧紧时,导线不会滑脱。

接线端子应当配置适当的固定导线的附件(例如螺母和垫圈),接线端子的固定应当使夹持导线的附件在拧紧或拧松时,不会出现下述现象:

——接线端子本身不会松脱;

——内部布线不承受应力;

——爬电距离和电气间隙不会减小到小于规定值。

多股导线如果夹紧方法在设计上不能避免由于焊锡冷变形所造成接触不良的危险,

则多股导线的端部不得用软锡料,在导线承受接触压力的部位焊固,仅防止夹紧螺钉转动认为不符合本要求。接线端子的设置、隔离保护或绝缘应当保证在安装导线时,万一多股导线中的一根线脱开时,也不会出现这根导线与可触及的导电零部件意外接触的危险。

通过检查来检验其是否合格,但如果不是采用防止线束脱开的方法制备专用软线,则还要通过下列试验来检验其是否合格:

从具有适当标称截面积的软导线的端部剥去约 8 mm 长的绝缘层,使该多股导线中的一根线悬空,然后将其余线束完全嵌入并夹紧在接线端子内。在不向后撕裂绝缘层的条件下,这根悬空的线应当沿每一个可能的方向弯曲,但不要围绕隔离保护物锐弯。如果导线带危险电压,则这根悬空线不得触及可触及的任何导电零部件或与可触及导电零部件连接的任何导电零部件,或者在双重绝缘设备的情况下,这根悬空线不得触及仅用附加绝缘与可触及导电零部件隔离的任何导电零部件。如果导线接在接地端子上,则这根悬空线不得接触任何带危险电压的零部件。

### 8.2.1.3 交流电网电源的断开

设备应当提供一个或多个断开装置,以便维修时能将设备与电网电源断开,允许使用下列类型的断开装置:

——电源软线上的电源插头;

——作为直插式设备部件的电源插头;

——器具耦合器;

——隔离开关;

——电路断路器;

——对不带危险电压的直流电网电源,仅维修人员可以触及的可更换的熔断器;

——任何等效装置。

断开装置应满足下列要求:

——除非对永久性连接式设备(且另有单独说明外),否则断开装置应当装在设备的内部;

——隔离开关不能装在软线上;

——单相设备断开装置应当能同时断开两极:如果可能依靠直流电网电源内的接地导体的标识或交流电网电源内的接地中线的标识,那么允许使用断开不接地(相)导体的单极断开装置;

——三相设备,断开装置应当能同时断开电网电源的所有相线;

——如果断开装置是安装在设备内的开关,则应当标出该开关的"通"和"断"位置;

——如果电源软线上的插头用来作为断开装置,则安装说明书应当说明插座应当装在设备的附近,而且应当便于触及。

## 8.2.2 稳定性试验、机械强度、结构等

### 8.2.2.1 稳定性

在正常使用的条件下,各设备单元和设备结构上引起的不稳定性不得达到会给操作人员和维修人员带来危险的程度。

在适用的情况下,通过下列试验来检验其是否合格。每一项试验应当单独进行。试验时,设备的各箱柜应当在其额定容积范围内装入能产生最不利条件的定量物件。如果

在正常操作设备时要使用脚轮和支撑装置,则应当使各脚轮和支撑装置处在最不利的位置上,使轮子和类似装置锁定或被阻。但是,如果脚轮只用来搬运设备以及安装说明书要求支撑装置在安装后放低,则试验中,使用该支撑装置(不使用脚轮),并将该支撑装置置于最不利位置,与设备的自然水平一致。

——对质量大于或等于 7 kg 的设备,当使其相对于其正常垂直位置倾斜 10°时,该设备不得翻倒。在进行本试验时,门、抽屉等应当关紧。对具有多种位置特性的设备,应当按其结构允许的最不利位置进行试验。

——对质量等于或大于 25 kg 的落地设备,在距离地面不超过 2 m 的高度上,沿任意方向(除向上的方向外)对设备施加大小等于设备重量 20%的力,但不大于 250 N,同时操作人员或维修人员预定要打开的所有门、抽屉等应当按照安装说明将其处于最不利位置,该落地设备不得翻倒。

——对落地设备,在距离地面最高可达 1 m 的高度上,将 800 N 恒定向下的力施加到能产生最大力矩点的长宽尺寸至少分别为 125 mm×200 mm 的任何水平表面上,该设备不得翻倒。在进行本试验时,门、抽屉等应当关紧。该 800 N 的力可通过一个具有大约 125 mm×200 mm 平面的适当的试验工具施加,将试验工具的完整平面与 EUT 接触来施加向下的力。试验工具不需要完全接触不平坦的表面,例如,有槽的或弧形表面。

#### 8.2.2.2　机械强度

1. 恒定作用力

对内部的组件和零部件应当承受 10 N±1 N 的恒定作用力。对安装在操作人员接触区内的并由满足外部防护罩要求来保护的外壳零部件应当承受 30 N±3 N 的恒定作用力持续 5 s。该作用力通过标准中图 2A 的试验指施加到设备上的或内部的零部件上。对外部防护罩应当承受 250 N±10 N 的恒定作用力持续 5 s,该作用力通过一直径为 30 mm 的圆形平面试验工具依次施加到已安装在设备上的防护外壳的顶部、底部和侧面上。但是,该试验不施加到质量超过 18 kg 的设备外壳的底部。

2. 冲击试验

除手持式设备,直插式设备,可携带式设备,如果设备外壳的外表面损坏会触及危险零部件,则应当按下列规定进行冲击试验:

样品可取完整的外壳或能代表其中未加强的、面积最大的部分,该样品应当以其正常的位置支撑好。用一个直径约 50 mm、质量 500 g±25 g、光滑的实心钢球,使其从距样品垂直距离(H)为 1.3 m(见图 8-1)处自由落到样品上。(垂直表面不进行本试验)。

此外,为了施加水平冲击力,将该钢球用线绳悬吊起来,并使其像钟摆一样,从垂直距离(H)为 1.3 m 处摆落下来(见图 8-1)(水平表面不进行本试验)。另一种方法是将样品相对于该样品每个水平轴面转角 90°,用钢球跌落作为垂直冲击试验。如果操作手册中允许外壳底部成为外壳顶部或侧面的使用方向,那么外壳底部也要进行试验。

试验不施加到下述部位:

——平板显示屏;

——阴极射线管的表面;

——设备的玻璃压板(例如,复印机上的玻璃压板);

——安装后不可触及并受到保护的驻立式设备包括内装式设备的外壳的表面。

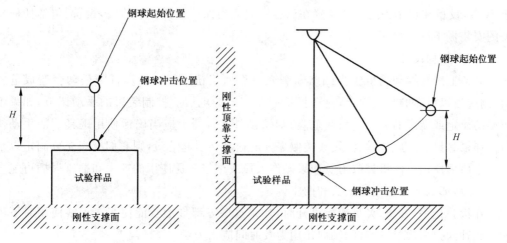

图 8-1　钢球冲击试验

**3. 跌落试验**

如下的设备应当承受跌落试验：

——手持式设备；

——直插式设备；

——可携带式设备；

——质量等于或小于 5 kg 并预定和如下任一种附件一同使用的台式设备：

● 软线连接的电话听筒；

● 其他手持的有传音功能的有线附件；或

● 耳机；

——在预定的使用时，需要操作人员举起或搬运的可移动式设备。

注：这种设备的举例如安置在废纸容器上的碎纸机，需要移开以倒空该废纸容器。

为了确定是否合格，用一完整设备样品，以可能对其会造成最不利结果的位置跌落到水平表面试验台上，样品应当承受三次这样的冲击。跌落的高度应当为：

——对于上述的台式设备为 750 mm±10 mm；

——对于上述的可移动式设备为 750 mm±10 mm；

——对手持式设备，直插式设备和可携带式设备为 1 000 mm±10 mm。

水平表面试验台应当是由至少 13 mm 厚的硬木安装在两层胶合板上组成，每一层胶合板的厚度为 19 mm～20 mm，然后放在一水泥基座上或等效的无弹性的地面上。

**4. 模压或注塑成形的热塑性塑料外壳的应力消除试验**

将由完整设备构成的一个样品，或由完整外壳，连同任何支撑框架一起构成的一个样品，放入气流循环的烘箱（按照 IEC 60214-4-1）内承受高温试验，烘箱温度要比在进行标准中的温升试验时，在外壳上测得的最高温度高 10 K，但不低于 70 ℃，试验时间为 7 h，试验后使样品冷却到室温后，外壳材料的任何收缩或变形均不应会暴露出危险零部件，也不会使爬电距离和电气间隙减小到低于规定的值。

**5. 安装在墙上或天花板上的设备**

预定安装在墙上或天花板上的设备，按安装说明进行安装。然后通过设备的重心向下施加一个除设备重量外的力，持续 1 min。该附加的力应当等于设备重量的三倍但不小于 50 N,设备和它相关的安装装置在试验期间应当保持在位。试验后,设备、包括任何相关的安装板不得有损坏。

### 8.2.2.3　结构设计

设备上的棱缘和拐角应当倒圆和磨光,把手、旋钮、夹具、操纵杆等松动会造成危险时,则应当以可靠的方式固定,对选择不同交流电源电压的控制装置的手动调节,如果不正确的设定或无意的调节会引起危险,则该设备在构造上应当确保使用工具才能手动调节。如果螺钉、螺母、垫圈、弹簧或类似零件的松动会引起危险,则它们应当充分固定以承受正常使用所产生的机械应力。如果操作人员或维修人员使用的插头和插座误插可能会产生危险,那么不得使用该插头和插座。

在检验把手、旋钮、夹具或操纵杆时,如果这些零部件形状能使其在正常使用时不可能受到轴向拉力,则试验时的轴向作用力及时间应当为:

——对电气组件的操纵装置,15 N,1 min;和

——其他情况下,20 N,1 min。

如果这些零部件的形状使其可能承受拉力,则试验时的轴向作用力及时间应当为:

——对电气组件的操纵装置,30 N,1 min;和

——其他情况下,50 N,1 min。

在评定螺钉、螺母、垫圈、弹簧或类似零件的固定是否合格时:

——假定两个独立的紧固件不会同时发生松动;和

——假定零部件是用装有自锁垫圈或其他锁定装置(弹簧垫圈等可以起到符合要求的锁紧作用)的螺钉或螺母紧固的,而且是不易发生松动的。

如果内部布线、绕组、整流子、滑环等零部件和一般的绝缘是暴露在油液、滑脂或类似物质中的,则这类绝缘应当能在这些条件下有足够抗劣变的性能(通过检查和绝缘材料数据的检查来检验其是否合格)。

会产生灰屑(例如纸屑)的设备,或者使用粉末、液体或气体的设备,在构造上应当使这些物质既不会形成危险浓度,也不会在正常工作、贮存、加料或排放时,由于凝结、蒸发、泄漏、溢流或腐蚀而引起标准含义范围内的危险。

如果设备中使用可燃液体,除了设备工作所需限量的可燃液体外,应当将可燃液体保存在密封的储液箱内。设备中储存的可燃液体的最大容量一般不得超过 5 L。但是,如果8 h 消耗的液体大于 5 L,则贮存的容量允许增加到 8 h 工作所需的容量。

对用来润滑的或者用于液压系统的油液或等效液体,其闪点应当不小于 149 ℃,而且其液箱应当做成密封结构。液压系统应当装有油液膨胀装置,而且还应当装有压力泄放装置。

如果可添加的可燃气体,其闪点低于 60 ℃ 或处于足以引起气化的过压状态,但经过检验证明,该液体不会产生液雾,或者不会形成可能引起爆炸或着火危险的可燃气化物与空气的混合物,则这种可添加的可燃液体可以使用。在正常工作条件下,如果使用可燃液体的设备在点燃源附近产生可燃气化物与空气的混合物,则该可燃气化物与空气的混合物的浓度,不得超过爆炸限值的 25%,如果设备不在点燃源附近产生可燃气化物与空气

的混合物,则该混合物的浓度不得超过爆炸限值的 50%。检验时,还应当注意检查液体输送系统的完整性。液体输送系统应当装有适当的罩子或做成适当的结构,以便即使承受标准中 4.2.5 规定的试验条件也能降低着火或爆炸的危险。

在操作人员接触区内和受限接触区,应当通过适当的结构来提供保护以减少接触危险运动部件的可能,或者将运动部件安装在具有机械的或电气的安全联锁装置的外壳中,当接触时,危险将消除。如果不可能完全符合上述的接触要求,那么允许设备按预定功能使用,只要是如下几种情况,接触是允许的:

——在工作过程中直接涉及的危险的运动部件(例如,切纸机的移动部件);和

——运动部件涉及的危险对操作人员来说是显而易见的;和

——按如下进行附加的措施:

● 应当在操作说明书中提供声明,并将标记固定到设备上,声明和标记均含有如下的或类似的字句:

警 告

危险的运动部件

手指和人体不得靠近

● 对可能造成手指、饰物、衣服等卷入运动部件的地方,则应当装有能使操作人员将运动部件制动的装置。

警告标签以及在适用时所采用的运动部件的终止装置应当设置在从伤害危险最大的地方能易于看到的和接触到的明显位置上。

通过检查以及在必要时通过标准中图 2A 的试验指在拆下操作人员可拆卸的零部件,将操作人员可触及的门和罩打开后进行试验来检验其是否合格。

除了按上述规定采取附加措施以外,用试验指试验时,在不加明显外力的情况下,从各个可能的方向都应当不可能接触到危险的运动部件。

对防止标准中图 2A 的试验指进入的孔洞,则应当进一步用一种直的无转向关节的试验指施加 30 N 的力来进行试验,如果这种试验指能进入孔洞,则重新使用试验指进行试验,但此时要用不大于 30 N 的力将试验指推入孔洞。

在维修接触区内,应当提供保护以使得在对设备的其他零部件进行维修操作期间,不可能无意间触及危险的运动部件。

### 8.2.2.4 墙上或天花板上安装的设备

预定安装在墙上或天花板上的设备,其安装装置应当是可靠的。

通过检查结构和检查所提供的数据,或者必要时通过如下的试验来检验其是否合格。

设备应当按安装说明进行安装,然后通过设备的重心向下施加一个除设备重量外的力,持续 1 min。该附加的力应当等于设备重量的三倍但不小于 50 N,设备和它相关的安装装置在试验期间应当保持在位。试验后,设备(包括任何相关的安装板)不得有损坏。

### 8.2.3 防爆要求

#### 8.2.3.1 阴极射线管(CRT)防爆试验

2011 版的 GB 4943.1 所引用 CRT 的标准是 IEC 61965:2003,与 2001 版的 GB 4943 所引用的 IEC 60065 第 18 章有很大的不同(见表 8-5)。增加了一些新的 CRT 类型,具体

包括以下几种：

a）大尺寸 CRT：对角线尺寸大于 160 mm 的 CRT。

b）小尺寸 CRT：对于矩形 CRT，面板短边最小尺寸不小于 50 mm，对角线尺寸最小为 76 mm，最大为 160 mm；对于圆形 CRT，直径最小为 76 mm，最大为 160 mm。

c）多层复合型 CRT：在 CRT 面板上粘合独立的外部防护屏的结构。

d）预应力防爆带型 CRT：采用金属张紧带（位于 CRT 外缘）通过热收缩或其他方法拉紧至一定张力的结构。该结构也可能包括一个位于张紧带与 CRT 外缘之间的金属轮缘带。张紧带或轮缘带或这两者均可能在相接触的部件之间使用胶带、树脂或适当材料的隔层。

e）带防爆膜的预应力防爆带型 CRT：采用预应力防爆带结构，同时在 CRT 面板上粘附一层膜作为防爆结构的整体组成部分。

在技术内容上的差异具体体现在以下几个方面：

——适用的 CRT 种类不同；

——抽样方法和样品数量不同；

——试验的项目和试验方法不同；

——增加了显像管变更的试验要求。

表 8-4　CRT 新旧版标准的差异

| 差异项目 | GB 4943.1—2011（IEC 61965：2003） | GB 4943—2001（IEC 60065） |
|---|---|---|
| 适用的 CRT 类型 | 1）大尺寸 CRT；<br>2）小尺寸 CRT；<br>3）多层复合型 CRT；<br>4）预应力防爆带型 CRT；<br>5）带防爆膜的预应力防爆带型 CRT | 自身防爆的 CRT；<br>自身不防爆的 CRT |
| 抽样方案 | 针对不同种类的 CRT 都分别给出了抽样方案，同时针对不同部件变更给出了送样规定 | 只规定样品数量和组数 |
| 试验项目 | 1）小球冲击：没有规定冲击高度，而是规定冲击能量；<br>2）冲击物试验：导弹冲击；<br>3）温度冲击试验：液氮试验、划痕增加两种；<br>4）高能冲击试验；<br>5）胶带和防爆膜试验 | 1）小球冲击：按不同尺寸只规定高度；<br>2）爆炸试验：液氮试验 |

在试验方法上，新增冲击物（导弹）试验和高能冲击试验，按照标准给出的试验方案对照表，针对不同的 CRT 设置不同试验项目。

标准中规定了冲击物试验的导弹外形尺寸（见图 8-2）、导弹冲击区域（见图 8-3）、试验装置（见图 8-4），高能冲击试验装置（见图 8-5）等。

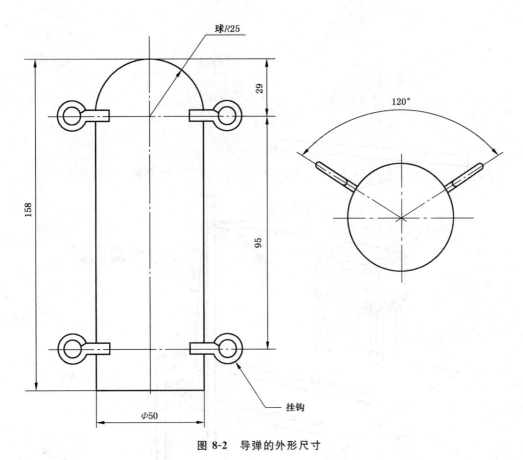

图 8-2　导弹的外形尺寸

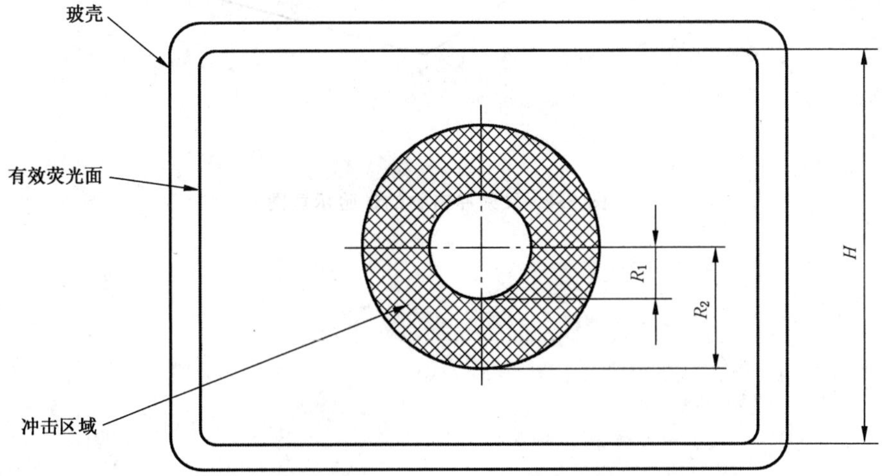

关键参数：

$H$——有效荧光面的高度；

$R_1$——$H/6$；

$R_2$——$(H/2-50)$mm。

图 8-3　典型 CRT 上冲击物的冲击区域

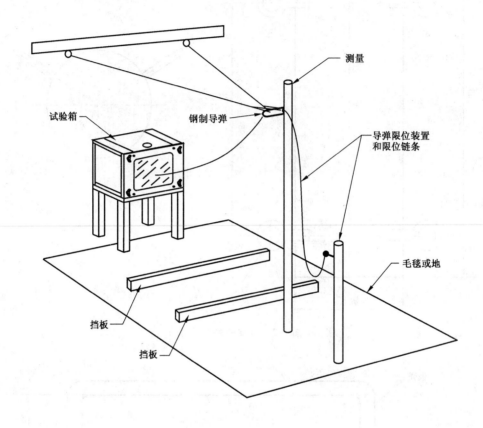

图 8-4 发射冲击物的试验示意图

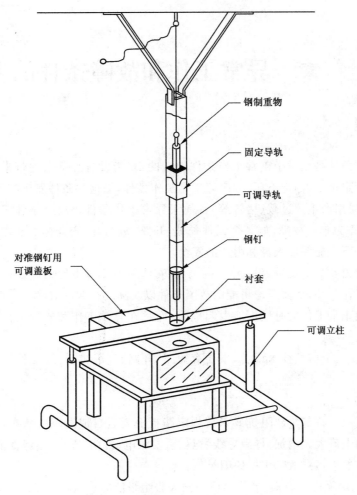

图 8-5　高能冲击试验装置示意图

### 8.2.3.2　高压灯

就标准而言,高压灯是指在冷态时灯内压力超过 0.2 MPa,或者在工作时灯内压力超过 0.4 MPa 的一种灯。

在正常使用或操作人员维修时,为了减少由于信息技术设备内部高压灯的爆炸所造成的设备附近操作人员或其他人员的危险,高压灯应具有足够机械强度的机械防护外壳,以便挡住高压灯的爆炸物对人员的伤害。

通过检查或在有些情况下按照标准中 2.10.3.5 来检验其是否合格。

# 第 9 章  异常工作和故障条件的要求

## 9.1  原理

异常工作条件是相对于正常工作条件而言的,多指设备外部条件带来的。每个产品都有自己的额定负载、额定电压、频率等正常工作条件,当这些条件发生异常时(如供电电压波动、人为误用产生的过载、堵转等)都属于异常工作条件。故障条件多指设备自身发生故障,此故障为单一故障,如某个元件失效、开路、短路等,安全标准要求设备在这种异常和故障条件下仍能保证人身和财产的安全。

为了设计出安全的设备,设计者必须了解安全要求的基本原则。设计者不仅要考虑设备的正常工作条件,还要考虑可能的故障条件以及随之引起的故障。也就是说,信息技术设备不但在正常工作的时候不能引起危险,而且在异常工作和故障条件下也不能引起危险。

通常来说,对于信息技术设备,主要有短路、开路、过载、堵转等几种异常工作和故障条件。

### 9.1.1  短路

凡电流未经一特定负载阻抗或未按规定路径而就近自成通路的状态,称做短路。此时流经导线的电流大大增加,导致导线发热,引发触电、烫伤、着火、绝缘性能降低等危险。

造成设备发生短路故障主要原因举例:

a) 导体的绝缘由于磨损、老化等原因而失去绝缘能力;

b) 绝缘导线受外力损伤,如导线被重物压轧或被工具损伤等;

c) 设备内部进入了可导电的微粒;

d) 电路中元器件被击穿;

e) 误操作造成人为短路。

### 9.1.2  开路

电路中本应导通的线路发生断开,称为开路。开路可能使设备中的其他线路发生过载,引发烫伤、着火、绝缘性能降低等危险。

造成设备发生开路故障主要原因举例:

a) 导体端接不牢靠,导致松动、脱落;

b) 元器件的引脚由于焊接不牢,导致松动、脱落;

c) 电路中元器件损坏。

### 9.1.3  过载

过载是一种异常工作状态,如果实际电流超过了安全载流量,就称作过载。过载将导致温度超过最高允许温度,引发烫伤、着火、绝缘性能降低等危险。

引发过载的原因举例:

a) 导线截面选择不当；

b) 线路中接入了过多的大功率设备。

### 9.1.4　堵转

堵转是指电动机因为摩擦、传动机构被卡死等而停止转动。此时供给电动机的电能全部在电动机的绕组或线路中转化为热能，造成线路过载，引发烫伤、着火等危险。

## 9.2　要求

### 9.2.1　通用要求

设备的设计应当能尽可能地限制由于机械、电气过载或失效，或由于异常工作或使用不当而造成危险。

设备在出现异常工作或单一故障后，对操作人员安全的影响应当保持在标准的含义范围内，即不产生电击、能量、着火、过热、机械、辐射和化学危险，但不要求设备仍处于完好的工作状态，也就是说，出现故障时，为了避免危险，设备可以自动保护或停止工作。可以使用熔断器切断故障电流、使用热断路器在过热时切断工作电流、使用过流保护装置（如断路器）和类似装置来提供充分的保护。

在开始进行每一项试验前，要确认设备工作正常。如果在设备工作不正常时设置故障条件，就等于给设备设置了双重故障，这是标准所不允许的。

如果某种组件或部件是密封好的，以致无法按标准中5.3的规定来进行短路或开路，或者不损坏设备就难以进行短路或开路，则可以用装上专用连接引线的样品零部件进行试验。如果这种做法不可能或无法实现，则应当将该组件或部件作为一个整体来承受试验。

使设备在可以预计到的正常使用和可预见的误用时的任何状况下进行试验。

另外，对装有保护罩的设备，应当在该保护罩在位时，在设备正常空转的条件下进行试验，直到建立起稳定状态为止。

### 9.2.2　电动机的要求

电动机在过载、转子堵转和其他异常条件下，不得出现由于温度过高引起的危险。能达到这一要求的方法包括下列几种：使用在转子堵转条件下不会过热的电动机（由内在阻抗或外部阻抗来进行保护）；在二次电路中，使用其温度可能会超过允许的温度限值，但不会产生危险的电动机；使用对电动机电流敏感的装置；使用与电动机构成一体的热断路器；使用敏感电路，例如，如果电动机出现故障而不能执行其预定的功能，则该敏感电路能在很短的时间内切断电动机的供电电源，从而防止电动机发生过热。

### 9.2.3　变压器的要求

变压器应当有防止过载的保护措施，例如，采用过流保护装置、内部热断路器、限流变压器。

### 9.2.4　功能绝缘的要求

就功能绝缘而言，电气间隙和爬电距离应当符合下列 a)、b) 或 c) 的要求之一。对于二次电路和为了功能目的而接地的不可触及的导电零部件之间的绝缘，电气间隙和爬电距离也应当符合 a)、b) 或 c)。

a) 符合标准中 2.10 或标准中附录 G 对功能绝缘的电气间隙和爬电距离的要求；

　　b) 承受标准中 5.2.2 规定的对功能绝缘的抗电强度试验；

　　c) 在模拟故障时,若爬电距离和电气间隙会由于短路而引起如下情况时应被短路:任何材料过热而引起着火的危险,除非这种可能过热的材料是 V-1 级材料；基本绝缘、附加绝缘或加强绝缘的热损坏,并由此而产生电击危险。合格判据见标准中 5.3.9。

## 9.3　试验方法

### 9.3.1　模拟故障和异常条件的基本原则

　　要求施加模拟故障或异常工作条件,则应当依次施加,一次模拟一个故障。对由模拟故障或异常工作条件直接导致的故障被认为是模拟故障或异常工作条件的一部分。

　　当施加模拟故障或异常工作条件时,如果零部件、电源、可消耗材料、媒质、记录材料可能对试验结果产生影响(例如模拟故障时产生的高温可能点燃塑料或记录纸张等),那么它们应当各在其位。

　　当设置某单一故障时,这个单一故障包括任何绝缘(双重绝缘或加强绝缘除外)或任何元器件(具有双重绝缘或加强绝缘的元器件除外)的失效。只有当标准中 5.3.4c) 有要求时,才模拟功能绝缘的失效。

　　应当通过检查设备、电路图和元器件规范来确定出可以合理预计到会发生的那些故障条件,示例如下:半导体器件和电容器的短路和开路,使设计为间断耗能的电阻器形成连续耗能的故障,使集成电路形成功耗过大的内部故障,一次电路的载流零部件和如下电路或零部件之间的基本绝缘的失效,如:可触及的导电零部件、接地的导电屏蔽层(见标准中第 C.2 章),SELV 电路的零部件,限流电路的零部件。

### 9.3.2　元器件的故障试验

　　对于标准中 5.3.2、5.3.3、5.3.5 和 5.3.6 规定的元器件和电路来说,满足了相关要求被认为是高完善性器件,无需对这类器件进行模拟故障试验,对于除此以外的其他电路及元器件可以模拟下列故障条件:

　　a) 一次电路中任何元器件的短路或断开；

　　b) 其失效可能对附加绝缘或加强绝缘有不利影响的任何元器件的短路或断开；

　　c) 对不符合标准中 4.7.3 要求的所有相关的元器件和部件的短路、断开或过载；

　　d) 在设备输出功率的连接端子和连接器(电网电源插座除外)上,接上最不利的负载阻抗后所引起的故障；

　　e) 标准中 1.4.14 规定的其他单一故障。

　　如果设备有多个插座连有同一个内部电路,则只需对一个样品插座进行试验。

　　与电源输入有关的一次电路的元器件,例如电源线、器具耦合器、EMC 滤波组件、开关和它们的互连导线不模拟故障,但这些元器件应当符合标准中 5.3.4a) 或 5.3.4b)。

　　除了对上述需要模拟故障的元器件进行试验外,适用时,还应对电动机和变压器模拟故障试验。

### 9.3.3　异常条件下的电动机试验

　　按标准中附录 B 进行。

#### 9.3.3.1 一般要求

除二次电路中的直流电动机以外,电动机应符合标准中 B.4 和 B.5 的试验要求,而且在适用的情况下,还应符合标准中 B.8、B.9 和 B.10 的试验要求,但下列电动机不需要符合标准中 B.4 的试验要求:仅作为通风用,且风扇机件直接连在电动机转轴上的电动机;堵转电流与空载电流之差不大于 1A、而且二者之比不大于 2:1 的罩极电动机。二次电路中的直流电动机应当符合标准中 B.6、B.7 和 B.10 的试验要求。但按照原设计,正常情况是在堵转条件下工作的电动机,则不进行本试验,例如步进电动机。

电动机的分类见表 9-1。

表 9-1　电动机的分类

| 电动机 | 交直流两用电动机 | | |
|---|---|---|---|
| | 步进电动机 | | |
| | 交流电机 | 交流伺服电动机 | |
| | | 同步电机 | |
| | | 异步电机 | |
| | 直流电机 | 电磁式直流电动机 | 他励 |
| | | | 并励 |
| | | | 串励(或串激) |
| | | | 复励 |
| | | 永磁直流电动机 | |
| | | 直流伺服电动机 | |
| | | 直流力矩电动机 | |
| | | 无刷直流电动机 | |
| | 开关磁阻电动机 | | |

#### 9.3.3.2 试验条件

如果标准中附录 B 无其他规定,则在试验时设备应当在额定电压下或在额定电压范围中的最高电压下工作。

试验应当在设备上进行,或者在工作台上按模拟条件进行。对工作台试验可以使用一些单独的样品。模拟条件应当包括:使用在完整设备中用来保护电动机的任何保护装置,以及使用可以起到电动机壳散热作用的安装装置。

如果未规定具体的测量方法,则应当采用热电偶法或者电阻法(见标准中附录 E)来测量绕组的温度。对除绕组以外的零部件的温度,应当采用热电偶法来测定。也允许使用不会明显地影响热平衡,而且充分准确足以表明合格的任何其他适用的温度测量方法。选用的温度传感器和温度传感器的放置位置应当对被试零部件的温度影响最小。如果使用热电偶,则热电偶应当安装在电动机绕组的表面。如果规定了试验周期,则应当在试验周期结束时测定温度;否则,应当在温度达到稳定时,或在熔断器、热断路器、电动机保护装置等动作的瞬间测定温度。

对全封闭的阻抗保护电动机,应当将热电偶安装在电动机的机壳上来测量温度。

本身不具备固有热保护的电动机,当在工作台上按模拟条件进行试验时,应当考虑按标准中 4.5.2 试验时测得的该电动机在设备内正常所处的环境温度对所测得的绕组温度进行修正。

### 9.3.3.3　最高温度

对标准中 B.5、B.7、B.8 和 B.9 规定的试验,每一级别的绝缘材料的温度不得超过表 9-2 所规定的温度限值。

表 9-2　电动机绕组的温度限值(过载运转试验除外)　　　　　　　　　　最高温度 ℃

| 保护方法 | 热分级 | | | | | | | |
|---|---|---|---|---|---|---|---|---|
| | 105(A) | 120(E) | 130(B) | 155(F) | 180(H) | 200 | 220 | 250 |
| 由固有阻抗或外部阻抗进行保护 | 150 | 165 | 175 | 200 | 225 | 245 | 265 | 295 |
| 由保护装置进行保护,在第 1 h 内动作 | 200 | 215 | 225 | 250 | 275 | 295 | 315 | 345 |
| 由任何保护装置进行保护:<br>——在第 1 h 后,最大值;<br>——在第 2 h 内以及在第 72 h 内,算术平均值 | 175<br>150 | 190<br>165 | 200<br>175 | 225<br>200 | 250<br>225 | 270<br>245 | 290<br>265 | 320<br>295 |
| 括号中给出了 GB/T 11021 原来指定的对应热分级 105 到 180 的代号 A 到 H。 | | | | | | | | |

确定算术平均温度值的方法如下:

当电动机处在循环通电和断电时,按所考虑的试验周期,绘制温度随时间变化的曲线,见图 9-1。由下式确定算术平均温度值($t_A$):

$$t_A = \frac{t_{max} + t_{min}}{2}$$

式中,$t_{max}$ 为各最大值的平均值,$t_{min}$ 为各最小值的平均值。

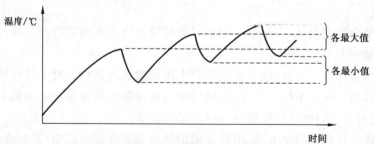

图 9-1　算术平均温度值的确定

对标准中 B.4 和 B.6 的试验,每一级别的绝缘材料的温度不得超过表 9-3 规定的温度限值。

### 9.3.3.4　过载运转试验

进行过载运转保护试验时应当先使电动机在正常负载条件下工作。然后适当增加负载,使电动机电流相应逐级增加,而电动机的电源电压应当保持在原来的数值。当达到稳定状态时再增加负载。如此不断逐级增加负载,但不得使电动机达到堵转状态(见标准中第 B.5 章),直到过载保护装置动作为止。

电动机绕组温度应当在每次处于稳定状态时测定,所记录到的最高温度不得超过表 9-3 的规定值。

表 9-3　过载运转试验的允许温度限值　　　　　　　　　　最高温度 ℃

| 热分级 | | | | | | | |
|---|---|---|---|---|---|---|---|
| 105(A) | 120(E) | 130(B) | 155(F) | 180(H) | 200 | 220 | 250 |
| 140 | 155 | 165 | 190 | 215 | 235 | 255 | 275 |
| 括号中给出了 GB/T 11021 原来指定的对应热分级 105 到 180 的代号 A 到 H。 | | | | | | | |

### 9.3.3.5　堵转过载试验

进行堵转试验应当在室温条件下开始。

试验持续时间如下:由固有阻抗或外部阻抗保护的电动机应当以堵转方式工作 15 d,但对开启式或全封闭式的电动机,当其绕组温度达到稳定时,就所采用的绝缘结构而言,如果该电动机的稳定温度不大于标准中 4.5.3 的表 4B 规定的温度,则试验可以结束;具有自动复位保护装置的电动机应当以堵转方式循环工作 18 d;具有手动复位保护装置的电动机应当以堵转方式循环工作 60 次,保护装置在每次动作不少于 30 s 后应当尽快复位,使其保持闭合;具有不可复位的保护装置的电动机应当一直工作到保护装置动作为止。

对具备固有阻抗保护或外部阻抗保护的电动机,或者对具有自动复位保护装置的电动机,应当在前三天定时记录温度;对具有手动复位保护装置的电动机,应当在前十次循环期间定时记录温度;对具有不可复位的保护装置的电动机,应当在该保护装置动作时记录温度。

温度不得超过表 9-2 中的规定值。

试验期间,保护装置应当能可靠动作,电动机机壳不得出现绝缘击穿,或者电动机不得出现永久性损坏(包括其绝缘性能过分降低)。

电动机永久性损坏包括:出现严重的或长时间冒烟或火焰;任何有关的组件(例如电容器或启动继电器)出现电气击穿或机械损坏;绝缘出现脱落、脆裂或焦化。

绝缘变色仍算合格,但焦化或脆裂的程度达到用拇指搓一下绕组绝缘即行剥落或材料即被搓掉则应当算不合格。

电动机在完成规定周期的温度测量、绝缘已冷却到室温后,应当承受标准中 5.2.2 规定的抗电强度试验,但试验电压应当减小到规定值的 60%。不需要再进一步进行抗电强度试验。

### 9.3.3.6　二次电路直流电动机过载运转试验

1. 基本要求

只有在对设计进行检查或审查确定有可能发生过载时,才应当进行过载运转试验。对如用电子驱动电路来保持驱动电流基本不变的,则不必进行本试验。

电动机应当能通过标准中 B.6.2 的试验,但如果因尺寸太小,或属于非常规设计的电动机,要获得准确的温度测量值确有困难,则可以采用标准中 B.6.3 的方法代替温度测量。可以用其中的任何一种方法来检验其是否合格。

2. 试验程序

使电动机在正常负载条件下工作。然后适当增加负载,使电动机的电流相应逐级增加,而电动机的电源电压应当保持在原来的数值。当达到稳定状态时再增加负载。如此不断逐级增加负载,直到过载保护装置动作或绕组开路。

电动机绕组温度应当在每次处于稳定状态时测定,所记录到的最高温度不得超过表9-3 的规定值。

3. 替代试验程序

电动机应当放置在铺有一层包装薄棉纸的木质台板上,然后在电动机上覆盖一层纱布。

在试验结束时,包装薄棉纸或纱布不得被引燃。

按其中的任何一种方法检验合格就认为合格,而并不需要同时按两种方法来进行检验。

4. 抗电强度试验

按适用的情况进行 B.6.2 或 B.6.3 的试验后,如果电动机的电压超过42.4 V 交流峰值或 60 V 直流值,在电动机冷却到室温后,使其承受标准中 5.2.2 规定的抗电强度试验,但是试验电压应当减小到规定值的 60%。

### 9.3.3.7　二次电路直流电动机堵转过载试验

1. 基本要求

电动机应当能通过标准中 B.7.2 的试验,但如果因尺寸太小,或属于非常规设计的电动机,要获得准确的温度测量值确有困难,则可以采用标准中 B.7.3 规定的方法来代替温度测量。可以用其中的任何一种方法来检验其是否合格。

2. 试验程序

电动机应当在其工作电压下以堵转方式工作 7 h,或者一直工作到达到稳定状态为止,取其时间较长者。温度不得超过表 9-2 的规定值。

3. 替代试验程序

电动机应当放置在铺有一层包装薄棉纸的木质台板上,然后在电动机上覆盖一层质量约 40 g/m² 的漂白棉纱布。然后,电动机应当在其工作电压下以堵转方式工作 7 h,或者一直工作到达到稳定状态为止(取其中时间较长者)。

试验结束时,包装薄棉纸或纱布不得被引燃。

4. 抗电强度试验

按适用的情况进行标准中 B.7.2 或 B.7.3 的试验后,如果电动机的电压超过42.4 V 交流峰值或 60 V 直流值,在电动机冷却到室温后,使其承受标准中 5.2.2 规定的抗电强度试验,但是试验电压应当减小到规定值的 60%。

### 9.3.3.8　带有电容器的电动机的试验

带有移相电容器的电动机应当使电动机在堵转条件下,并使电容器短路或开路(取其中较为不利的情况）进行试验。

如果所使用的电容器的设计能保证该电容器在故障时不会持续短路，则不必进行电容器短路的试验。

温度不得超过表9-2中的规定值。

### 9.3.3.9 三相电动机的试验

三相电动机应当在正常负载条件下断开一相进行试验，除非电路控制装置在电源各相中的一相或多相发生缺相时能防止电压加到电动机上。

由于设备中的其他负载和电路的影响，因此可能需要将电动机放在设备内进行试验，同时在三相电源中，一次断开一相进行试验。

温度不得超过表9-2中的规定值。

### 9.3.3.10 串激电动机的试验

串激电动机应当在其电压值等于1.3倍额定电压下并在其可能的最小负载下工作1 min。

试验后绕组和连接端不得出现松动，而且不得出现标准含义范围内的危险。

### 9.3.4 异常条件下的变压器试验

按标准中附录C进行。

### 9.3.4.1 过载试验

如果本条款规定的试验在工作台上按模拟条件进行，这些条件应当包括在完整设备中用来保护变压器的任何保护装置。

开关型电源单元的变压器应当在完整的电源单元上或完整的设备上进行试验。试验负载应当施加到电源单元的输出上。

对线性变压器或铁磁谐振变压器，应当依次在每一次级绕组上加载，在其他次级绕组加上从零到其规定的最大值之间的负载到能造成最大发热效应。

如果过载不会发生，或者不可能引起危险，则不必进行本试验。

当按标准中1.4.12和1.4.13以及下列规定进行测量时，绕组的最高温度不得超过表9-4规定的数值。对装有外部过流保护装置，动作时立即测量。为了确定一直到过流保护装置动作为止的过负载试验时间，可以参考指示触发动作时间与电流关系的特性曲线的过流保护装置数据表；对装有自动复位的热断路器按表9-4的规定，并在400 h后测量；对装有手动复位的热断路器，动作时立即测量；对限流变压器，在温度稳定后测量。

如果按照标准中1.4.12的规定测量带铁心的变压器绕组的温度超过了180 ℃，则需要在规定的最大环境温度（$T_{amb} = T_{ma}$）下重新测量，而不能根据标准中1.4.12进行计算。

以上程序是为了确保不会由于当温度接近200 ℃时，铁心的固化特性的劣变而引起热量剧增（不可预见的温度升高）。

当次级绕组温度超过温度限值，但是已发生开路，或者由于出现其他原因需要更换变压器，则只要未产生标准含义范围内的危险，就不应当判本试验不合格。

合格判据见标准中5.3.9。

表 9-4　变压器绕组的温度限值　　　　　　　　　　最高温度 ℃

| 保护方法 | 热分级 | | | | | | | |
|---|---|---|---|---|---|---|---|---|
| | 105（A） | 120（E） | 130（B） | 155（F） | 180（H） | 200 | 220 | 250 |
| 由固有阻抗或外部阻抗进行保护 | 150 | 165 | 175 | 200 | 225 | 245 | 265 | 295 |
| 由保护装置进行保护，在第 1 h 内动作 | 200 | 215 | 225 | 250 | 275 | 295 | 315 | 345 |
| 由任何保护装置进行保护：<br>——在第 1 h 后，最大值<br>——在第 2 h 内以及在第 72 h 内，算术平均值 | 175<br>150 | 190<br>165 | 200<br>175 | 225<br>200 | 250<br>225 | 270<br>245 | 290<br>265 | 320<br>295 |
| 括号中给出了 GB/T 11021 原来指定的对应热分级 105 到 180 的代号 A 到 H。 | | | | | | | | |

确定算术平均温度值的方法如下：

当变压器的供电电源循环通、断时，按所考虑的试验周期，绘制温度随时间变化的关系曲线（见图 9-2），由下式确定算术平均温度值（$t_A$）：

$$t_A = \frac{t_{max} + t_{min}}{2}$$

式中，$t_{max}$ 为各最大值的平均值，$t_{min}$ 为各最小值的平均值。

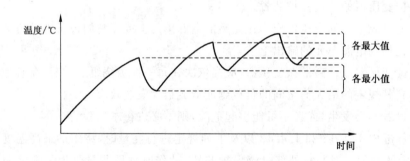

图 9-2　算术平均温度值的确定

### 9.3.4.2　绝缘要求

变压器的绝缘应当符合下列要求。

变压器的绕组和导电零部件应当作为被连接的电路的零部件（如果有的话）。它们之间的绝缘应当按照设备中绝缘的应用（见标准中 2.9.3）符合标准中 2.10（或附录 G）的有关要求并通过标准中 5.2 的有关试验。

应当采取预防措施，以防止由于下述原因而使提供基本绝缘、附加绝缘或加强绝缘的电气间隙和爬电距离减小到小于规定的最小值：绕组或其线匝位移；内部走线或同外部连接点相连的导线位移；靠近连接点的导线一旦断裂或连接点松动时，绕组零部件或内部导线过分位移；导线、螺钉、垫圈等一旦松动或脱落而桥接绝缘。

这里不认为两个独立的固定点会同时松脱。

对所有绕组应当采用可靠的方法将其端部线匝固定。

通过检查和测量以及在必要时通过如下的试验来检验其是否合格。

如果变压器装有保护接地屏,它仅以基本绝缘与连接到危险电压电路的初级绕组进行隔离,该保护接地屏应当满足下列之一的要求:满足标准中 2.6.3.3 的要求;满足标准中 2.6.3.4 中接地屏与设备的电源保护接地端子之间的要求;能够通过对保护接地屏与相连的初级绕组之间的基本绝缘的模拟击穿试验。变压器应当受到最终使用时任何保护装置提供的保护。保护接地通路和屏不得损坏。

如果进行试验,需专门制备一个从保护接地屏自由端额外引出一根导线的样品变压器,用来保证试验中的电流通过保护接地屏。

可接受的结构形式(见标准中 1.3.8)的示例列举如下:使用骨架或不使用骨架,绕组分别装在铁心的不同的芯柱上,绕组之间相互隔离;绕组绕制在一个带隔板的骨架上,骨架和隔板压制或模制成为一体,或者是推卡式隔板带有中间护舌或护盖,盖住骨架与隔板之间的接缝;各绕组同心绕制在无挡板的绝缘材料骨架上,或绕制在能套于变压器铁心上的薄层形式的绝缘上;在各绕组之间提供绝缘,该绝缘由薄层绝缘材料组成,延伸到超出每一层的端部线匝;同心式绕组,用接地的导电金属屏蔽层将各绕组隔离,导电屏蔽层可以由金属箔构成,其宽度覆盖到整个变压器绕组的宽度,各绕组与导电屏蔽层之间有适当的绝缘。导电屏蔽层及其引出线应当具有足够的截面积,以保证在绝缘击穿时,过载保护装置能在屏蔽层受到损坏之前先行切断电路。过载保护装置可以是变压器的一个部件。

### 9.3.5 机电组件的试验

当除电动机以外的机电组件可能会产生某种危险时,应当施加如下的条件,以此来检验这些机电组件是否符合标准中 5.3.1 的要求:当对该机电组件正常通电时,应当将其机械动作锁定在最不利的位置上;如果某个机电组件通常是间断通电的,则应当在驱动电路上模拟故障,使该机电组件连续通电。

每一试验的持续时间应当按下列规定:对出现故障停止工作时不易被操作人员觉察的设备或机电组件:如有必要,持续到建立起稳定状态,或者持续到由所模拟的故障条件引起其他后果造成电路断开为止,取其中较短的时间;对其他设备或机电组件:持续 5 min,或者持续到因该机电组件失效(例如烧毁)而造成电路断开,或由所模拟的故障条件引起其他原因造成电路断开为止,取其中较短的时间。

合格判据见标准中 5.3.9。

### 9.3.6 信息技术设备中的音频放大器的试验

带有音频放大器的设备应当按照 GB 8898—2011 的 4.3.4 和 4.3.5 进行试验,在试验进行前,设备应当正常工作。

### 9.3.7 无人值守的设备的试验

对供无人值守使用的装有恒温器、限温器或热断路器的设备,或接有不用熔断器或类似装置保护的、与接点并联的电容器的设备,应当承受下列试验:

应当同时评定恒温器、限温器和断路器是否符合标准中 K.6 的要求。

设备应当在标准中 4.5.2 规定的条件下进行工作,同时用来限制温度的任何控制装置应当使其短路。如果设备装有一个以上的恒温器、限温器或热断路器,则依次只使其一个装置短路进行试验。

如果电流未被切断,则一经建立稳定状态,应当立即关掉设备电源,然后使设备冷却到接近室温。

对预定不连续工作的设备,不管其标定的任何额定工作时间或额定间歇时间,试验应当一直重复进行直到设备达到稳定状态为止。就本试验而言,不得使恒温器、限温器和热断路器短路。

如果在进行任何试验时,手动复位的热断路器动作,或者如果在达到稳定状态之前由于其他原因而使电流中断,则认为发热周期已经结束,但如果电流中断是由于有意设计的薄弱部件的损坏引起的,则试验应当重新在第二个样品上进行。两个样品均应当符合标准中 5.3.9 规定的条件。

## 9.4　合格判据

### 9.4.1　试验期间

在进行标准中 5.3.4c)、5.3.5、5.3.7、5.3.8 和第 C.1 章规定的试验期间,如果出现着火,则火焰不得蔓延到设备的外面,设备不得冒出熔融的金属,目的是防止引燃设备外部的物体;外壳不得出现会造成不符合标准中 2.1.1、2.6.1、2.10.3(或附录 G)和 4.4.1要求的变形,目的是防止发生电气间隙、爬电距离和接地连续性的劣变,导致电击危险;防止危险运动部件造成伤害。

此外,在进行标准中 5.3.7c)的试验期间,除另有规定外,热塑性塑料材料以外的绝缘材料的温度,不得超过表 9-5 中规定的限值。

表 9-5　过载条件下的温度限值　　　　　　　　　　　　　最高温度 ℃

| 热分级 | | | | | | | |
|---|---|---|---|---|---|---|---|
| 105(A) | 120(E) | 130(B) | 155(F) | 180(H) | 200 | 220 | 250 |
| 150 | 165 | 175 | 200 | 225 | 245 | 265 | 295 |
| 括号中给出了 GB/T 11021 原来指定的对应热分级 105 到 180 的代号 A 到 H。 | | | | | | | |

如果绝缘失效不会导致触及危险电压或危险能量等级,则最高温度达到 300 ℃ 是允许的。对于由玻璃或陶瓷材料制造的绝缘允许更高的温度。

除了标准中 5.3.9 规定的合格判据外,给被试元器件供电的变压器的温度不得超过标准中 C.1 的规定,而且还应当考虑标准中 C.1 详细说明的有关变压器需要更换的例外情况。

### 9.4.2　试验后

在进行标准中 5.3.4c)、5.3.5、5.3.7、5.3.8 和第 C.1 章规定的试验后,如果出现下列情况:电气间隙或爬电距离已经减小到小于标准中 2.10(或附录 G)的规定值(例如因为过热导致的变形），或绝缘出现可见的损伤（例如烧焦或裂缝），或绝缘无法进行检查，则应当按照标准中 5.2.2 对下述部位进行抗电强度试验：加强绝缘，基本绝缘或构成双重绝缘一部分的附加绝缘，一次电路和电源保护接地端子之间的基本绝缘。这些部位的绝缘不应被击穿。

## 9.5　注意事项

在进行模拟故障的过程中，还应注意以下事项：

a）在进行故障试验时，一次实施一个故障，试验后不要求设备能正常工作，但不应产生标准范围内的危险。

b）在施加下一个故障时，应确认设备已恢复正常工作。

# 第 *10* 章　与通信网络连接的电路的要求

　　本章从两个角度讲述了标准中对通信网络连接的电路的要求:一方面是对通信网络电路本身的要求,另一方面是对与通信网络连接的电路的要求。本章内所涉及的危险来源和安全要求以及试验方法都是针对上述两方面来讲述的。

## 10.1　通信网络电压(TNV)电路安全原理

### 10.1.1　TNV 电路的定义

　　首先确定什么是通信网络,标准中规定通信网络是预定用来进行可能位于不同的建筑设施中的设备间通信的金属端接传输媒体。

　　下述情况除外:

　　——用作通信传输媒体而使用的电源供电、输电和配电的电力供电系统;

　　——电缆配电系统;

　　——连接信息技术设备的 SELV 电路。

　　通信网络可能:

　　——是公用的或专用的(说明可以是公共电信网也可以是局域专用网络);

　　——承受由于大气放电和配电系统的故障而引起的瞬态过压;

　　——承受由附近的电源线或电力线产生的纵向(共模)电压。

　　通信网络的示例:

　　——公共电话交换网络;

　　——公共数据网络;

　　——综合业务数字网络(ISDN);

　　——有类似于上述电气接口特性的专用网络。

　　这里所提到的"通信网络"是根据它的功能而不是它的电气特性来定义的。通信网络本身不定义为 SELV 电路或 TNV 电路,仅对设备中的电路才做如此分类。

　　在设备中通信网络电压电路被称作 TNV 电路,其定义为可触及接触区域受到限制的设备中的电路,该电路作了适当的设计和保护,使得在正常工作条件下和单一故障条件下,它的电压均不会超过规定的限值。

　　在表 10-1 中列举了 SELV 电路和 TNV 电路的区别。

表 10-1 SELV 电路和 TNV 电路的电压范围

| 来自通信网络的过电压是否可能 | 来自电缆分配系统的过电压是否可能 | 正常工作电压 | |
|---|---|---|---|
| | | 在 SELV 电路限值内 | 超过 SELV 电路限值但在 TNV 电路限值内 |
| 是 | 是 | TNV-1 电路 | TNV-3 电路 |
| 否 | 不适用 | SELV 电路 | TNV-2 电路 |

可能涉及 TNV 电路产品包括：

网桥、数据电路终端设备、数据终端设备、路由器、票据设备、多路调制(转换)器、网络供电设备、网络终端设备、无线基站、转发器(中继站)、传输设备、通信转接设备、传真机、按键电话系统、调制解调器、自动用户交换机、寻呼机、电话应答机、电话机(有线的和无线的)等，以及所有与电信网络连接的其他数据处理设备。

### 10.1.2 TNV 电路的种类

TNV 电路按安全特性包括三种类型：TNV-1 电路、TNV-2 电路和 TNV-3 电路。

在正常工作条件下，其正常工作电压不超过 SELV 电路的限值，并且在其电路上可能承受来自通信网络和电缆配电系统的过电压的 TNV 电路为 TNV-1 电路。

在正常工作条件下，其正常工作电压超过 SELV 电路的限值，并且不承受来自通信网络的过电压的 TNV 电路为 TNV-2 电路。

在正常工作条件下，其正常工作电压超过 SELV 电路的限值，并且在其电路上可能承受来自通信网络和电缆配电系统的过电压的 TNV 电路为 TNV-3 电路。

如何确定和测定设备工作电压和对设备中的电路进行分类，哪些属于 ELV 电路、SELV 电路、TNV-1 电路、TNV-2 电路和 TNV-3 电路或带危险电压的电路，需要考虑以下的电压性质：

——设备内部产生的正常工作电压，包括诸如与开关模式的电源有关的重复峰值电压；

——设备外部产生的正常工作电压，包括来自通信网络的振铃信号。

因此根据 TNV 电路分类的定义和工作电压的确定要求，可以判断 TNV-1 电路电压不超过 SELV 电压限值，所以不接受通信网络的振铃信号的，但有可能承受来自通信网络和电缆配电系统的过电压的 TNV 电路，因此类似交换机的设备，属于 TNV-1 电路同时包括 TNV-3 电路。而 TNV-2 电路是不承受来自通信网络的过电压的 TNV 电路，说明不与外部电信网络连接，而且正常工作电压超过 SELV 电路限值，也就是说有可能承受电话振铃信号，因此产品类似局域网设备(TNV-2 电路一般考虑直接由户内的设备提供信号，没有经过户外)。除此之外的大多数产品应该属于 TNV-3 设备，在正常工作条件下，其正常工作电压超过 SELV 电路的限值，承受来自通信网络的振铃信号；并且在其电路上可能承受来自通信网络和电缆配电系统的过电压，也就是说连接到户外与外部电信网络连接，可能导致感应雷带来的过电压和与外部的供电的电缆系统接触。典型设备有调制解调器(MODEM)等。

举例如下：

[例 10-1]集团电话(程控电话交换机)中的分机输入端口电路，不接受过电压，但可能

接受振铃信号,因此该电路是 TNV-2;

[例 10-2]家里用的电话由于是户外引入,要经受可能存在的过电压和振铃信号,所以电话线端口电路是 TNV-3;

更多实例参见 IEC TR 62102 附录 B。

### 10.1.3　TNV 电路的危险来源

#### 10.1.3.1　来自电网电源的危险

TNV 电路应用到具体产品上,都不同程度地涉及与危险电压的隔离问题,包括给设备供电的电网电源和设备内部的危险电压,在设备中,TNV 电路相当于一个二次电路,它的末端往往是用户可触及的,另一方面电网电源本身是危险电压,同时有可能带来由于瞬态过电压造成的电击危险,这样为了避免电网电源的危险电压和瞬态过电压给用户在接触那些可触及时带来触电危险,需要采用适当的隔离和绝缘措施。

#### 10.1.3.2　TNV 网络正常工作电压的危险

根据 TNV 电路的定义,TNV-2 和 TNV-3 电路的正常工作电压都超过 SELV 限值,尤其是求当出现电话振铃信号时,电路上的电压会更高,从而对人体产生电击等危险,因此,标准中对 TNV-2、TNV-3 电路和 TNV-1 电路、SELV 电路等其他电路提出了隔离要求。

#### 10.1.3.3　来自通信网络的过电压

TNV 电路在正常工作时需要与外部通信网络连接,都不可避免的遭受由于通信网络带来的瞬态过电压,这种过电压可能是持续时间很短的脉冲型,也可能是持续时间较长的稳态电压,但无论哪种形式的电压,都会给末端的用户带来可能的电击危险。因此,设备中的可触及电路及可触及件需要与 TNV 电路之间采取适当的隔离或保护措施,同时需要对相应的隔离措施进行试验和检查,包括脉冲试验或稳态电压试验。

## 10.2　TNV 电路的要求

### 10.2.1　限值要求

根据 TNV 电路的定义知道,TNV 电路的分类一方面基于其电压限值,另一方面基于是否承受来自通信网络的过电压。TNV 电路不属于 SELV 电路,对于其电压的限值按照 TNV 电路的不同类型其限值也有所不同。

在一个 TNV 电路内或几个互连的 TNV 电路中,其任何两个 TNV 电路的导体之间或电路之间或任何一个这样的导体和地之间的电压应符合下列要求:

#### 10.2.1.1　TNV-1 电路

电压不超过下列值:

——在正常工作条件下,电压不应超过 SELV 电路的电压限值;

——当设备中出现单一故障时,跨接在 5 000(1±2%)Ω 电阻器上测得的电压不能超过图 10-1(标准中图 2F)中的限值。

由图 10-1 中可以看出,一旦单一绝缘或单个元器件失效时,随着时间的延长,设备的最高电压限值逐渐减小,在 200 ms 后的限值为 TNV-2 或 TNV-3 电路正常工作条件下的限值。

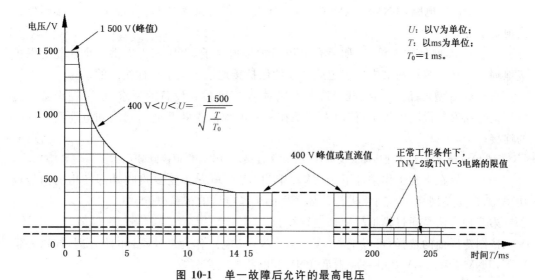

图 10-1　单一故障后允许的最高电压

## 10.2.1.2　TNV-2 和 TNV-3 电路

电压可以超过 SELV 电路的限值,但不应超过如下的限值,考察设备是否满足要求应通过检查和测量来进行。

a) 当出现电话振铃信号时,信号电压符合电话振铃信号准则的判据要求;

b) 如果没有电话振铃信号,则:

- 在正常工作条件下,交直流电压组合应为:

$$\frac{U_{ac}}{71} + \frac{U_{dc}}{120} \leqslant 1$$

式中:$U_{ac}$——任何频率的交流电压的峰值,V;

$U_{dc}$——直流电压值,V。

根据上式得出:当 $U_{dc}$ 为 0 时,$U_{ac}$ 可达 71 V(峰值),也就是说交流不能超过 71 V。当 $U_{ac}$ 为 0 时,$U_{dc}$ 可达 120 V,也就是说直流不能超过 120 V。

- 当设备内出现单一故障时,跨接在 5 000(1±2%)Ω 电阻上测得的电压不能超过单一故障后允许的最高电压的限值。

标准中注释:虽然目前的通信网络上仍会出现电报和电传信号,但认为这些信号已经快废弃不用了,因此 GB 4943.1—2011 不考虑这些信号的特性。

## 10.2.2　隔离和连接要求

### 10.2.2.1　与其他电路以及与可触及零部件的隔离

SELV 电路、TNV-1 电路、可触及导电零部件与 TNV-2 和 TNV-3 电路之间的隔离应使得在单一故障时,SELV 电路和可触及导电零部件的电压不应超过为 TNV-2 和 TNV-3 规定的正常工作条件下的限值。在单一故障条件下,TNV-1 电路的电压允许升高至图 10-1 的限值。

标准中给出了几种隔离方法:

第一种方法是提供基本绝缘。

如果按表 10-2 的要求提供基本绝缘,则可满足隔离要求。

第二种方法是不需要基本绝缘,但要满足下列所有要求:

——SELV 电路,TNV-1 电路或可触及导电零部件应按要求(标准中 2.6)接到保护接地端子上;

　　——对 A 型可插式设备,如果有电源保护接地端子,也应该再提供一个独立的保护接地端子。在安装说明书中应规定此独立的保护接地端子是永久性接地的;

　　——对 B 型可插式设备,既应符合上述对 A 型可插式设备的要求,也可在设备上提供标记并在安装说明中规定:使用人员要在断开电源前先断开通信网络和电缆配电系统的连接;

　　标准中注释:假定永久性连接式设备有一个永久性接地的电源保护接地端子。

　　——如果在正常工作条件下,TNV-2 和 TNV-3 电路预定要接收外部产生的信号或功率(如在通信网络中),则要进行外部产生的工作电压的试验(标准中 2.3.5)。

　　第三种方法是通过模拟故障来进行检验。

　　按制造厂商的选择,可以把 TNV-1 或 TNV-2 电路作为 TNV-3 电路处理,在这种情况下,TNV-1 和 TNV-2 电路应满足 TNV-3 电路的隔离要求。

　　通过检查和测量,以及必要时模拟设备可能发生的元器件和绝缘失效来检验其是否合格。试验前,不满足基本绝缘要求的绝缘要短路。

　　标准中注释:若使用基本绝缘而且标准中 6.2.1 适用的话,大多数情况下标准中 6.2.2 规定的试验电压高于基本绝缘的试验电压。

### 10.2.2.2　与危险电压的隔离

　　除了标准中 2.3.4 允许的以外,TNV 电路应采用下列一种或两种方法与危险电压电路进行隔离:

　　a) 双重绝缘或加强绝缘;

　　b) 基本绝缘和连接到保护接地端子的保护屏蔽层。

　　具体采用的隔离方法见标准中 2.9.4。通过检查和测量检验其是否合格。

**表 10-2　TNV 电路绝缘应用实例**

| 绝缘等级 | 绝缘位置<br>(在下列部分之间) | | 见标准中图<br>2H |
|---|---|---|---|
| 基本绝缘 | 未接地的 SELV 电路或双重绝缘的导电零部件至 | ——未接地的 TNV-1 电路 | B^f |
| | | ——TNV-2 电路 | B^d |
| | | ——TNV-3 电路 | B^{d,e} |
| | 接地的 SELV 电路 | ——TNV-2 电路 | B^d |
| | | ——TNV-3 电路 | B^{d,e} |
| | TNV-2 电路 | ——未接地的 TNV-1 电路 | B^{d,e} |
| | | ——接地的 TNV-1 电路 | B^{d,f} |
| | | ——TNV-3 电路 | B^f |
| | TNV-3 电路 | ——未接地的 TNV-1 电路 | B |
| | | ——接地的 TNV-1 电路 | B^d |
| 附加绝缘 | TNV 电路至 | ——基本绝缘的导电零部件 | S |
| | | ——ELV 电路 | S |

表 10-2（续）

| 绝缘等级 | 绝缘位置<br>（在下列部分之间） | | 见标准中图<br>2H |
|---|---|---|---|
| 附加绝缘或加强绝缘 | 未接地的二次危险电压电路至 | ——TNV 电路 | S/R[c] |
| 加强绝缘 | 一次电路至 | ——TNV 电路 | R |
| | 接地的危险电压二次电路至 | ——TNV 电路 | R |

[c] 带危险电压的未接地的二次电路和未接地的可触及导电零部件或电路（见图 2H 中的 S/R、S/R1 或 S/R2）之间的绝缘应当满足如下要求中较严酷的一个：
 ——工作电压等于危险电压的加强绝缘；或
 ——工作电压等于带危险电压的二次电路和如下电路之间的电压的附加绝缘：
  ● 另一个带危险电压的二次电路，或
  ● 一次电路。如果满足以下条件，则这些例子适用，
 ——二次电路与一次电路之间只有基本绝缘；和
 ——二次电路与地之间只有基本绝缘。

[d] 并不始终要求为基本绝缘（可以是基本绝缘，也可以比基本绝缘的要求低）。

[e] 标准中 2.10 的要求适用，见标准中 6.2.1。

[f] 标准中 2.10 的要求不适用，见标准中 6.2.1。

### 10.2.2.3 TNV 电路与其他电路的连接

除了标准中 1.5.7 允许的以外，如果 TNV 电路与设备内的任何一次电路（包括中线）是由基本绝缘隔离开的，则允许与其他电路相连。

如果 TNV 电路与一个或多个电路相连，TNV 电路作为一个部件仍应符合 TNV 电路限值（标准中 2.3.1）的要求。

如果 TNV 电路通过二次电路导电连接供电，且二次电路通过以下方法与危险电压隔离，则认为 TNV 电路已采用相同的方法与危险电压电路进行了隔离：

a）双重绝缘或加强绝缘；

b）使用以基本绝缘与危险电压隔离的接地导电屏。

如果 TNV 电路是来自带危险电压的二次电路，而这个带危险电压的二次电路与初级电路通过双重绝缘或加强绝缘进行隔离，那么 TNV 电路在单一故障条件下应保持在 TNV 电路的限值内。在这种情况下，为了施加单一故障条件，如果在带危险电压的二次电路和 TNV 电路之间提供隔离的变压器的绝缘通过了符合标准中 5.2.2 对基本绝缘的抗电强度试验，认为将该变压器的绝缘短路是单一故障。

通过检查和模拟设备内可能发生的单一故障来检验其是否合格。模拟故障不应导致跨接在 TNV 电路的任意两导体之间或任一导体与地之间的 $5\,000(1\pm2\%)\,\Omega$ 的电阻器上测得电压降落在图 10-1 的阴影面积之外，要进行连续检测，直至达到稳定状态至少 5 s。

## 10.3　与通信网络连接设备的安全要求

如果设备连接到通信网络,应满足与通信网络的连接要求。

这里假定已经按 ITU-T 的 K.21 建议采取了足够的措施,以减少设备可能遭受超过 1.5 kV 峰值过电压的危险。在设备有可能遭受超过 1.5 kV 峰值的过电压危险时,建筑设施中需采取电涌抑制等附加保护措施。标准中 2.3.2、6.1.2 和 6.2 的要求适用于相同结构的绝缘或电气间隙。电源配电系统如果用来作为通信传输媒体,就不构成一个通信网络(见标准中 1.2.13.8),标准中第 6 章就不适用。标准中的其他条款将适用于耦合元件,例如接在电源和其他电路之间的信号变压器,对双重绝缘或加强绝缘的要求是适用的。

### 10.3.1　对通信网络的维修人员和连接通信网络的其他设备的使用人员遭受设备危害的防护

#### 10.3.1.1　危险电压的防护

预定直接连到通信网络上的电路应符合 SELV 电路或 TNV 电路的要求。

如果通信网络的保护是依赖于设备的保护接地,则设备的安装说明书和其他有关资料应有保证保护接地完整性的规定和说明。

通过检查和测量来检验其是否合格。

#### 10.3.1.2　通信网络与地的隔离要求

除标准中 6.1.2.2 规定的以外,在预定连接到通信网络的电路与在 EUT 内部或通过其他设备接地的零部件或电路之间应具有绝缘。

跨接在该绝缘上的电涌抑制器,其最低额定工作电压 $U_{op}$(例如气体放电管的跳火电压)应当是:

$$U_{op} = U_{peak} + \Delta U_{sp} + \Delta U_{sa}$$

式中:$U_{peak}$——如下之一的值:

对预定安装在交流电网电源标称电压超过 130V 的区域内的设备:360 V;

对所有其他设备:180 V。

$\Delta U_{sp}$——由于元器件制造中的误差造成的额定工作电压的最大增量。如果元器件制造厂商没有规定,$\Delta U_{sp}$ 应当取元器件额定工作电压的 10%。

$\Delta U_{sa}$——由于元器件在设备预定寿命期间老化造成的额定工作电压的最大增量。如果元器件制造厂商没有规定,$\Delta U_{sa}$ 应当取元器件额定工作电压的 10%。

注:元器件制造厂商可能提供($\Delta U_{sp} + \Delta U_{sa}$)的单一值。

通过检查和下列试验来检验其是否合格。但不适用于如下任一项:

a) 永久连接式设备或 B 型可插式设备;

b) 设备预定由维修人员来安装,且有安装说明,该要求将设备连到带有保护接地连接端的输出插座上;

c) 带永久连接性保护接地导体并配有安装该导体说明书的设备。

### 10.3.2　对设备使用人员遭受来自通信网络上过电压的防护

设备应对 TNV-1 电路或 TNV-3 电路与设备中如下的零部件之间提供充分的电气隔离：

a) 在正常使用中，设备上需要抓握或接触的不接地的导电零部件和非导电零部件（例如电话的送受话器或键盘、膝上型或笔记本电脑的整个外表面）；

b) 用标准中图 2A 的试验指能够触到的零部件和电路，用标准中图 2C 的试验探头（见标准中 2.1.1.1）触不到的连接器触点除外；

c) 用来连接其他设备的 SELV 电路、TNV-2 电路或限流电路，不管该电路是否可触及隔离要求均适用。

这些要求不适用于经电路分析和设备试验表明通过其他方法来保证安全的情况，例如两个电路之间，其中每一个电路均与保护地永久连接。

通过抗电强度（标准中 6.2.2）试验检验其是否合格。标准中 2.10 和附录 G 关于电气间隙、爬电距离和固态绝缘的尺寸和结构的要求不适用于隔离要求（标准中 6.2.1）的判据。

在脉冲试验和稳态试验的试验期间，绝缘不应击穿。当由于加上试验电压而引起的电流以失控的方式迅速增大，即绝缘无法限制电流时，则认为已发生绝缘击穿。

如果试验期间，电涌抑制器动作（或气体放电管打火）：

——对标准中 6.2.1a) 在正常使用中，这种动作表示失效；

——对标准中 6.2.1b) 和 c)，在脉冲试验期间这种动作是允许的；

——对标准中 6.2.1b) 和 c)，电涌抑制器动作表示失效。

对于脉冲试验，可通过如下的两种方法之一来检验绝缘是否损坏：

a) 在施加脉冲期间，通过观察示波器波形，从脉冲波形来判定究竟是抑制器动作还是绝缘被击穿；

b) 在施加所有的脉冲电压后，可通过测试绝缘电阻来检验绝缘是否损坏。在进行绝缘电阻测量时，电涌抑制器可以断开。试验电压为 500 V 直流，或者电涌抑制器保留在位，直流电压为小于电涌抑制器动作或起弧电压的 10%，测得的绝缘电阻不应小于 2 MΩ。在标准的附录 S 中，给出了使用示波器、用脉冲波形来判定究竟是抑制器动作还是绝缘被击穿的方法。

### 10.3.3　通信配线系统的过热保护

预定用来通过通信配线系统为远地设备供电的设备，应限制输出电流使通信配线系统在任何外部负载变化情况下不会由于过热而受到损坏。从设备给出的最大持续电流值不应超过设备安装说明书规定的最小线规能承载的电流值，如果没有规定，则电流限值为 1.3 A。

过流保护装置可以是像熔断器或起同样作用的电路一样的分离装置。通常通信配线的最小线径为 0.4 mm，对应此线径多对电缆最大持续电流值为 1.3 A，接线通常不由设备安装说明书规定，因为接线经常与设备安装无关。对于预定连接到网络上的设备由于会受到过压，可能有必要依靠保护装置的工作参数的选择进一步限制电流。

通过如下方法检验其是否合格。

如果靠电源的内在阻抗来限制电流,则应测量输出到电阻负载(包括短路)的输出电流,试验进行 60 s 后,输出电流不能超过电流限值。

如果通过使用有规定时间/电流特性的过流保护装置来限流:

——过流保护装置的时间/电流特性应能在 60 min 内切断电流限值 1.1 倍的电流。

——旁路过流保护装置,试验 60 s 后测得的输出给任意电阻负载(包括短路)的电流,其值不应超过 1 000/$U$,$U$ 为按标准中 1.4.5 要求断开所有负载电路测得的输出电压。

如果用来限流的过流保护装置不具有规定的时间电流特性:

——接任意电阻负载,包括短路,试验 60 s 后测得的电流不大于电流限值;和

——接任意电阻负载,包括短路,并旁路过流保护装置,试验进行 60 s 后测得的电流不能超过 1 000/$U$,$U$ 为按标准中 1.4.5 要求断开所有负载电路测得的输出电压。

### 10.3.4　传入通信网络的接触电流及来自通信网络的接触电流

传入通信网络和来自通信网络的接触电流具体要求,参见本指南第 3 章接触电流的要求。

## 10.4　试验方法

### 10.4.1　外部产生的工作电压的试验

当 TNV 电路与其他电路以及与可触及零部件的隔离(标准中 2.3.2)有要求时才进行本试验。

使用制造厂商规定的、预计能代表从外部电源获得最大正常工作电压的试验电压发生器。如果没有规定,则使用内部阻抗为 1 200 Ω±2%,频率为 50 Hz 或 60 Hz,电压为 120 V±2 V 交流的试验电压发生器。试验电压发生器不是预定代表通信网络上的实际电压,而是以可重复的方式对被试设备电路施加电压。

将试验电压发生器连在设备的通信网络端子之间,电压发生器的一极也要接到设备的接地端子上,见图 10-2。试验电压施加时间最长 30 min。如很明显无进一步恶劣情况发生,则可提前终止试验。

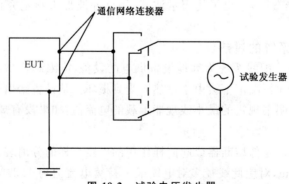

通信网络连接器

EUT

试验发生器

**图 10-2　试验电压发生器**

在试验过程中,SELV 电路、TNV-1 电路或可触及导电零部件应持续满足正常工作条件下的电压(标准中 2.2.2)要求,即不应超过 42.4 V 交流峰值或 60 V 直流值。

反接设备的通信网络连接端子,重复进行试验。

### 10.4.2 测量 TNV 电路的电话振铃信号的限值

#### 10.4.2.1 方法 A

这个方法要求:流过位于任何两个导体或位于一个导体与地之间的一个 5 kΩ 电阻器的电流 $I_{TS1}$ 和 $I_{TS2}$ 不能超过如下所规定的限值:

a) 正常工作时,对任何单个工作振铃周期 $t_1$ 来说(如图 10-3 所定义的),由计算或测量电流而确定的电流 $I_{TS1}$ 不超过:

——对韵律振铃($t_1<\infty$),图 10-4 曲线上相对 $t_1$ 处给出的电流值;或

——对连续振铃($t_1=\infty$),为 16 mA;

$I_{TS1}$ 由下列公式给出,单位为 mA。

$$I_{TS1}=\frac{I_p}{\sqrt{2}} \qquad (t_1\leqslant600\ \text{ms})$$

$$I_{TS1}=\frac{t_1-600}{600}\times\frac{I_{pp}}{2\sqrt{2}}+\frac{1\,200-t_1}{600}\times\frac{I_p}{\sqrt{2}} \qquad (600\ \text{ms}<t_1<1\,200\ \text{ms})$$

$$I_{TS1}=\frac{I_{pp}}{2\sqrt{2}} \qquad (t_1\geqslant1\,200\ \text{ms})$$

式中:$I_p$ ——图 10-5 给出的相关波形的峰值电流,mA;

$\qquad I_{pp}$——图 10-5 给出的相关波形的峰-峰电流值,mA;

$t_1$ 单位为 ms。

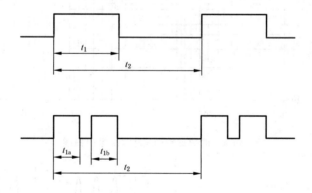

$t_1$ 是

——单个振铃持续时间。在该单个振铃周期的全部时间内,振铃工作。

——在单个振铃期间内,振铃工作时间的总和。在这里,单个振铃周期包括两个或多个不连续的振铃工作周期,如例中所示,$t_1=t_{1a}+t_{1b}$。

$t_2$ 是一个完整韵律周期持续时间。

**图 10-3 振铃期间和韵律周期的定义**

b) 正常工作时,在一个振铃韵律周期 $t_2$ 内(图 10-3 所定义的)计算出的韵律振铃信号重复脉冲串平均电流 $I_{TS2}$ 不超过 16 mA 有效值;

$I_{TS2}$ 由下列公式给出,单位为 mA

$$I_{TS2}=\left[\frac{t_1}{t_2}\times I_{TS1}^2+\frac{t_2-t_1}{t_2}\times\frac{I_{dc}^2}{3.75^2}\right]^{\frac{1}{2}}$$

式中：$I_{TS1}$——由方法 A 的 a)中给出，mA；

　　　$I_{dc}$——在韵律周期的非工作周期内流经 5 kΩ 电阻器的直流值，mA；

$t_1$ 和 $t_2$ 单位为 ms。

注：电话振铃电压的频率通常在 14 Hz～50 Hz 的范围内。

c）在单一故障条件下，包括韵律振铃变成连续：

——$I_{TS1}$ 不得超过图 10-4 曲线给出的电流或 20 mA，取其较大者；

——$I_{TS2}$ 不得超过 20 mA 的限值。

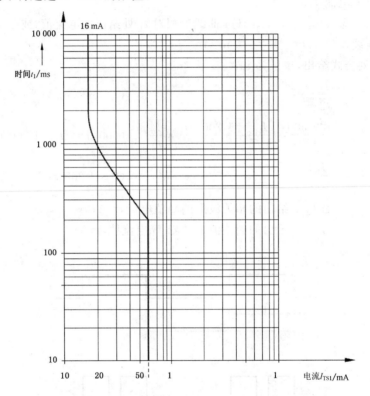

图 10-4　韵律振铃信号的 $I_{TS1}$ 极限曲线

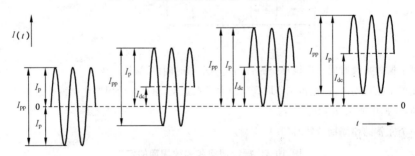

图 10-5　峰值和峰-峰值电流

### 10.4.2.2　方法 B

本方法根据 USA.CFR47（"FCC 规则"）第 68 章 D 条，另外增加了故障条件下适用的附加要求。

a）振铃信号

频率——振铃信号的频率仅应使用基频等于或低于 70 Hz 的频率。

电压——跨接 1 MΩ 以上电阻所测得的振铃电压应低于 300 V 的峰-峰值,相对于地低于 200 V 峰值。

韵律——在不大于 5 s 的间隔期间,振铃电压应被中断以产生至少 1 s 的静音的时间间隔。在该静音时间间隔内,对地电压不应超过 60 V 的直流值。

单一故障电流——当单一故障使韵律振铃信号变得连续时,通过 5 kΩ 电阻在任意两个输出端或一个输出端到地之间测得的电流不应超过如图 10-5 所示的 56.5 mA 峰-峰值。

b) 脱开装置和监视电压

振铃信号电路应包括规定的脱开装置,即振铃回路导线中串入的电流敏感脱开装置会按图 10-6 的要求脱开振铃。或者提供一个规定的监视电压,即当振铃电压不出现(空闲状态)时,在触头或回路导体上的对地的电压应至少为 19 V 峰值,但不超过 60 V 直流电压。或者同时提供两者;这取决于流过振铃信号发生器与地之间所接规定电阻的电流,举例如下:

——如果流经 500 Ω 或更大的电阻器的电流不超过 100 mA 峰-峰值,则既不要求脱开装置,也不要求监视电压。

——如果流经 1 500 Ω 或更大的电阻器的电流超过 100 mA 峰-峰值,则振铃源应具有一脱开装置。如果脱开装置满足图 10-6 对 $R = 500$ Ω 或更大所规定的脱开特性,那么就不要求监视电压。但是,如果脱开装置只满足给定的 $R = 1 500$ Ω 的或更大脱开特性,则振铃源还必须提供监视电压。

——如果流经 500 Ω 或更大电阻器的电流超过 100 mA 峰-峰值,但流经 1 500 Ω 或更大电阻上的电流不超过此值时,则应提供一个脱开装置,能满足图 10-6 中对 $R = 500$ Ω 或更大的脱开特性;或者应提供一个监视电压。

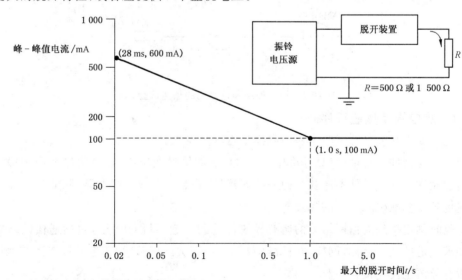

注 1:$t$ 是从电阻 $R$ 接到电路起的经过时间。

注 2:曲线的倾斜部分是由 $I = \dfrac{100}{\sqrt{t}}$ 来决定的。

**图 10-6　振铃电压脱开特性**

### 10.4.3　通信网络与地的隔离试验

绝缘应承受抗电强度试验(标准中 5.2.2)，交流试验电压为：

——预定安装在标称交流电源电压超过 130 V 的区域内的设备：1.5 kV；

——所有其他的设备：1.0 kV。

不管设备是否由交流电源供电，试验电压均要施加。

当桥接绝缘的元器件留在原位进行抗电强度试验时，不应损坏。抗电强度试验时绝缘不应击穿。

在试验过程中允许拆去除电容器以外桥接绝缘的元器件。如果选择这种方案，则按照图 10-7 的试验电路进行附加试验，此时所有元器件应保持在位。试验可在试验电压等于设备额定电压或额定电压范围上限值条件下进行。图 10-7 试验电路中流过的电流不应超过 10 mA。

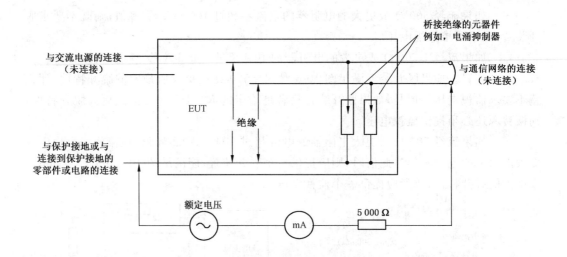

**图 10-7　通信网络和地之间的隔离试验**

### 10.4.4　抗电强度试验程序

通过脉冲试验或稳态试验来检验隔离是否满足要求。

如果对元器件进行试验(见标准中 1.4.3)，例如信号变压器，它是明显地用来提供所需隔离的元件。这个元件不应被其他一些元器件、安装装置或接线旁路，除非这些元器件或接线也满足标准中 6.2.1 的隔离要求。

试验时预定接到通信网络上的所有导体都连到一起(见图 10-8)，包括通信网络管理部门要求接地的任一导体，同样，在标准中 6.2.1c)相关的试验时，预定要连接到其他设备上的所有导体也要连接在一起。

对那些不导电的零部件，要用金属箔贴在其表面上，用被胶的金属箔时，胶应是导电的。

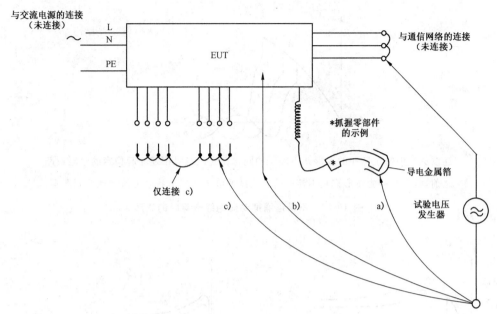

注：图中 a)、b)、c)分别指标准中 6.2.1a)、6.2.1b)、6.2.1c)。

**图 10-8 试验电压的施加点**

### 10.4.4.1 脉冲试验

电气隔离应承受交替极性的 10 个脉冲电压,对波形为 10/700 μs 的脉冲是由脉冲试验发生器产生的。连续脉冲之间的间隔是 60 s,初始电压 $U_c$ 为:

a) 对在正常使用中,设备上需要抓握或接触的不接地的导电零部件和非导电零部件(例如电话的送受话器或键盘,膝上型或笔记本电脑的整个外表面)[标准中 6.2.1 的情况 a)]:2.5 kV;

b) 对用标准中图 2A 的试验指能够触到的零部件和电路,用标准中图 2C 的试验探头触不到的连接器触点除外,以及用来连接其他设备的 SELV 电路、TNV-2 电路、或限流电路,不管该电路是否可触及[标准 6.2.1 的情况 b)和 c)]:1.5 kV。

对于标准中 6.2.1 的情况 a)选择 2.5 kV,主要是为了保证足够的绝缘,它不必要模拟可能的过压。

脉冲试验期间的波形示例见图 10-9～图 10-12。

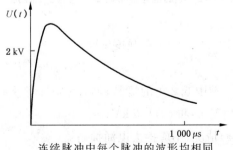

连续脉冲中每个脉冲的波形均相同

**图 10-9 不带电涌抑制器而且绝缘未击穿时的波形**

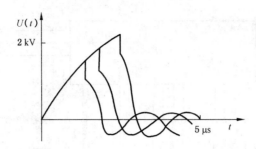

连续脉冲中每个脉冲的波形并不完全相同。在受试绝缘中建立起稳定的电阻通路之前,每个脉冲的波形都是不相同的。从脉冲电压波形形状上可清楚地看到击穿。

**图 10-10 不带电涌抑制器绝缘击穿时的波形**

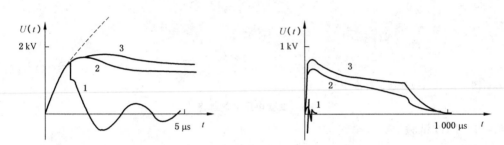

1—气体放电型;2—半导体型;3—金属氧化型。

连续的脉冲中每个脉冲的波形都是相同的。

**图 10-11 电涌抑制器动作的绝缘的波形**

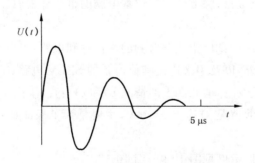

**图 10-12 短路的电涌抑制器和绝缘上的波形**

### 10.4.4.2 稳态试验

电气隔离应承受标准中 5.2.2 的抗电强度试验。

交流试验电压为:

——对在正常使用中标准中 6.2.1 的情况 a),1.5 kV;

——对标准 6.2.1 的情况 b)和 c),1.0 kV;

——对标准 6.2.1 的 a)情况,不应拆去电涌抑制器。

### 10.4.5 其他试验

传入通信网络和来自通信网络的接触电流试验详见本指南第 3 章。

## 10.5　设备及工装

### 10.5.1　试验设备

符合标准中附录 N 要求的脉冲发生器。

具有足够频带宽度的存储示波器。

具有补偿元件的高压探头。

试验电压发生器。

### 10.5.2　脉冲试验发生器

图 10-13 电路用来产生脉冲电压,所用元器件数值见表 10-3,电容器 $C_1$ 起始状态被充电至电压 $U_c$。

10 $\mu$s/700 $\mu$s(10 $\mu$s 为视在波前时间,700 $\mu$s 为视在半峰值时间)的脉冲试验电路是 ITU-T K.17 建议中规定的用来模拟通信网络中的闪电干扰。

脉冲波形是指在开路条件下的波形,在不同的负载条件下波形是各不相同的。

由于大量的电荷贮存在电容器 $C_1$ 内,因此在使用这些发生器时需要十分小心。

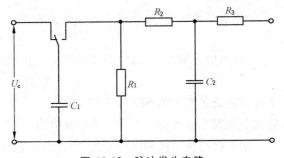

**图 10-13　脉冲发生电路**

**表 10-3　脉冲发生电路中的元件值**

| 试验脉冲 | $C_1$ | $R_1$ | $R_2$ | $C_2$ | $R_3$ | 相应条款 |
|---|---|---|---|---|---|---|
| 10/700 $\mu$s | 20 $\mu$F | 50 $\Omega$ | 15 $\Omega$ | 0.2 $\mu$F | 25 $\Omega$ | 标准中 6.2.2.1 和 G.5b) |

# 第11章 与电缆分配系统的连接

## 11.1 概述

电缆分配系统是 2011 版标准新增加的内容,由于目前的 IT 产品和音、视频产品的界限越来越模糊,各种功能相互交错,许多 IT 产品也具有接收电视信号和音频信号的功能,功能的增加也带来安全隐患,电缆分配系统可能需要承受比通信网络更高的瞬态电压值。因此 2011 版增加了由于与电缆分配系统连接所带来的危险的防护要求。

电缆分配系统是指预定主要在不同的建筑物间或室外天线与建筑物间传输视频和/或音频信号的、使用同轴电缆的金属端接传输媒介,电缆分配系统包括:

——局域电缆网络、社区天线电视系统和公用天线电视系统,提供视频和音频信号分配;

——室外天线,包括碟形卫星天线、接收天线和其他类似装置。

不包括:

——用来供电、输电和配电的电网电源系统,如果用作通信传输媒体;

——通信网络;

——连接信息技术设备的设备单元的 SELV 电路。

如果设备预定要连接到电缆分配系统,除了满足标准中第 1～5 章的要求外,还要满足标准中第 7 章的要求。如果没有使用同轴电缆连接,电路就不是电缆分配系统,那么标准中第 6 章就适用。

假定已采取了足够的措施以减少设备上出现超过下述值的瞬态过电压的可能:

——对仅连接到室外天线的设备,10 kV;

——对其他设备,4 kV。

如果设备在安装使用时,呈现的过电压可能超过这些值,那么必须采取附加的措施,如电涌抑制措施。

交流电网电源配电系统如果用来作为通信传输媒体,不构成一个电缆分配系统,标准中第 7 章就不适用。标准中的其他条款将适用于接在电源和其他电路之间的耦合元器件,例如信号变压器和电容器。通常双重绝缘或加强绝缘的要求是适用的。关于交流电网电源系统中各点预期的过电压,也可参见 IEC 60664-1(GB/T 16935.1)和标准中附录 Z。

## 11.2 对电缆分配系统的维修人员和连接到该系统的其他设备的使用人员遭受设备内危险电压的防护

预定直接与电缆分配系统连接的电路应当按照其正常工作电压符合 TNV-1 电路、

TNV-3 电路或危险电压二次电路的要求。

如果电缆分配系统的保护依赖于设备的保护接地,则设备的安装说明书和其他有关资料应当有保证保护接地的完整性的规定。

## 11.3　对设备使用人员遭受来自电缆分配系统上的过电压的防护

对电缆分配系统的过电压的防护要求与标准中 6.2 的要求相同,只是把所有的术语"通信网络"用"电缆分配系统"代替,标准中 6.2 的要求和试验均适用。当把标准中 6.2 应用于电缆分配系统时,隔离要求仅适用于直接与同轴电缆的内部导体(或多根导体)连接的电路零部件;不适用于直接与外部屏蔽层连接的电路零部件。

但是,如果满足下列条件,则隔离要求和标准中 6.2.1a)、b)、c)的试验不适用于电缆分配系统:

——所考虑的电路是 TNV-1 电路;和

——电路的公共端或接地端与同轴电缆的屏蔽层以及所有可触及的零部件和电路(SELV 电路、可触及的金属零部件和限流电路,如果有)相连;和

——同轴电缆的屏蔽层预定与建筑设施中的地相连。

通过检查和适用标准中 6.2 的相关要求以及试验来检验其是否合格。

## 11.4　一次电路和电缆分配系统之间的绝缘

### 11.4.1　基本要求

一次电路和用于连接电缆分配系统的端子或引线之间的绝缘应当通过如下之一的试验:

——对预定与室外天线连接的设备,应满足本指南 11.4.2.1 的电压冲击试验;或

——对预定与其他电缆分配系统连接的设备,应满足本指南 11.4.2.2 的脉冲试验。

如果设备预定与室外天线和另一个电缆分配系统同时连接,则应同时满足上述两项试验。

但上述要求不适用于下列任何一种设备:

——预定仅在室内使用的设备,配有内置(或一体化)天线并且不提供与电缆分配系统的连接;

——永久性连接式设备或 B 型可插式设备,其预定与电缆分配系统连接的电路同时也按照标准中 2.6.1e)与保护地连接;

——A 型可插式设备,其预定与电缆分配系统连接的电路也同时按照标准中2.6.1e)与保护地连接,并且预定由维修人员安装并且安装说明要求设备要连接到带有保护接地连接的插座上;或具有永久性连接的保护接地导体的措施,包括安装此类导体的说明。

通过检查以及必要时通过本指南 11.4.2.1 的电压冲击试验或本指南 11.4.2.2 的脉冲试验来检验其是否合格。

需要注意的是,在本章内容中没有单独要求电气间隙和爬电距离,只是要求满足本指南 11.4.2.1 的电压冲击试验和本指南 11.4.2.2 的脉冲试验。但是,按标准中 2.10.3(或

附录 G)要求确定的一次电路和预定要与电缆分配系统连接的二次电路之间的最小电气间隙,可能无法通过电压冲击试验和脉冲试验。因此,需要增大一次电路和预定要与电缆分配系统连接的二次电路之间的电气间隙,以能通过电压冲击试验和脉冲试验。

### 11.4.2　试验方法

以下介绍的两项试验为标准中 7.4.2 和 7.4.3 的试验内容,在通过这两项试验来检查一次电路和电缆分配系统之间的绝缘时需按 11.4.2.1 或 11.4.2.2 的方法进行。

#### 11.4.2.1　电压冲击试验

在供电电路端子和电源保护接地端子(如果有)连接在一起的点与电缆分配系统的连接点连接在一起(任何接地导体除外)的点之间进行试验。连接在电缆分配系统的连接点和电源保护接地端子之间的所有元器件在试验前断开。如果有通/断开关,应当置于"通"位。

在下述端子之间施加条件脉冲:

——电缆分配系统的连接点连接在一起,任何接地导体除外;和

——供电电路端子和电源保护接地端子(如果有)连接在一起。

使用满足标准中表 N.1 的序号 3 的脉冲试验发生器进行 50 次放电试验。其中 $U_c$ 为 10 kV,最大速率为 12 次/min。

上述条件处理后,进行标准中 5.2.2 相关的抗电强度试验。

#### 11.4.2.2　脉冲试验

在供电电路端子和电源保护接地端子(如果有)连接在一起的点与电缆分配系统的连接点连接在一起(任何接地导体除外)的点之间进行试验。连接在电缆分配系统的连接点和电源保护接地端子之间的所有元器件在试验前断开。如果有通/断开关,应当置于"通"位。

使用满足标准中表 N.1 的序号 1 的脉冲试验发生器施加 10 个极性交替的条件脉冲。连续脉冲之间的时间间隔是 60 s,$U_c$ 为:

——5 kV,对馈电转发器;

——4 kV,对所有其他端子和网络设备。

上述条件处理后,进行标准中 5.2.2 相关的抗电强度试验。

# 第 *12* 章   关键元器件的要求

## 12.1   关键元器件的界定

在电子设备中使用了大量的元器件,某些元器件在设备中对设备的安全性能起着重要的作用,这类元器件一旦失效会导致电击、着火等危险,对这类元器件称为安全关键件。在标准中对影响整机设备安全的元器件提出了要求,并做出了规定。因此,在整机安全设计中除了要考虑元器件本身需要满足的相应要求外,还要考虑这类元器件的正确选用,使之适应设备的安全防护需求,保障产品的安全性。

本章将对电子设备中常见的安全关键件逐一进行介绍。

标准中所涉及的关键元器件举例如下:

- 插头电源线、电线组件、互连电线组件;
- 器具输入插座、器具输出插座、器具插座;
- 电源开关、继电器;
- 保护装置中熔断器、热熔断体、熔断电阻器等;
- 电容器(跨接在一次电路的 X 类电容器、跨接在一次电路与二次电路之间的 Y1 类电容器和跨接在一次电路与地之间的 Y2 类电容器);
- 电阻器;
- 电涌抑制器;
- 变压器;
- 印制线路板;
- 光电耦合器;
- 滤波器;
- 温控装置;
- 电动机;
- 电感器;
- 高压组件;
- 外壳、装饰件。

上述元器件是产品中常见的关键元器件的举例,标准中不只限于以上元器件。

为保证设备的安全,制造商在设计产品时,就应按标准要求评定和选用元器件。

## 12.2   关键元器件评定与试验

标准中对设备使用的关键元器件的要求与评价主要从以下三个层面考虑:

a) 对已满足元器件标准要求的元器件,要检查该元器件是否按其额定值正确应用和使用。该元器件还应作为设备的一个组成部分承受标准中规定的有关试验,但不承受该元器件国家标准、行业标准或 IEC 标准中规定的有关试验(主要涉及安全要求的试验);

b) 对不能提供该元件已符合相关国家标准、行业标准或 IEC 国际标准的元器件,则要检查该元器件是否按其额定值正确应用和使用。该元器件还应当作为设备的一个组成部分承受标准中规定的有关试验,并单独对该元器件进行该元器件标准规定的有关试验(主要涉及安全要求的试验);

c) 对没有对应的国家、行业标准或 IEC 标准的元器件,或元器件在电路中没按它们规定的额定值使用,则该元器件应当按设备中实际存在的条件进行试验。试验所需要的样品数量通常与等效标准所要求的数量相同。

在以下的 12.3~12.16 中,将按分类逐一介绍常见的安全关键件的要求和试验方法。

## 12.3　电线组件、插头、互连电线组件

### 12.3.1　电线组件
#### 12.3.1.1　定义
由带有不可拆线的插头和不可拆线的连接器的软线构成的组件(见图 12-1)。

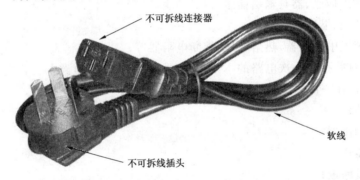

图 12-1　电线组件

#### 12.3.1.2　要求
在设备中使用的电线组件应该符合 GB 15934《电器附件　电线组件和互连电线组件》中的要求,还要满足标准中 3.2.5 的要求。如果能提供该电线组件已符合 GB 15934 要求的相关资料,则按 12.3.1.3 进行试验和检查。如果不能提供相关资料证明电线组件已符合 GB 15934 的要求,则应按 GB 15934 进行全部试验。

#### 12.3.1.3　试验或检查
检查所选用的电线组件(包括电源软线)的额定值与整机产品的额定值是否相适应,所配的线缆的额定值是否满足标准中 3.2.5 的要求,线缆截面积应当满足标准中表 3B 的要求。

a) 如果电源软线是橡胶绝缘的,则所配的电源软线不得轻于 GB/T 5013 规定的通用橡套软电缆(60245 IEC 53);

b) 如果电源软线是聚氯乙烯绝缘的,则所配的电源软线不得轻于 GB/T 5023 规定的轻型聚氯乙烯护套软线(60227 IEC 52)。

### 12.3.2 插头

#### 12.3.2.1 插头电源线

用于与插座的插套插合的,并装有用于软缆进行连接和机械定位的电器附件(见图 12-2、图 12-3、图 12-4)。

**图 12-2 单相不可拆线插头**

**图 12-3 单相可拆线插头**

#### 12.3.2.2 要求

设备中所带的单相或三相插头电源线应分别符合 GB 1002《家用和类似用途单相插头插座 型式、基本参数和尺寸》,GB 1003《家用和类似用途三相插头插座 型式、基本参数和尺寸》的要求、GB 2099.1—2008《家用和类似用途插头插座 第 1 部分:通用要求》的要求,还要满足标准中 3.2.5 的要求。如果能提供单相或三相插头电源线已符合 GB 1002、GB 2099.1 或 GB 1003、GB 2099.1 要求的相关资料,则按 12.3.2.3 进行检查和试验。如果不能提供相关资料证明单相或三相插头电源线已符合 GB 1002、GB 2099.1 或 GB 1003、GB 2099.1 的要求,则应按标准 GB 1002、GB 2099.1 或 GB 1003、GB 2099.1 进行全部试验。

**图 12-4 三相可拆线插头**

#### 12.3.2.3 试验或检查

检查所选用的插头电源线的额定值与整机产品的额定值是否相适应,所配线缆的额定值是否满足标准 3.2.5 的要求,电源软线额定值应满足标准中表 3B 的要求。

a) 如果电源软线是橡胶绝缘的,则所配的电源软线不得轻于 GB/T 5013 规定的通用橡套软电缆(60245 IEC 53)。

b) 如果电源软线是聚氯乙烯绝缘的,则按设备的质量来选用:

1) 对质量不超过 3 kg 使用不可拆卸电源软线的设备,该电源软线不得轻于 GB/T 5023 规定的轻型聚氯乙烯护套软线(60227 IEC 52);

2) 对质量超过 3 kg 使用不可拆卸电源软线的设备,该电源软线不得轻于 GB/T 5023 规定的普通的聚氯乙烯护套软线(60227 IEC 53)。

c) 当使用可拆线插头时,应注意插头与电源软线的匹配性。

### 12.3.3　互连电线组件

#### 12.3.3.1　定义

互连电线组件是由带有不可拆线的插头连接器和不可拆线的连接器的软线构成的组件（见图 12-5）。

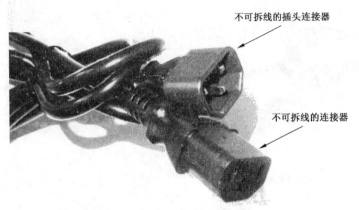

不可拆线的插头连接器

不可拆线的连接器

图 12-5　互连电线组件

#### 12.3.3.2　要求

设备所配置的互连电线组件应该是符合 GB 17465.1《家用和类似用途的器具耦合器 第 1 部分：通用要求》和 GB 17465.2《家用和类似用途的器具耦合器　第 2 部分：家用和类似设备用互连耦合器》要求的产品，并且该组件还要符合标准中 3.2.5 的要求。

如果能提供该互连电线组件已符合 GB 17465.1、GB 17465.2 要求的相关资料，则按 12.3.3.3 进行试验和检查。如果不能提供相关资料证明电线组件已符合 GB 17465.1、GB 17465.2 的要求，则应按 GB 17465.1、GB 17465.2 进行全部试验。

#### 12.3.3.3　试验或检查

同 12.3.1.3。

## 12.4　器具输入插座、器具输出插座、器具插座

器具输入插座：与电网电源连接的装置，安装在器具或设备上，通过与电线组件的连接器端连接给器具或设备提供电源（见图 12-6）。

器具输出插座、器具插座：安装在器具或设备上，通过与互连组件的插头连接器或电线组件的插头端连接给另外的器具或设备提供电源（见图 12-7、图 12-8）。

图 12-6　器具输入插座

图 12-7　器具输出插座

图 12-8　器具插座

### 12.4.1　要求

a）器具输入插座应符合 GB 17465.1 的要求，还要符合标准中 3.2.4 对器具插座的要求。

b）器具输出插座应符合 GB 17465.2 的要求，还要符合在设备中的应用要求，如在插座就近处应有标记，用以说明与该插座连接的最大允许负载，布线后还应满足 GB 4943.1 中的爬电距离和电气间隙的要求。

c）器具插座应符合 GB 1002、GB 2099.1 和 GB 2099.2 的要求。

如果能提供该器具插座已符合 GB 17465.1、GB 17465.2、GB 1002、GB 2099.2 要求的相关资料，则按 12.4.2 进行检查和试验。如果不能提供相关资料证明已符合以上标准要求，则应分别按各自的所属标准进行全部试验。

### 12.4.2　检查或试验

检查器具输入插座在设备中使用时应符合下列要求：

a）其安装固定或密封应当保证在插入或拔出连接器（满足 GB/T 11918 或 GB 17465 要求的器具插座可认为符合本条要求）时不可能触及到带危险电压的零部件；

b）其安装位置应当保证连接器能毫无困难地插入；

c）其安装位置应当保证在插入连接器后，当设备置于平坦表面上处于正常使用的任何位置时，不会依托在该连接器上。

## 12.5　电源开关、继电器

电源开关、继电器：在正常电路条件下，接通、承载与分断电流，或在规定的异常电路条件下（如短路），在规定时间内承载电流的元件。

### 12.5.1　电源开关、继电器的类型

目前在 IT 类产品中常用的开关的类型：船形开关、按扭开关、推推开关等（见图 12-9）。常用的继电器有：电磁继电器、固态继电器、热敏干簧继电器（图 12-10）。

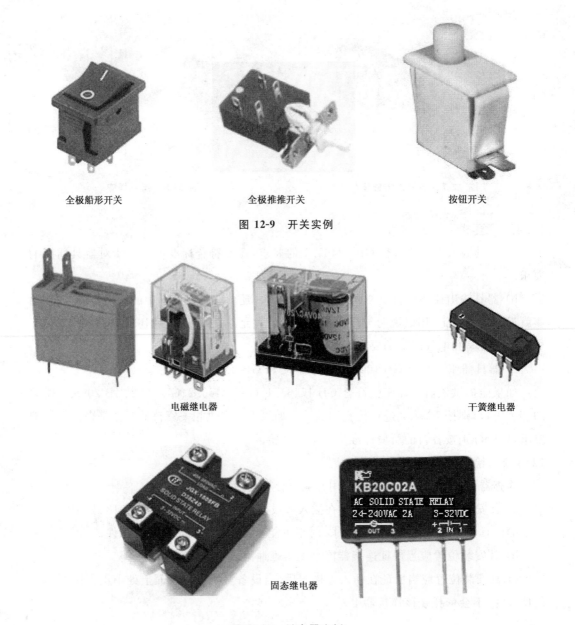

全极船形开关　　　　　　　　全极推推开关　　　　　　　　按钮开关

图 12-9　开关实例

电磁继电器　　　　　　　　　　　　　　　　　　　干簧继电器

固态继电器

图 12-10　继电器实例

## 12.5.2　电源开关、继电器工作原理

开关通过操作者操作使开关中的触点"接通"或"分离"达到导通与分断电流的目的。

电磁式继电器一般由铁心、线圈、衔铁、触点簧片等组成。当在线圈两端加上一定的电压,线圈中就会流过一定的电流,从而产生电磁效应,衔铁就会在电磁力吸引的作用下克服返回弹簧的拉力吸向铁心,从而带动衔铁的动触点与静触点(常开触点)吸合。当线圈断电后,电磁的吸力也随之消失,衔铁就会在弹簧的反作用力返回原来的位置,使动触点与原来的静触点(常闭触点)释放。通过衔铁吸合、释放,从而达到了在电路中的导通、切断的目的。

固态继电器是一种两个接线端为输入端,另两个接线端为输出端的四端器件,中间采用隔离器件(变压器和光电耦合器)实现输入输出的电隔离。

热敏干簧继电器是利用热敏磁性材料检测和控制温度的新型热敏开关。它由感温磁环、恒磁环、干簧管、导热安装片、塑料衬底及其他一些附件组成。热敏干簧继电器不用线圈励磁,而由恒磁环产生的磁力驱动开关动作,达到控制电路导通、切断的目的。

### 12.5.3 开关、继电器的选用

在设备中,根据不同的场合需要选用合适的开关、继电器来断开或接通电流,开关、继电器的额定值应与所需断开的电流相适应。

### 12.5.4 要求

开关应满足 GB 15092.1《器具开关 第 1 部分:通用要求》和标准中 1.7.8.3、2.8.7(若适用)和 3.4.8 的要求。

a) 如果不能提供开关、继电器已符合 GB 15092.1 的相关资料,则应该按照 GB 15092.1 的相关条款(主要涉及安全要求)和标准的相关条款进行试验。

1) 按 GB 15092.1 进行试验,涉及的试验项目有:第 8 章:标志与文件;第 9 章:防触电保护;第 10 章:接地装置;第 11 章:端子与端头;第 12 章:结构;第 13 章:机构;第 14 章:防固体异物、防水和防潮;第 15 章:绝缘电阻和介电强度;第 16 章:发热;第 17 章:耐久性;第 18 章:机械强度;第 19 章:螺钉、载流件和连接件;第 20 章:电气间隙、爬电距离、固体绝缘和印制板部件的涂敷层;第 21 章:耐热性与阻燃性;第 22 章:防锈;第 23 章:电子开关的不正常工作和故障条件。

2) 检查开关的通断标志,标志应满足标准中的 1.7.8.3 的要求。开关的通位用"|"表示,断位用"○";等待状态用"⏻"表示,推推式开关符号使用"⭘"。

3) 用作断接装置的开关、继电器接点间的间隙应符合标准中的 3.4.2 的要求,爬电距离应满足标准中的 2.10.4 的要求(由于标准中针对在海拔 2 000 m 以上使用的产品增加了要求)。

4) 一般用途的开关、继电器其电气间隙、爬电距离应满足标准中的 2.10.3 和 2.10.4 的要求。

5) 安全联锁系统中的开关和继电器应该进行标准中的 2.8.7 规定的试验。

对于开关:

——按 GB 15092.1 中 7.1.4.4 进行 10 000 次工作循环来评价是否符合 GB 15092.1 的要求;或

——检查接点间隙:接点间隙位于一次电路中,则接点间隙应当不小于断开装置的接点间隙(≥3 mm)。如果接点间隙位于除一次电路以外的电路中,则接点间隙不得小于标准中 2.10.3 规定的二次电路中基本绝缘所要求的最小间隙值,并且通过耐久性(标准中 2.8.7.3)和抗电强度试验(标准中 2.8.7.4);

——进行过载试验(标准中 2.8.7.2)、耐久性试验(标准中 2.8.7.3)和抗电强度试验(标准中 2.8.7.4)。

对于继电器:

——检查接点间隙(标准中 2.8.7.1)的要求,并且耐久性试验(标准中 2.8.7.3)

和抗电强度试验(标准中 2.8.7.4);或

——进行过载试验(标准中 2.8.7.2)、耐久性试验(标准中 2.8.7.3)和抗电强度试验(标准中 2.8.7.4)。

b) 对能够提供相关资料证明开关、继电器已符合 GB 15092.1 的要求,则开关、继电器不必再按照 GB 15092.1 进行试验,但要核查该开关、继电器的试验报告,如果报告中的试验条件不满足标准中的要求,则应补做相关的试验。

1) 检查开关的通断标志。开关标志应满足标准中 1.7.8.3 的要求。开关的通位用"|"表示,断位用"○";等待状态用"⏻"表示 ,推推式开关使用符号"①"。

2) 检查开关、继电器的电气间隙,爬电距离。其电气间隙,爬电距离应满足标准中 2.10.3 和 2.10.4 的要求(由于标准中针对在海拔 2 000 m 以上使用的产品增加了要求)。

3) 安全联锁系统中的开关和继电器应进行标准中 2.8.7 规定的试验。

c) 试验用主要设备:开关寿命台、开关负荷箱、高温箱、灼热丝试验装置、游标卡尺、球压试验装置。

## 12.6　桥接绝缘的电容器

连接在一次电路中两根相线之间的或连接在一根相线和中线之间或连接在一次电路和保护地之间、桥接设备中其他地方的双重绝缘或加强绝缘的电容器。这电容器的选用是否合理直接影响设备的安全性。

### 12.6.1　电容器类别

#### 12.6.1.1　X 类电容器

X 类电容器按迭加到电源电压上的峰值脉冲电压可分为 3 个小类,见表 12-1。

表 12-1　X 类电容分类

| 小类 | 使用时的脉冲峰值脉冲电压 kV | 绝缘类型 | 应用 | 耐久性试验前施加的峰值脉冲电压 $U_P$ kV |
|---|---|---|---|---|
| X1 | >2.5～≤4.0 | Ⅲ | 高脉冲 | $C_R \leqslant 1.0\ \mu F, U_P = 4$ $C_R > 1.0\ \mu F, U_P = \dfrac{4}{\sqrt{\dfrac{C_R}{10^{-6} F}}}$ |
| X2 | ≤2.5 | Ⅱ | 一般用途 | $C_R \leqslant 1.0\ \mu F, U_P = 4$ $C_R > 1.0\ \mu F, U_P = \dfrac{2.5}{\sqrt{\dfrac{C_R}{10^{-6} F}}}$ |
| X3 | ≤1.2 | Ⅰ | 一般用途 | — |

#### 12.6.1.2　Y 类电容器

Y 类电容器按跨接绝缘类型可分为 4 个小类,见表 12-2。

表 12-2 Y 类电容分类

| 小类 | 跨接的绝缘类型 | 额定电压/V | 耐久性试验前施加的峰值脉冲电压 $U_p$ kV |
|------|--------------|-----------|-----------------------------------|
| Y1 | 加强绝缘 | 250 (≤500)* | 8.0 |
| Y2 | 基本绝缘或附加绝缘 | ≥150～≤250 (≥150～≤300)* | 5.0 |
| Y3 | 基本绝缘或附加绝缘 | ≥150～≤250 (≥150≤250)* | — |
| Y4 | 基本绝缘或附加绝缘 | <150 (<150)* | 2.5 |

\* IEC 60384-14 第 3 版(2005-07)。

### 12.6.2 电容器应用场合及合理选用

#### 12.6.2.1 电容器应用场合

通常在实际应用中,一次电路中两根相线之间的或连接在一根相线和中线之间跨接 X2 类电容器,一次电路与保护地之间接跨接 Y2 类电容器,初级与次级之间跨接 Y1 类电容器接,也可用两个额定值相同的 Y2 电容器相串联接在一次电路与二次电路之间(见图 12-11 和图 12-12)。

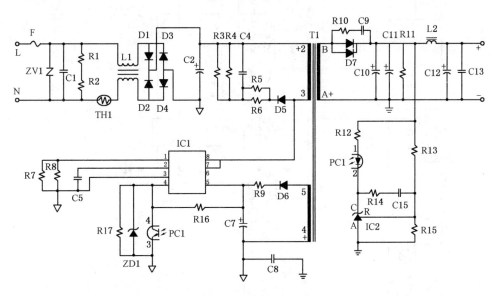

图 12-11 实例电路图(Ⅱ类设备)

图 12-11 是一个Ⅱ类设备的电路图,图中的 C1 电容器为 X2 类电容器,C8 为 Y1 类电容器,是桥接设备中双重绝缘或加强绝缘的电容器,在 C8 位置也可以用两个额定值相同的 Y2 类电容器串联使用,其作用相同。其中 X 电容接在输入线两端用来消除串模干扰,Y1 电容器用作电路耦合,在安全性方面起隔离作用。

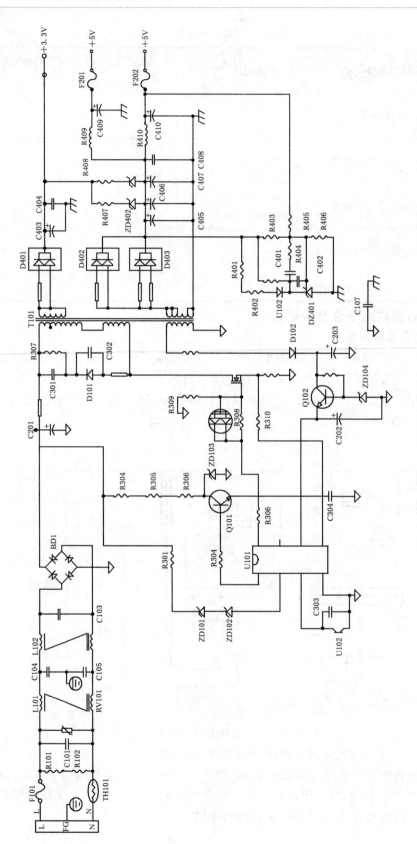

图 12-12 实例电路图（Ⅰ类设备）

图 12-12 是一个 I 类设备的电路图,图中的 C101 电容器跨接在相线 L 与中线 N 之间,可用 X2 类电容器、C104、C105 连接在初级与地之间,可用 Y2 类电容器、C107 连接在初级与次极之间,只能用 Y1 或用 2 个额定值相同的 Y2 电容器串联。

#### 12.6.2.2   电容器的选用

在设备中合理选用 X 或 Y 类电容器是非常重要的,该元件选用不当会影响安全与电磁兼容性。在实际应用中选取电容器时要考虑供电电压、过电压类别、电网电源瞬态电压、被桥接的绝缘(F:功能绝缘、B:基本绝缘、S:附加绝缘、D:双重绝缘、R:加强绝缘)来决定所选取的电容器类别或小类和电容器的个数(见标准中的表 1D)。X 类或 Y 类电容器的选取应按以下原则选取:

a) 在设备中所选用电容器的额定值应当至少等于按标准中 2.10.2.2 确定的跨在被桥接绝缘上的有效值工作电压。

b) 桥接功能绝缘、基本绝缘或附加绝缘的单个电容器,其峰值试验电压应当至少等于要求的耐压。

c) 桥接双重绝缘或加强绝缘的单个电容器,其峰值试验电压应当至少等于要求的耐压的 2 倍。

d) 允许在使用较低电容等级的场合使用比规定等级更高的电容器,如:

——规定使用 Y2 类,则允许使用 Y1 类;

——规定使用 Y4 类,则允许使用 Y1 类或 Y2 类;

——规定使用 X1 类,则允许使用 Y1 类或 Y2 类;

——规定使用 X2 类,则允许使用 X1 类,Y1 类或 Y2 类。

在我国 Y4 类电容器不能用于一次电路与二次电路的桥接,该电容器的电压额定值小于被桥接绝缘上的有效工作电压。

e) 允许使用如下的两个或更多的电容器串联代替规定的单个电容器,但串联电容器具的标称电容量值要相同;每一个电容器的额定值都是其跨接的整体绝缘的有效值工作电压:

——规定使用 Y1 类,则允许使用 Y1 类或 Y2 类;

——规定使用 Y2 类,则允许使用 Y2 类或 Y4 类;

——规定使用 X1 类,则允许使用 X1 类或 X2 类。

f) 接到 IT 配电系统中的设备,可使用标定有相应的相线—中线电压值的电容器,也可使用符合 GB/T 14472 中 Y1 类,Y2 类或 Y4 类电容器,但要核查符合 GB/T 14472 的这些电容器在进行耐久性试验时的试验条件是否为电容器额定电压 170%。

#### 12.6.3   试验标准与要求

#### 12.6.3.1   试验标准

GB/T 14472《电子设备用固定电容器   第 14 部分:分规范 抑制电源电磁干扰用固定电容器》以及标准中的 1.5.2.3、2.1.1.7、2.10.2.2、2.4 和 5.1。

#### 12.6.3.2   电容器的试验

a) 如果不能提供相关资料证明所使用的电容器已满足 GB/T 14472 中相关条款的试验(主要涉及安全要求)时,则设备中的电容器除了要满足标准中的 2.1.1.7 电容器放电、2.4 限流电路(适用时)、2.10 爬电距离和电气间隙、5.1 接触电流和保护导体电流的要求外,还应按 GB/T 14472 表 2 进行外观检查,包括电容量、电阻值(若适用)、耐电压、绝缘电阻、爬电距离和电气间隙、引出端强度、耐焊接热、标志耐溶剂、恒定湿热(21d)、脉冲电压、耐久性、阻燃性、自燃性试验。其中的阻燃性按 GB/T 2693 中 4.38 的规定来检验(见表 12-3),对于自燃性试验 Y1 类电容器不进行。

　　b) 对能够提供相关资料证明设备中所用电容器已满足 GB/T 14472 的要求时,则该电容器在设备中还应满足标准中的 2.1.1.7 电容器放电要求、2.4 限流电路(适用时,即可触及导电零部件或电路与其他零部件是通过双重绝缘或加强绝缘来隔离的,而这些绝缘上又桥接有电容器或电容器组,则这些可触及零部件或电路应当符合限流电路的要求)、2.10 爬电距离和电气间隙及 5.1 接触电流和保护导体电流的要求。

　　c) 对于接到 IT 配电系统中的设备,相线—中线中所接的 Y1 类,Y2 类或 Y4 类电容器,要核查这些电容器在进行耐久性试验时,是否在电容器额定电压 170% 下进行的。

　　d) 通常按 GB/T 14472 进行阻燃性试验时,如果电容器制造商未对阻燃严酷度提要求,试验是按严酷度 C 进行试验的,当标准中阻燃要求高于电容器单独试验时的要求时,应按标准的要求进行试验。

表 12-3　严酷度等级和要求

| 有焰燃烧等级 | 严酷等级 | | | | 最大燃烧时间/s |
| --- | --- | --- | --- | --- | --- |
| | 针对电容器体积范围(mm³)施加火焰时间/s | | | | |
| | 体积≤250 | 250<体积 ≤500 | 500<体积 ≤1 750 | 体积>1 750 | |
| A | 15 | 30 | 60 | 120 | 3 |
| B | 10 | 20 | 30 | 60 | 10 |
| C | 5 | 10 | 20 | 30 | 30 |

### 12.6.4　试验用主要设备

　　主要设备包括:电容量测试仪、耐压试验仪、绝缘电阻测验仪、脉冲耐压试验仪、自燃试验设备、针焰试验仪、数字化存储示波器。

## 12.7　桥接绝缘的电阻器

　　电阻器属于一种线性元件,被广泛的应用在电子产品中。电阻器除了具有稳定电压、降低电压、分配电压、分配电流和限制电流作用外,还具有去耦、滤波、隔离、阻尼、取样、负载、阻抗匹配及调节信号幅度、调节时间常数、抑制寄生振荡等功能。

　　在标准的 1.5.7 中主要阐述了桥接绝缘的电阻器,即跨接在功能绝缘、基本绝缘或附加绝缘、桥接在交流电网电源和其他电路之间的双重绝缘或加强绝缘上的电阻器。标准中对跨接在不同绝缘上的电阻器有不同的要求,而在 GB 4943—2001 中仅对跨接双重绝缘或加强绝缘上的电阻器提出了要求。

### 12.7.1　桥接在功能绝缘、基本绝缘或附加绝缘上的电阻器

#### 12.7.1.1　桥接在功能绝缘上的电阻器

　　通常该电阻器跨接在电源相线与中线之间与 X2 类电容器并联(见图 12-13),在电路

中,其作用是当正弦波在最大峰值时刻被切断时,C2 中的残存电荷通过 R2 将电荷泄放,使维修人员、使用者在接触电源插头时不会触电,从而保证人、机安全。泄放电阻的阻值与电容的大小有关,一般电容的容量越大,残存的电荷就越多,泄放电阻就阻值就要选小些。

**12.7.1.2　桥接在基本绝缘或附加绝缘上的电阻器**

为了保护感性负载电路中的开关触点,消除开关触点断开的"飞弧"现象,避免由此产生的严重电磁干扰,通常在开关触点两端设置保护网络。RC 网络是常用的一种(见图 12-13),当开关 K 断开时,瞬态电流经电容器 C1 形成感性负载释放储能的回路,降低了开关 K 触点间的电压,防止了发生"飞弧"。瞬态过程结束后,电容器 C1 被充电到供电电压。当开关 K 再一次闭合时,电容器 C1 上存储的能量要通过开关 K 闭合的触点放电,放电电流的大小与触点间的接触电阻和接线等参数有关。如电容器 C1 的容量越大,供电电压越高,电容器 C1 所存储的能量就越多,放电电流也就越大,对开关触点的损坏便会加重,因此,在该电容器 C1 上并联电阻器 R1,减小对开关触点的损坏。

**12.7.2　桥接绝缘的电阻器**

桥接在交流电网电源和其他电路之间的双重绝缘或加强绝缘上的电阻器称为桥接绝缘的电阻器,该电阻器通常接在一次电路与二次之间(见图 12-13),使电阻器在一次电路与二次之间存在电压降,避免两级电路间直接短路,在电路中起到隔离作用。在电路中的 a、b 之间可以用一个电阻器或两个或更多电阻器串联的电阻器组来桥接。

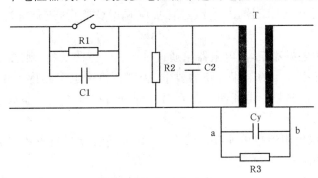

图 12-13　电阻器的运用

**12.7.3　要求与试验方法**

**12.7.3.1　电阻器、电阻器组要求**

标准中 1.5.7.2、2.4、2.10.3、2.10.4 对不同用途的电阻器提出如下要求:

a) 对桥接在功能绝缘、基本绝缘或附加绝缘上的电阻器应满足标准中 2.10.3(或附录 G)和 2.10.4 爬电距离和电气间隙要求。某些情况下,应符合限流电路的要求。

b) 对桥接在交流电网电源和其他电路之间的双重绝缘或加强绝缘上的电阻器或电阻器组:

——应满足标准中的 2.10.3 或附录 G 对应加强绝缘的最小电气间隙和 2.10.4 的最小爬电距离的要求;

——通过双重绝缘或加强绝缘来隔离的可触及导电零部件或电路与其他零部件间,桥接有电阻器或电阻器组,则这些可触及零部件或电路应当符合标准中 2.4 的限流电路的要求。

c) 桥接在交流电网电源和与天线或同轴电缆相连的电路之间的双重绝缘或加强绝缘上的电阻器：

——应满足标准中的 2.10.3 或附录 G 对应加强绝缘的最小电气间隙和 2.10.4 的最小爬电距离的要求；

——通过双重绝缘或加强绝缘来隔离的可触及导电零部件或电路与其他零部件间，桥接有电阻器或电阻器组，则这些可触及零部件或电路应当符合标准中 2.4 的限流电路的要求。

**12.7.3.2　电阻器、电阻器组试验**

a) 对桥接在功能绝缘、基本绝缘或附加绝缘上的电阻器，按标准中的 2.10.3 或附录 G 和 2.10.4 的相关要求检查爬电距离和电气间隙，测量限流电路中的电流值。

b) 对桥接在交流电网电源和其他电路之间的双重绝缘或加强绝缘上的电阻器或电阻器组：

1) 确定跨接绝缘的工作电压。

2) 检查爬电距离、电气间隙：

——单个电阻器：直接按标准检查爬电距离、电气间隙；

——电阻器组：当单个电阻器已通过湿热和脉冲试验，按标准检查爬电距离电气间隙，否则应当在假设每个电阻器依次被短路的情况下评价电气间隙和爬电距离。

3) 检查可触及零部件或电路中的限流电路：

——如果使用单个电阻器，对绝缘进行抗电强度试验后，进行标准中 2.4.2 的电流测量；

——如果使用电阻器组，而电阻器组通过过湿热和脉冲试验，则这些可触及零部件或电路应当满足标准中 2.4 的限流电路的要求，否则在每个电阻器依次短路的情况下进行标准中 2.4.2 的电流测量。电流测量是在对绝缘进行抗电强度试验后，桥接电阻器或电阻器组保持在位时进行的。

4) 对电阻器或电阻器组单独进行试验，在 10 个样品上进行下述的电阻器试验：

——初测电阻值；

——进行温度为 40 ℃±2 ℃、相对湿度为 93%±3%、试验周期为 21 天的湿热试验；

——脉冲试验：使用标准中表 N.1 序号 2 的脉冲试验发生器产生的交替极性的 10 个脉冲，连续脉冲之间的间隔为 60 s，$U_c$ 等于适用的要求的耐压值；

——最终测量电阻值，变化量不得超过 10%。

c) 桥接在交流电网电源和与天线或同轴电缆相连的电路之间的双重绝缘或加强绝缘上的电阻器：

1) 试验同 12.7.3.2b)1)、2)、3)。

2) 对电阻器或电阻器组单独进行试验，在 10 个样品上进行下述的电阻器试验：

——初测电阻值；

——进行温度为 40 ℃±2 ℃、相对湿度为 93%±3%、试验周期为 21 天的湿热试验；

——脉冲试验：

● 对电路与天线连接时，使用标准中表 N.1 序号 3 的脉冲试验发生器产生的交替极性的 10 个脉冲；

● 电路与同轴电缆连接时,使用标准中表 N.1 序号 1 规定的脉冲试验发生器产生的交替极性的 10 个脉冲,连续脉冲之间的间隔为 60 s,$U_c$ 等于适用的要求的耐压值;

——最终测量电阻值,变化量不得超过 20%。

d) 如果电阻器或电阻器组连接在一次电路和电缆分配系统之间,也要按第 11 章(标准中 7.4)进行试验。

### 12.7.4 试验用主要设备

a) 数字多用表,测试电阻值用;

b) 湿热试验箱,能保证达到温度为 40 ℃±2 ℃,湿度为 90%～95% 要求的试验箱;

c) 浪涌试验仪,应具备自动记数功能,保证放电速率为 12 次/min,电压能达到 10 kV 以上;

d) 交流电源;

e) 电流表,电压表,滑线电阻器;

f) 游标卡尺。

## 12.8 电涌抑制器

电涌抑制器是电子设备雷电防护中不可缺少的一种装置,通常用于限制电子、电气设备瞬时过电压和泄放浪涌电流,常称为"避雷器"或"过电压保护器"。电涌抑制器的作用是把窜入电力线、信号传输线的瞬时过电压限制在设备或系统所能承受的电压范围内,或将强大的雷电流泄流入地,保护被保护的设备或系统不受冲击而损坏。

### 12.8.1 电涌抑制分类

#### 12.8.1.1 通信应用中的浪涌抑制器

当信号线受雷电感应过电压和过电流时,浪涌抑制器将雷电能量或其干扰信号释放入地,并把由雷电引起的过电压限制在用电设备允许承受的耐压范围以内,以确保电气设备的安全运行。

#### 12.8.1.2 气体放电管

当线路有瞬时过电压窜入,电压增大到超过气体的绝缘强度时,两极间的间隙将放电击穿,由原来的绝缘状态转化为导电状态(几乎是短路状态),放电管将大电流通过线路接地或回路泄放,也将电压限制在低电位,从而保护了线路及设备。当过电压浪涌消失后,又迅速的恢复到高阻状态,保证线路的正常工作。

#### 12.8.1.3 雪崩击穿二极管

雪崩二极管是利用 PN 结在高反向电压下产生的雪崩效应的特性制成的负阻半导体器件。当反向电压增大到一定数值时,反向电流突然增加,出现反向击穿。当 PN 结反向电压增加到一定数值时,载流子倍增。

#### 12.8.1.4 金属氧化物变阻器(压敏电阻器)

金属氧化物变阻器(MOV 或浪涌抑制)是将过高电压转换成地电位和/或中间值的分立元件。

压敏电阻是一种限压型保护器件。压敏电阻为非线性特性元件,利用其特性,当过电压出现在压敏电阻的两极间,压敏电阻可以将电压钳位到一个相对固定的电压值,从而实现对后级电路的保护。压敏电阻的主要参数有：压敏电压、通流容量、结电容、响应时间等。

### 12.8.2　要求

a) 在二次电路中，允许使用任何类型的电涌抑制器，包括压敏电阻器（VDR）（标准中1.5.9.1）。

b) 在一次电路中，电涌抑制器应当是 VDR（Voltage Dependent Resistor）（VDR 有时是指压敏电阻器或金属氧化物压敏电阻器（MOV））并且应当符合标准中附录 Q 的要求（在标准的含义内：气体放电管、碳块之类的装置和具有非线性电压/电流特性的半导体器件不认为是 VDR）。

c) 在整机设备中，为了防护：大于最高持续电压的暂态过电压、由于 VDR 内部泄漏电流引起的热过载及短路故障时 VDR 的燃烧和爆裂，在电路中应当与 VDR 串联连接一个具有适当分断能力的中断装置（这个要求不适用于在限流电路中的 VDR）。

### 12.8.3　压敏电阻器（VDR）在设备中的应用

a) 可用于桥接功能绝缘；

b) 当 VDR 的一侧按标准中 2.6.1a)接地时，可用于桥接基本绝缘。具有这种 VDR 桥接基本绝缘的设备应当是下述之一：

——B 型可插式设备；

——永久性连接式设备；

——具有永久性连接的保护接地导体装置的设备，并且提供了安装该导体的说明。

压敏电阻器应用如图 12-14。

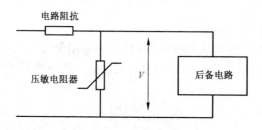

**图 12-14　压敏电阻器应用**

### 12.8.4　要求及试验方法

标准中要求 VDR 应满足 GB/T 10194《电子设备用压敏电阻器　第 2 部分：分规范浪涌抑制型压敏电阻器》方法，以及标准中的 1.5.9.1 和附录 Q 的相关要求。

对于用于一次电路中的压敏电阻器，按 GB/T 10194 和标准中 1.5.9.1 的要求进行试验。详述如下：

a) 对能够提供相关资料证明设备中所用压敏电阻器已满足 GB/T 10194 标准的要求时，则该压敏电阻器在设备中还应满足标准中附录 Q 的要求，并检查该元件在整机中的应用是否符合标准要求（如桥接绝缘情况，标准中 1.5.9.3,1.5.9.4,1.5.9.5)，如果提供的资料中的试验条件满足下述要求，则不需要单独提供样品进行试验。

1) 优先的气候类别（见 GB/T 10194 的 2.1.1）

——下限类别温度：－10 ℃；

——上限类别温度：+85 ℃；

——湿热持续时间，稳态试验：21 天。

2) 最大连续电压（见 GB/T 10194 的 2.1.2）

最大连续交流电压从优先电压表中选取，并至少应当是下列值的 120%：

——设备的额定电压；

——设备额定电压范围的上限电压。

3) 脉冲电流（GB/T 10194 的表 I 中组别 1）

使用交替极性的 6 kV/3 kA 的组合脉冲，电压波形为 1.2/50 μs，电流波形为 8/20 μs。

除了 GB/T 10194 的表 I 中组别 1 的性能要求外，试验后，当用制造厂商规定的电流测量时，箝位电压的变化不得超过 10%。

b) 对不能够提供相关资料证明设备中所用压敏电阻器已满足 GB/T 10194 的要求时，压敏电阻器除应满足标准中规定的要求外（标准中 1.5.9.3,1.5.9.4,1.5.9.5），还应提供单独的样品，按 GB/T 10194 进行试验，但在试验中某些条件按本指南 12.8.4a)（标准中附录 Q）选取。

## 12.9 控温装置

一种在温度改变时，通过接通（或断开）回路，控制制冷（或加热）单元工作的装置。

### 12.9.1 分类

控温装置大致可分为：热电阻型、金属热电阻、半导体热电阻、PTC、NTC、CTR、热电偶型。

### 12.9.2 要求

控温装置应具有足够的通断能力，在正常工作或异常工作条件下应能可靠的工作，并能满足规定的要求。

### 12.9.3 试验

对不同的控温装置，按适用的情况选取不同的试验。试验在 3 个样品上进行。

如果该组件标有 T（温度值）标志，则其中一个样品应当在室温下与开关部件一起进行试验，而另外两个样品应当按标志规定的温度与开关部件一起进行试验。

未标明各额定值的组件或在设备中进行试验，或者单独进行试验，按其中较为方便的一种方法来进行。但如果单独进行试验，则试验条件应当与在设备中所存在的条件相类似。

a) 恒温器和限温器应当具有足够的通断能力。

1) 恒温器进行可靠性试验（标准中附录 K 第 K.2 章）和耐久性试验（标准中附录 K 第 K.3 章）。

——可靠性试验：设备在额定电压的 110% 或额定电压范围的上限电压的 110% 的电压下，并在正常负载条件下工作，使恒温器受热来完成 200 次循环动作（200 次闭合和 200 次断开）；

——耐久性试验：设备在额定电压或额定电压范围的上限电压下，并在正常负载条件下工作，使恒温器受热来完成 10 000 次循环动作（10 000 次闭合和 10 000 次断开）。

2) 限温器耐久性试验（标准中附录 K 第 K.4 章）：设备在额定电压下，或额定电压范围的上限电压下,并在正常负载条件下工作,使限温器受热来完成 1 000 次循环动作 (1 000 次闭合和 1 000 次断开)。

在上述试验的试验期间,不得出现持续飞弧。试验后,样品不得出现影响其继续使用的损坏。电气连接不得出现松动。试验后,对该该组要进行抗电强度试验,带电件与可触及部件之间,施加 3 000 V(a.c.),1 min,但是对接点之间的绝缘,其试验电压应当等于设备在额定电压下或额定电压范围的上限电压下工作时该绝缘所承受到的电压值的两倍。

b) 热断路器进行可靠性试验(标准中附录 K 第 K.5 章)。

1) 设备在正常负载条件下工作直至温度稳定期间,热断路器不应动作(标准中 4.5.2)。

2) 自动复位的热断路器,使其动作 200 次;对手动复位的热断路器,在每次动作后将其复位,按此操作方式使其动作 10 次(在试验时,为防止设备损坏,可以使设备强制冷却和定时停歇)。试验后,样品不得出现影响其继续使用的损坏。

c) 对供无人值守使用的装有恒温器、限温器或热断路器的设备,或接有不用熔断器或类似装置保护的、与接点并联的电容器的设备:

1) 在整机设备中检查恒温器、限温器或热断路器的工作稳定性;

2) 恒温器、限温器或热断路器的结构应不会因在使用时出现发热、振动而使它们的设定值发生明显的改变;

3) 在设备异常工作试验期间,恒温器、限温器或热断路器应满意地动作。

# 12.10 印制板

以绝缘板为基材,切成一定尺寸,其上至少附有一个导电图形,并布有孔(如元件孔、紧固孔、金属化孔等),用来代替以往装置电子元器件的底盘,并实现元器件之间的相互连接,这种布线板称印制线路板,简称印制板。

## 12.10.1 分类

a) 单面板(印制导线只出现在其中一面)。

b) 双面板(两面都有印制导线,通过导孔连接上下两电路)。

c) 多层板(更多单或双面的印制线路板压合)。

## 12.10.2 要求与试验

标准中 2.9.1 规定吸湿性材料不得作为绝缘来使用,因此印制板不得使用吸湿性材料来制造,具体要求见本指南 3.9.1 的规定。

印制板上的爬电距离要求与印制板的材料组别有关,因此测量的爬电距离在某一材料类别下不满足要求时,应考虑印制板的更高一级的材料来判定,因此要对印制板进行材料组别的相比电痕化指数试验。

材料组别和相比电痕化指数的对应关系见本指南 3.11.5。

如果能提供相关资料表明印制线路板符合相关要求,则不需单独对印制线路板进行可燃性试验;如果不能提供印制线路板符合要求的相关资料,则印制线路板应当进行可燃性试验(见本指南中第 5 章)。

### 12.10.2.1 印制板的结构

印制板的结构的相关内容见本指南 3.11.7.7。

### 12.10.2.2 涂覆印制板和涂覆元器件的试验

#### 12.10.2.2.1 样品制备和预备试验

取三块印制板样品(或者对本指南 3.11.7.8 的涂覆元器件而言,取两个组件和一块印制板),样品上分别编上 1、2、3。样品可以是实际的印制板,也可以是专门制作的,有代表性涂层和最小间隔的样品板。每一个样品板应能代表实际使用的最小间隔距离和涂层。每一个样品都要承受通常在设备组装过程中要承受的全部制造工序,包括在设备组装过程中要进行的焊接和清洗工序。

样品的要求是印制板上的涂层不得有针孔或气泡,在拐角处不能有导电通路裸露的痕迹。

#### 12.10.2.2.2 热处理

使用 1 号样品进行 12.10.2.2.5 的热循环顺序。

使用 2 号样品放在鼓风烘箱内进行老化,老化所需的温度和时间可以通过图 12-15 中对应涂覆印制板最高工作温度所对应的温度指数线来选定。烘箱的温度应当保持在规定温度±2 ℃范围以内,用来确定温度指数线的温度为印制板上与安全有关的部位的最高温度值。

在使用图 12-15 时,可以在相邻的温度指数线之间使用内插法。

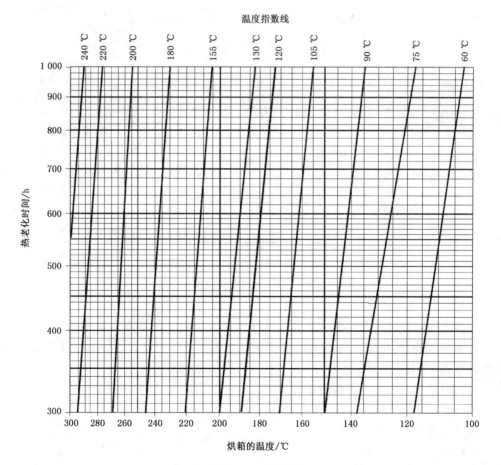

图 12-15 热老化时间

175

### 12.10.2.2.3　抗电强度试验

热处理后,对 1 号样品和 2 号样品承受本指南 3.9.1 规定的湿热处理,且印制导线之间承受本指南 3.13 有关的抗电强度试验。

### 12.10.2.2.4　耐划痕试验

使用 3 号印制板样品承受下列试验:

进行划痕试验时,划痕应当通过五对导电部分,包括其中间间隔,中间间隔应当是试验时承受电位梯度最大的部位。

进行划痕试验时,使用淬硬的钢针来进行划痕,钢针的端部应当是呈锥形,顶角为 40 ℃,其尖端应当倒圆抛光,倒圆半径为 0.25 mm±0.02 mm。

进行划痕试验时,应当如图 12-16 所示,在垂直于导体边缘的平面内,以(20 mm±5 mm)/s 的速度进行划痕。对钢针应当加上适当的负载,以使该钢针沿其轴线方向能施加 10 N±0.5 N 的作用力,各道划痕间隔至少应当为 5 mm,而且与样品的边缘也至少应当相距 5 mm。

试验后,涂层不得松脱,也不得被刺透,并且在导线之间应当能承受标准中 5.2.2 规定的抗电强度试验。在金属芯印制板中,衬底应当为其中一导线。

钢针处在与被试样品垂直的 ABCD 平面内。

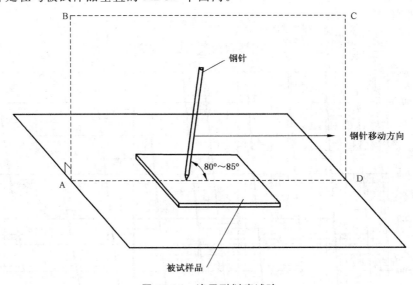

**图 12-16　涂层耐划痕试验**

### 12.10.2.2.5　热循环试验

元器件或组件的一个样品承受如下顺序的试验。对于绝缘有安全要求的变压器,磁耦合器和类似装置,在进行热循环处理时,绕组之间以及绕组与其他导电零部件之间应当施加频率为 50 Hz～60 Hz,电压为 500 V 有效值的试验电压。

样品要承受下列顺序的温度循环 10 次:

| | |
|---|---|
| $T_1$±2 ℃ | 68 h; |
| 25 ℃±2 ℃ | 1 h; |
| 0 ℃±2 ℃ | 2 h; |
| 25 ℃±2 ℃ | 不少于 1 h。 |

其中：$T_1 = T_2 + T_{ma} - T_{amb} + 10K$，按标准中 1.4.5 和标准中 1.4.13 有关方法测得的温度或 85 ℃，选其较高者。但是如果温度是通过内置热电偶或电阻法测得的，则不加 10K 的余量；

$T_2$ 为标准中 4.5.2 的试验期间测得的部件温度；

$T_{ma}$ 和 $T_{amb}$ 符号的定义在标准中 1.4.12.1 中给出。

从一个温度值过渡到另一个温度值所需的一段时间未作规定，允许温度的过渡是渐变的。

在处理期间不得有绝缘击穿的迹象。

### 12.10.2.3　相比电痕化指数试验

#### 12.10.2.3.1　要求

标准中 2.10.4.2 规定，材料组别可通过按照 GB/T 4207 使用溶液 A 对材料进行 50 滴的试验而获得的试验数据来评价。

如果需要材料的 CTI 为 175 或更高，且得不到所需材料的数据，则可按 GB/T 4207 所述的耐电痕化指数(PTI)试验来确定材料的组别。如果这些试验确定的 PTI 等于或大于某一材料组别所对应 CTI 的下限值，则该材料即可划分到这一组别中。

#### 12.10.2.3.2　试验

a) 样品。试验样品尺寸最好为 15 mm×15 mm 的平整表面，样品厚度应大于或等于 3 mm，对厚度小于 3 mm 的样品可以把两块或多块叠加起来做试验。

b) 电极。电极为 5 mm×2 mm 矩形截面积的两个铂金电极，电极一端边缘切成 30°角，电极间成 60°角，电极间距为 4.0 mm，具体要求见 GB/T 4207—2003 中图 1、图 2。

c) 溶液。质量分数(0.1±0.002)% 的氯化铵用蒸馏水或去离子水稀释，其溶液在 23 ℃±1 ℃ 时的电阻率为 395 Ω·cm±5 Ω·cm。

d) 试验程序。调节电压到一个预先选择好的值进行 50 滴 A 溶液，试验样品不发生破坏。建议使用 5 个样品进行该试验。

### 12.10.2.4　阻燃性试验

印制线路板的阻燃性试验应符合第 13 章规定的相应要求的试验。

# 12.11　互连电缆

作为设备部件提供的互连电缆，不论其是可拆卸的还是不可拆卸的，截面积应与其预定要承受的电流相适应，导体的绝缘应与其使用的场合相适应。

对单独提供的互连电缆(例如打印机电缆)，允许根据制造厂商的选择适用本条款的要求。

允许把设备外壳内的电缆或那些电缆部件认为是互连电缆或者是内部布线。

对于互连电缆的进一步要求与试验见本指南 8.2.1。

# 12.12　光电耦合器

光电耦合器是一种将发光二极管和光敏三极管组装在一起，将电子信号转换成为光学信号,然后又回复电子信号的半导体器件,它采用光信号来传递信息。光电耦合器具有可单向传递信息、通频带宽、寄生反馈小、消噪能力强、抗电磁干扰性能好、无触点且输入与输出在电气上完全隔离等特点。

光电耦合器可用于各种电器设备的隔离耦合电路、开关电路等电路中,一般桥接在初级和次级电路之间,起加强绝缘隔离的作用。

### 12.12.1 常见的光电耦合器结构与应用

#### 12.12.1.1 结构要求

常见的光电耦合器结构见图 12-17。

光电耦合器内部和外部的电气间隙和爬电距离及绝缘穿透距离应当符合标准中 2.10 的规定。

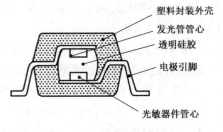

塑料封装外壳
发光管管心
透明硅胶
电极引脚
光敏器件管心

图 12-17　光电耦合器结构图

#### 12.12.1.2 应用

a) 发光二极管与光电晶体管封装的光电耦合器,结构为双列直插 4 引脚塑封(见图 12-18),主要用于开关电源电路中。

b) 发光二极管与光电晶体管封装的光电耦合器,主要区别引脚结构不同,结构为双列直插 6 引脚塑封(见图 12-19),也可用于开关电源电路中。

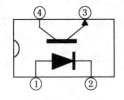

图 12-18　双列直插 4 引脚塑封
光电耦合器示意图

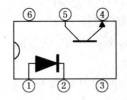

图 12-19　双列直插 6 引脚塑封
光电耦合器示意图

c) 发光二极管与光电晶体管(附基极端子)封装的光电耦合器,结构为双列直插 6 引脚塑封(见图 12-20),主要用于 AV 转换音频电路中。

d) 发光二极管与光电二极管加晶体管(附基极端子)封装的光电耦合器,结构为双列直插 8 引脚塑封(见图 12-21),主要用于 AV 转换视频电路中。

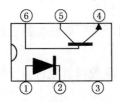

图 12-20　双列直插 6 引脚塑封
光电耦合器示意图

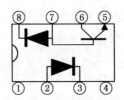

图 12-21　双列直插 8 引脚塑封
光电耦合器示意图

### 12.12.1.3　试验

如果光电耦合器符合下列 a)或 b)之一的要求,那么光电耦合器无最小绝缘穿透距离的要求。

a)通过型式试验和标准中 2.10.11 的检查判据;在制造过程中通过了按标准中 5.2.2 规定的试验电压值进行的例行抗电强度试验。

b)光电耦合器应符合 IEC 60747-5-5 的要求,IEC 60747-5-5 中 5.2.6 规定的试验电压值:

——对型式试验,电压 $V_{ini,a}$;

——对例行试验,电压 $V_{ini,b}$。

上述电压值应采用标准中 5.2.2 规定的试验电压值。

作为上述 a)或 b)的替代,如果适当,允许按下列的要求处理光电耦合器:如果光电耦合器的单层绝缘穿透距离为 0.4 mm 或更大,且单独样品通过标准中 2.10.10 的试验,那么内部没有最小电气间隙或爬电距离的要求。

## 12.13　抑制射频干扰整件滤波器

抑制射频干扰滤波器是一种由若干元件组成,用于减少由电子设备所引起的射频干扰的组件。

### 12.13.1　滤波器结构

滤波器大多由电容器(X 类,Y 类)、电感器、电阻器组成。在滤波器的 L～N 之间跨接的为 X2 类电容器,L-外壳(地)、N-外壳(地)之间跨接的为 Y2 或 Y1 类电容器(见图 12-22～图 12-24)。

**图 12-22　电源滤波器图例**

带泄放电阻器

不带泄放电阻器

**图 12-23　内部结构**

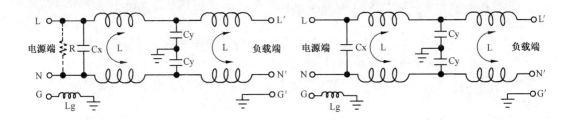

图 12-24 滤波器电原理图

### 12.13.2 要求与试验

#### 12.13.2.1 要求

整件滤波器应符合 GB/T 15287《抑制射频干扰整件滤波器 第一部分：总规范》，GB/T 15288《抑制射频干扰整件滤波器 第 2 部分：分规范 试验方法的选择和一般要求》。应用在整机设备时，整机设备应符合标准中的 2.1.1.7（一次电路的电容器放电）、2.10（电气间隙爬电距离）、2.6.3.1 （保护接地导体的尺寸）、3.2.4（器具插座 如适用）、5.1（接触电流和保护导体电流）的要求。

#### 12.13.2.2 试验

a) 对于提供了符合 GB/T 15287 和 GB/T 15288 要求的证明资料的滤波器：

——核对相关资料；

——随整机设备进行标准中 2.1.1.7、2.10、2.6.3.1、3.2.4、5.1 的试验。

b) 对未提供相关资料证明滤波器已符合 GB/T 15287 和 GB/T 15288 要求的滤波器：

——按 GB/T 15287 和 GB/T 15288 进行试验；

——随整机设备进行标准中 2.1.1.7、2.10、2.6.3.1、3.2.4、5.1 的试验。

c) 对于带器具输入插座的滤波器，器具插座应满足 GB 17465.1 的要求。

## 12.14 电动机

电动机（Motors）是把电能转换成机械能的机电元件，电动机按使用电源不同分为直流电动机和交流电动机。

### 12.14.1 电动机分类（见图 12-25）

a) 步进电机（stepping motor）；

b) 伺服电动机（servomotor）；

c) 直流风扇电机。

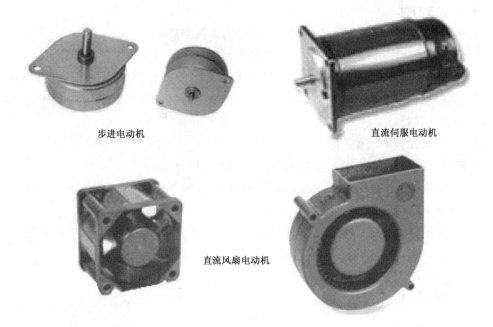

步进电动机      直流伺服电动机

直流风扇电动机

图 12-25 电动机

### 12.14.2 要求与试验

#### 12.14.2.1 要求

标准中 5.3.2 对电动机提出了要求,即电动机在过载、转子堵转和其他异常情况下,不应出现由于温度过高引起的危险。下列情况可认为满足要求:

a) 使用在转子堵转条件下不会过热的电动机(由内在阻抗或外部阻抗来进行保护);

b) 在二次电路中,使用其温度可能会超过允许的温度限值,但不会产生危险的电动机;

c) 使用对电动机电流敏感的装置;

d) 使用与电动机构成一体的热断路器;

e) 使用敏感电路,例如,如果电动机出现故障而不能执行其预定的功能,则该敏感电路能在很短的时间内切断电动机的供电电源,从而防止电动机发生过热。

在用热电偶测试温升时,温升限值不用减 10K。

#### 12.14.2.2 试验

电动机按在设备中的位置和适用情况选择相应的试验。试验可在设备上进行,也可以在工作台上按模拟条件下进行。具体要求见本指南 9.3.3 的规定。

## 12.15 保护装置

在设备出现故障情况时,能检测和切断任何可能的故障电流通路的装置。

在设备中通常使用的保护装置有熔断体、热熔断体、熔断电阻、安全联锁装置等。

### 12.15.1 熔断体

在熔断器动作后预定要更换的含有熔断件的熔断器部件。

熔断体(又称为保险丝)是一种过电流保护装置。管状熔断体主要由熔体和熔管或壳体两个部分及外加填料等组成。使用时,将熔断器串联于被保护电路中,当被保护电路的电流超过规定值,并经过一定时间后,由熔体自身产生的热量熔断熔体,使电路断开,从而保证电路安全运行。

#### 12.15.1.1 熔断体的类型

熔断体按相应预飞弧时间/电流特性的说明符号可分为:

a) 非常快速动作熔断体(一般用 FF 表示);

b) 快速动作熔断体(一般用 F 表示);

c) 适度延时动作熔断体(一般用 M 表示);

d) 延时动作熔断体(一般用 T 表示);

e) 长延时动作熔断体(一般用 TT 表示)。

常见的熔断体见图 12-26。

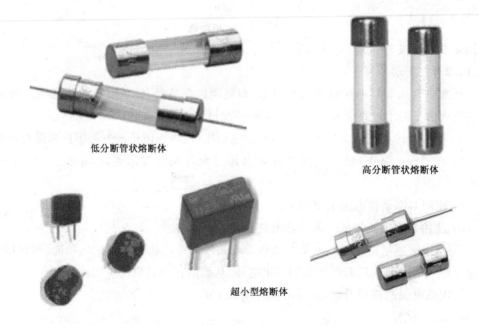

低分断管状熔断体

高分断管状熔断体

超小型熔断体

**图 12-26　常见的熔断体实例**

在设备中所使用的熔断体,较常见的是延时动作熔断体和快速动作熔断体。延时动作熔断体的延时特性表现在电路出现非故障脉冲电流时保持完好而能对长时间的过载提供保护;快速动作熔断体的熔断特性表现在当电路出现故障时能快速熔断,对设备提供保护。

#### 12.15.1.2 试验标准、要求与试验

#### 12.15.1.2.1 试验标准

熔断体依具体情况应符合 GB 9364《小型熔断器》系列标准的适用部分和标准中

1.7.6（熔断器标识）、标准中2.7（一次电路过流保护和接地故障保护）的要求。

**12.15.1.2.2 要求与试验**

如果能提供该熔断体已符合 GB 9364.1 和 GB 9364.2 或 GB 9364.1 和 GB 9364.3 要求的相关资料，则进行以下试验：

a) 按标准中 1.7.6 检查熔断器的标识。

熔断器的标记应当标在每一熔断器的邻近处或熔断器座的邻近处，或标在熔断器座上，或标在另一个地方，只要能明确看出该标记对应的是哪一个熔断器即可。

要求标出的标志：

1）额定电流（用 A 或 mA 表示）。

2）对熔断器座能装上不同电压额定值的熔断器，标出额定电压（用 V 表示）。

3）需要装上具有特殊熔断特性（例如延时或分断能力）的熔断器，应标明该熔断器的类型：

——预飞弧时间/电流特性符号：FF,F,M,T,TT（在设备中见的较多的是 F,T）；

——分断能力符号：H（表示高分断能力）；L（表示低分断能力）；E（表示增强分断能力）。

熔断体上标志的例子为：

$$T3.15AL250V\sim \qquad F2.5AH250V\sim$$

对未安装在操作人员接触区的熔断器或安装在操作人员接触区的内部焊接的熔断器，允许在维修说明书中提供一个明确的、包括有关说明的相互对照表（例如 F1、F2 等）。

b) 按标准中的 2.7 检查其适用性，检查使用的熔断器能否符合要求。

1）保护装置的数量和安装位置。一次电路中的保护系统或保护装置应当采用适当的数量并安装在适当的位置，以便能检测和切断任何可能的故障电流通路（例如相线与相线之间，相线与中线之间，相线与保护接地导体或相线与保护连接导体之间）的过电流。

对设备的下列两种接地故障不需要提供保护：

——没有连接到地；或

——一次电路和所有接地零部件之间采用双重绝缘或加强绝缘。

对提供双重绝缘或加强绝缘的部位，认为其对地短路是两个故障。

在某个电源向使用一个以上相线的负载供电时，如果保护装置断开中线导体，则该保护装置也应当同时断开所有其他的供电导体，因此，对这种情况不得使用单极保护装置。

通过检查和必要时通过模拟单一故障条件（见标准中 1.4.14）来检验其是否合格。

当保护装置是设备的一个不可分割的一部分时，表 12-4 给出了在常遇到的供电系统中切断故障电流所需的熔断器最少数量和安装位置示例或断路器极数，对单相设备或组件见表 12-4（标准中表 2F），对三相设备见表 12-5（标准中表 2G）。这些示例对设备外部的保护装置不一定适用。

表 12-4　单相设备或组件中的保护装置示例

| 设备的电源连接点 | 防护对象 | 熔断器的最少数量或断路器的极数 | 安装位置 |
|---|---|---|---|
| 例 A：与带有能可靠识别的接地中线的配电系统相连的设备，下述例 C 除外 | 接地故障 | 1 | 相线 |
|  | 过电流 | 1 | 两根供电线中的任意一根 |
| 例 B：与任何电源（包括 IT 配电系统和带有无极性插头供电）连接的设备，下述例 C 除外 | 接地故障 | 2 | 两根供电线 |
|  | 过电流 | 1 | 两根供电线中的任意一根 |
| 例 C：与带有能可靠识别的接地中线的三线配电系统相连的设备 | 接地故障 | 2 | 每根相线 |
|  | 过电流 | 2 | 每根相线 |

表 12-5　三相设备中的保护装置示例

| 配电系统 | 供电线数量 | 防护对象 | 熔断器的最少数量 | 安装位置 |
|---|---|---|---|---|
| 不具有中线的三相系统 | 3 | 接地故障 | 3 | 所有三根供电线 |
|  |  | 过电流 | 2 | 任意两根供电线 |
| 具有接地中线的三相系统（TN/TT） | 4 | 接地故障 | 3 | 每一根相线 |
|  |  | 过电流 | 3 | 每一根相线 |
| 具有不接地中线的三相系统 | 4 | 接地故障 | 4 | 所有四根供电线 |
|  |  | 过电流 | 3 | 每一根相线 |

2）多个保护装置。如果对一个给定负载供电的某一电源的多个极上使用保护装置，则那些保护装置应当安装在一起。两个或两个以上的保护装置可以组合在一个组件内。

通过检查来检验其是否合格。

3）对维修人员的警告。在下列两种情况下，应当在设备上设置适当的标记或在维修手册中提供声明以便提醒维修人员注意可能的危险：

——在永久性连接的或配备不可换向的插头的单相设备的中线上使用熔断器；和

——在熔断器动作后，设备中仍然带电的零部件在维修时可能会引起危险。

下列词语或类似语句认为是合适的：

**注意**

**双极/中线熔断**

作为上述语句的替代，允许使用下述代表符号的组合，包括电击危险符号（ISO 3804，No.5036）和熔断器符号（IEC 60417-5016（DB：2002-10））（见图 12-27），并指示出熔断器在中线 N。不过，在这种情况下，在维修手册中也要提供说明。

通过检查来检验其是否合格。

如果不能提供该熔断体已符合 GB 9364.1 和 GB 9364.2 或 GB 9364.1 和 GB 9364.3 要求的相关资料，则熔断体依具体情况应符合 GB 9364《小型熔断器》系列标准的适用部分和标准中

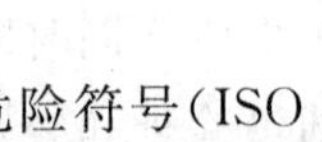

图 12-27　电击危险和熔断器警告符号

1.7.6(熔断器标识)、标准中 2.7(一次电路过流保护和接地故障保护)的要求。

a)熔断器的电压降试验

将熔断器安装在试验座上,通以额定电流,等熔断器热稳定后,测量熔断器两端的电压降。

b)熔断器的时间/电流特性试验

将熔断器安装在试验座上,通以规定的倍率($10I_r$、$4I_r$、$2.75I_r$、$2.1I_r$)的电流,通过示波器读出熔断器的熔断的时间。

c)熔断器的分断能力试验

确定分断能力试验电流后,算出所需接入电路中的负载,将电路中的电压调节到熔断体额定电压的 1.02～1.05 倍之间,接通试验电路,调节负载是试验电流预调规定的电流值,断开电路,将熔断器安装在试验座上,接通电路,熔断器熔断。

### 12.15.1.3 试验设备、工装及试验示意图

#### 12.15.1.3.1 试验设备及工装

直流稳压电源、交流稳压源、数字示波器、直流电压及电流表、高温箱、相位控制开关、熔断体试验用熔断器座、分断能力试验用熔断器座、时间电流试验取样工装、高阻表、间断负荷控制仪。

#### 12.15.1.3.2 试验示意图

a)熔断器电压降试验示意图见图 12-28。

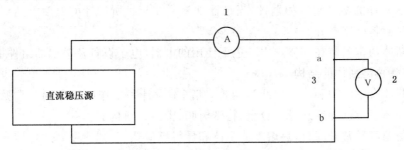

1—电流表(直流)或数字多用表;2—数字多用表;3—被试样品。

**图 12-28 电压降试验示意图**

b)熔断器时间/电流特性试验示意图见图 12-29。

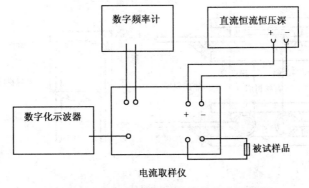

**图 12-29 熔断器时间/电流特性试验示意图**

c)熔断器分断能力试验示意图见图 12-30。

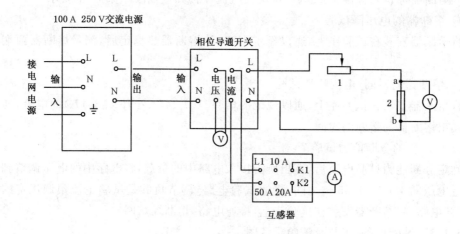

1—滑线电阻；2—相位导通开关。

a) 互感器 L1 端子与 50A/20A/10A 的连接视电流的大小而变；

b) 互感器 K1、K2 端子接电流表，不能开路；

c) 相位角导通开关正面板的示波器端子与示波器相连。

**图 12-30　熔断器分断能力试验示意图**

## 12.15.2　热熔断体（又称温度保险丝）

装有热元件的不可复位的器件，当该器件暴露在超过所设计的温度下达到一个足够长的时间时会将电路断开。

热熔断体通常安装在一般户内环境下使用的电器、电子设备及类似的组件中。

### 12.15.2.1　热熔断体的结构

热熔断体有轴向型和径向导线型两种，其基本设计和工作原理相同。常见的热熔断体大致由壳体、引线（导线）、可熔合金、特殊树脂、密封材料构成。

当设备温度异常升高时，热熔断体主体和导线感应热度，到热度到达可熔合金的融点时，可熔合金熔化。熔化的可熔合金在特殊树脂的作用下，表面张力增强，使导线呈球状熔断（见图 12-31、图 12-32）使设备得到保护。

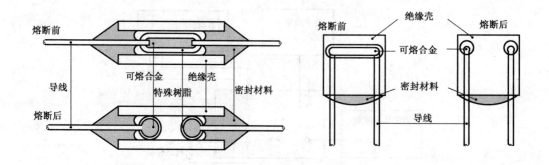

**图 12-31　热熔断体内部结构图**

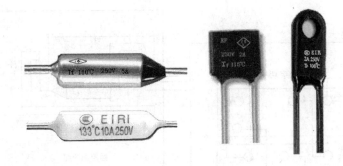

**图 12-32　热熔断体图例**

### 12.15.2.2　试验标准

GB 9816《热熔断体的要求和应用导则》。

### 12.15.2.3　要求和试验

热熔断体应有足够的的电气和机械强度,用以防止电器、电子设备及类似的组件在故障情况下出现过高温度。设备中所选用的热熔断体其额定动作温度($T_f$)、结构应保证能承受在正常安装和正常使用、故障时遇到的各种情况。如按标准中附录 C 进行变压器过载试验时,保证在变压器的温升还未超过标准规定值时,热熔断体能够熔断。

a) 对能够提供相关资料证明热熔断体已符合 GB 9816 要求时,则不必再按照 GB 9816 进行试验,但要核查该其证明资料,检查在整机设备中的适用性,随整机进行相关条款的试验。

b) 对不能够提供相关资料证明热熔断体已符合 GB 9816 要求时,则应提供热熔断体样品按照 GB 9816 进行试验,而且还要随整机在温升和故障条件下考核其适用性。

### 12.15.2.4　试验设备、工装及试验示意图

### 12.15.2.4.1　试验设备及工装

交流电源、数字功率计、程控加热箱、数据采集器、恒温恒湿箱、瞬时过载电流试验仪。

### 12.15.2.4.2　试验示意图

a) 热熔断体的断开电流试验电路示意图见图 12-33、图 12-34。

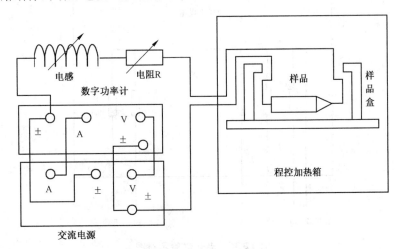

**图 12-33　电感性电路断开电流试验示意图**

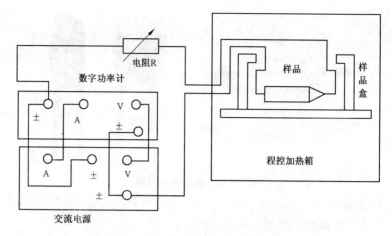

图 12-34　电阻性电路断开电流试验示意图

b）热熔断体的额定动作温度试验电路示意图见图 12-35。

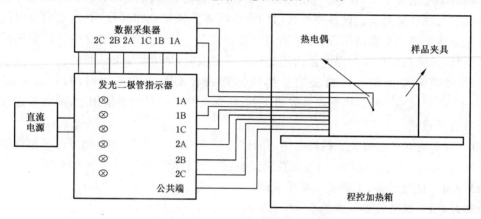

图 12-35　额定动作温度试验示意图

c）热熔断体的老化试验电路示意图见图 12-36。

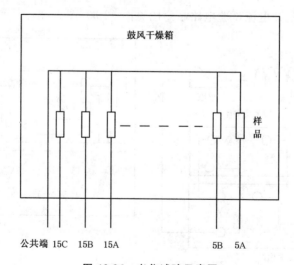

图 12-36　老化试验示意图

188

### 12.15.3 熔断电阻

一种具有电阻器和熔断器双重作用的特殊元件。它在电路中用字母"RF"或"R"表示。

#### 12.15.3.1 熔断电阻类别

a）不可恢复型熔断电阻器；

b）可恢复式熔断电阻器。

#### 12.15.3.2 在产品中的应用

通常用在保护电路中，当被保护电路出现过电流故障时，因过热而烧断，对电路进行保护。

#### 12.15.3.3 试验

随整机一同进行试验，在故障条件下检查该熔断电阻器能否能分断故障电流。该电阻的符合性，用重复至少 10 次试验来考核其分断能力。并且，熔断电阻器不应以爆炸或瞬间起火花的形式断开。（OSM/EE 决议）。

## 12.16 变压器

变压器应符合标准中的有关要求，包括标准中附录 C 的要求（标准中 1.5.4）。变压器的有关要求是指标准中附录 C 第 C.1 章"过载试验"和第 C.2 章"绝缘"所规定的要求，以及涉及这两章所引用的标准中的相关要求。

### 12.16.1 变压器的过载试验

变压器应具有防止过载的保护措施，例如，采用过载保护装置、内部热断路器或使用限流变压器（标准中 5.3.3）。应通过标准中附录 C 第 C.1 章的过载试验来检验（标准中 5.3.3），而不是按标准中 5.3.7 的模拟故障来检验（标准中 5.3.7 第一段）。

#### 12.16.1.1 过载试验的一般要求

a）对线性变压器（普通 50 Hz 的铁心变压器），过载试验（见图 12-37）可以在工作台上按模拟条件进行。模拟条件应包括在整机设备中用来保护变压器的任何保护装置（标准中附录 C 第 C.1 章第一段），试验负载应加在变压器的次级绕组上。

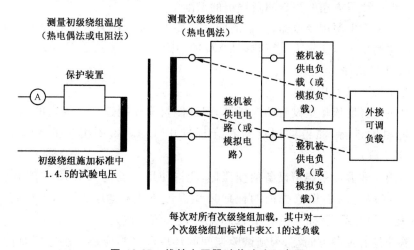

图 12-37　线性变压器过载试验示意图

b）对开关型电源用变压器（工作在开关电路频率的铁氧体磁心变压器），过载试验（见图 12-38）在开关电源单元上或相应的整机设备上进行试验。试验负载应加在开关电源单元的输出端上（标准中附录 C 第 C.1 章第二段）。

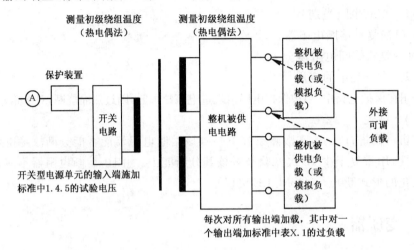

**图 12-38　开关型电源用变压器过载试验示意图**

c）过载试验的电源电压

标准中附录 C 第 C.1 章中未明确规定变压器过载试验的电源电压，因此，应按标准中 1.4.5 规定的最不利的电源电压进行试验（标准中 1.4.4 第一段）。

最不利的电源电压应考虑以下几种因素（标准中 1.4.5）：

——多种额定电压，以及 +10% 和 −10% 的容差；

——额定电压范围的上限电压和下限电压，以及 +10% 和 −10% 的容差；

——制造厂商声明使用更宽的容差时，应取更宽的容差。

d）施加最大发热效应的负载

——对线性变压器，在每一个次级绕组上加上负载，但每次对其中的一个次级绕组加上能造成最大发热效应的负载（标准中附录 C 第 C.1 章第三段），并按下面 e）、f）中温度测量条件和温度测量方法的规定测量绕组的温度。

——对开关型电源用变压器，按上面同样的要求，但在开关电源的输出端上，加载到使开关型电源用变压器达到最大发热效应（标准中附录 C 第 C.1 章第四段）。

e）温度测量条件

这里着重说明以下几点：

——对用于温度依赖型设备的变压器，温度测量应在制造厂商规定的工作范围内的最不利环境温度进行，测得的温度应符合标准中 1.4.12.2 相应的关系式（标准中 1.4.12.2 第一段）。

——对用于非温度依赖型设备的变压器，允许使用标准中 1.4.12.2 的方法，或者试验在制造厂商规定的工作范围内的任何环境温度下进行，测得的温度应符合标准中 1.4.12.3 相应的关系式（标准中 1.4.12.3 第一段和第二段）。

——除非经有关各方同意，否则试验期间的环境温度不应超过制造厂商技术规范允许的最高环境温度或 35 ℃，两者中取较高者（标准中 1.4.12.3 第三段）。

f）温度测量方法

——测量绕组的温度应采用热电偶法或电阻法（标准中 1.4.13）。

——对线性变压器绕组可以采用热电偶法或电阻法，对开关电源型变压器绕组可以采用热电偶法。

——用热电偶法测量绕组的温度时，应将标准中附录 C 表 C.1 的变压器绕组的温度限值减小 10 ℃（标准中 4.5.3 表 4B 的脚注 a）。

g）标准中附录 C 表 C.1 的使用

——过载试验时，任何元器件或保护装置未动作，在变压器温度稳定后测量绕组温度（标准中附录 C 第 C.1 章第四破折号段），不应超过标准中附录 C 表 C.1 中的"由固有阻抗或外部阻抗进行保护"的温度限值。

——过载试验时，元器件或保护装置动作：

● 对装有外部过流保护装置（不可恢复的），动作时立即测量绕组温度（标准中附录 C 第 C.1 章第一破折号段），不应超过标准中附录 C 表 C.1 中的"由保护装置进行保护，在第 1 h 内起保作用"的温度限值。过载试验时间，可以参考过流保护装置时间-电流特性的有关数据。

● 对装有自动复位热断路器，测量在第 1 h 后绕组温度的最大值，和在第 2 h 期间内以及在第 72 h 期间内绕组温度的算术平均值（标准中附录 C 第 C.1 章第二破折号段），分别不应超过标准中附录 C 表 C.1 中的"由任何保护装置进行保护：在第 1 h 后，最大值，在第 2 h 期间内以及在第 72 h 期间内，算术平均值"的温度限值；此外，还应在 400 h 后测量绕组的最高温度（标准中附录 C 第 C.1 章第二破折号段），不应超过标准中附录 C 表 C.1 中的"由保护装置进行保护：在第 1 h 后，最大值"的温度限值。绕组温度的算术平均值应按标准中附录 C 图 C.1 的规定来确定。

● 对装有手动复位的热断路器，动作时立即测量绕组温度（标准中附录 C 第 C.1 章第三破折号段），不应超过标准中附录 C 表 C.1 中的"由保护装置进行保护，在第 1 h 内起保护作用"的温度限值。

h）如果对具有铁氧体磁心的变压器，按标准中 1.4.12 的规定测得的绕组的温度超过 180 ℃，则应在规定的最高环境温度下重新测量，并且不再按标准中 1.4.12 的规定进行计算（标准中附录 C 第 C.1 章第十二段）。

i）当次级绕组温度超过温度限值，但已发生开路或出现其他原因需要更换变压器，只要未产生标准含义范围内的危险，就不应判过载试验不合格（标准中附录 C 第 C.1 章第十三段）。

### 12.16.1.2 加载到最大发热效应的方法

标准中附录 X 规定了加载到最大发热效应的示例。这个附录 X 只是供参考的资料性附录，加载的示例也不是唯一的，其他方法也可以使用（标准中附录 X 第一段）。但是，该示例仍可以作为一种行之有效的加载方法。

a）最大发热效应加载步骤（见表 12-6）

表 12-6 最大发热效应加载步骤(摘自标准中附录 X 表 X.1)

| 步骤 | 变压器或开关电源单元的输入电流 |
|------|-----------------------------------|
| A | 额定负载下输入电流 $I_r$ |
| B | 工作 10 s 后的最大输入电流 $I_m$ |
| C | $I_r + 0.75(I_m - I_r)$ |
| D | $I_r + 0.50(I_m - I_r)$ |
| E | $I_r + 0.25(I_m - I_r)$ |
| F | $I_r + 0.20(I_m - I_r)$ |
| G | $I_r + 0.15(I_m - I_r)$ |
| H | $I_r + 0.10(I_m - I_r)$ |
| I | $I_r + 0.05(I_m - I_r)$ |

b) 测量额定负载下的输入电流 $I_r$

——对线性变压器,在初级绕组加上标准中 1.4.5 规定的试验电压,各次级绕组加上额定负载,测量变压器的输入电流,即为 $I_r$(标准中附录 X 第 X.1 章第一段)。

——对开关型电源用变压器,在开关电源单元的输入端加上标准中 1.4.5 规定的试验电压,各输出端加上额定负载,测量开关电源单元的输入电流,即为 $I_r$(标准中附录 X 第 X.1 章第一段)。

——额定负载下的输入电流 $I_r$ 值可以通过试验,也可以从制造厂商的数据获得(标准中附录 X 第 X.1 章第一段)。

c) 测量最大输入电流 $I_m$

将测量 $I_r$ 时的各次级绕组上(对线性变压器)或各输出端上(对开关电源单元)的负载调节状态保持不变,然后,每次只将一个次级绕组上或一个输出端上的可调负载尽快调节到能获得维持工作约 10 s 的输入电流(标准中附录 X 第 X.1 章第二段),或加上初级电压后,在 10 s 内任何元器件保护装置动作时记录的输入电流,即为 $I_m$(标准中附录 X 第 X.1 章第五段)。

d) 确定最大发热效应的绕组温度

使线性变压器或开关电源单元达到额定负载状态,每次将其中一个次级绕组(对线性变压器)或一个输出端(对开关电源单元)的可调负载尽快调节到使输入电流达到标准中表 X.1 步骤 C 输入电流的计算值,必要时,在加上试验电压 1min 后再次调节(标准中附录 X 第 X.1 章第六段),以后不再调节。

为了测得变压器达到最大发热效应时的绕组温度,必要时,再按步骤 D~J 进行试验(标准中附录 X 第 X.1 章第二段)。步骤 C~J 的试验可以反顺序进行(标准中附录 X 第 X.1 章第六段)。

在进行每一步骤试验时,应记录输入电流,并维持到出现以下情况(标准中附录 X 第 X.1 章第二段):

——当任何元器件或保护装置未动作,在变压器温度达到稳定后,测量绕组温度,不应超过标准中附录 C 表 C.1 的规定值。在这种情况下,无需再往下按"过载试验程序"继续进行试验。

——当元器件或保护装置动作,立即测量并记录绕组温度。在这种情况下,还要根据保护的类型,往下按"过载试验程序"继续进行试验。

**12.16.1.3 过载试验程序**

a) 对电子保护,按记录到绕组温度最高时的输入电流值,以该电流值的 5% 的步距递减电流,或以额定负载的 5% 的步距递增电流,找出任何电子保护不会动作的最大过负载,(标准中附录 X 第 X.2 章第一段)。在温度达到稳定后,测得的绕组温度应符合标准中附录 C 表 C.1 的温度限值。

b) 对热保护,应施加能使工作温度维持在低于热保护动作温度几度的过负载(标准中附录 X 第 X.2 章第二段)。在温度达到稳定后,测得的绕组温度应符合标准中附录 C 表 C.1 的温度限值。

c) 对过流保护,应施加能使流过的电流符合保护装置电流时间特性的过负载(标准中附录 X 第 X.2 章第三段)。在温度达到稳定后,测得的绕组温度不应超过标准中附录 C 表 C.1 的温度限值。

**12.16.2 变压器的绝缘检查和试验**

变压器的绕组和导电零部件(如铁心、保护屏蔽层),可以看作是与它们连接的电路的零部件。这些零部件之间的绝缘应按标准中表 2G 和图 2F 的绝缘等级应用示例,符合标准中 2.10 的电气间隙、爬电距离和绝缘穿透距离的要求,以及符合标准中 5.2 的抗电强度试验的要求(标准中附录 C 第 C.2 章第二段)。

下面用 3 个例子来说明。

a) 次级均为不接地 SELV 电路的变压器绝缘检查(见图 12-39)

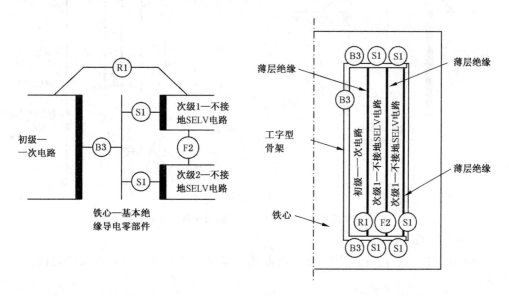

**图 12-39 次级均为不接地 SELV 电路的变压器绝缘检查示意图**

1) 确定绝缘等级

根据电路图,直接查标准中表 2H 或图 2H,确定变压器各绕组和零部件之间的绝缘等级。

193

2）检查电气间隙和爬电距离

这里着重说明一点：B3 和 S1 的工作电压应等于初级与次级之间的工作电压（标准中 2.10.2.1e)）。

3）检查固体绝缘的绝缘穿透距离

这里着重说明一点：对 B3 无要求（标准中 2.10.5.2）。但是 B3 和 S1 可以互换（标准中 2.9.3 第四段），此时，对 B3 要有要求，对 S1 就无要求。

4）检查薄层绝缘

这里只着重说明一点：由于对 B3 的绝缘穿透距离无要求，所以 S1 应符合附加绝缘薄层材料的要求。但是 B3 和 S1 可以互换（标准中 2.9.3 第四段），此时，对 B3 要有要求，对 S1 就无要求。

5）抗电强度试验

这里只着重说明以下几点：

——抗电强度试验前需进行潮湿处理（标准中 2.9.1 和 2.9.2）；

——除了对初级与次级之间进行抗电强度试验外，对初级与铁心、次级与铁心之间也需进行抗电强度试验；

——次级与次级之间无需进行抗电强度试验。

b）次级均为接地 SELV 电路的变压器绝缘检查（见图 12-40）

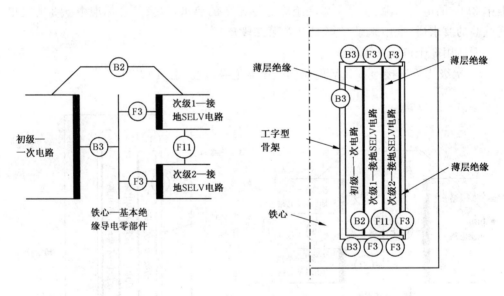

**图 12-40　次级均为接地 SELV 电路的变压器绝缘检查示意图**

1）确定绝缘等级

根据电路图，直接查标准中表 2H 或图 2H，确定变压器各绕组和零部件之间的绝缘等级。

2）检查电气间隙和爬电距离

这里只着重说明一点：对次级与铁心之间 F3，可以选择检查电气间隙和爬电距离，或抗电强度试验之一（标准中 5.3.4）。如果电气间隙和爬电距离不合格，允许以抗电强度试验作为最终的判定（标准中 2.10.1.3 注）。

3）检查固体绝缘的绝缘穿透距离

这里只着重说明一点：对 B2、B3、F3 均无要求（标准中 2.10.5.2）。

4）抗电强度试验

这里只着重说明以下几点：

——抗电强度试验前需进行潮湿处理（标准中 2.9.1 和 2.9.2）；

——除了初级与次级之间进行抗电强度试验外，初级与铁心也需进行抗电强度试验；

——对次级与铁心之间的 F3，可以选择检查电气间隙和爬电距离，或抗电强度试验之一（标准中 5.3.4）。如果检查电气间隙和爬电距离不合格，允许再以抗电强度试验作为最终的判定（标准中 2.10.1.3 注）；

——次级与次级之间无需进行抗电强度试验。

c）次级为不接地危险电压电路和不接地 SELV 电路的变压器绝缘检查（见图 12-41）

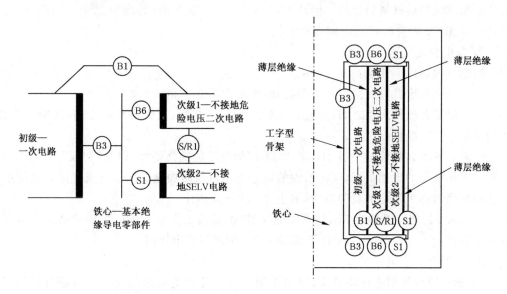

**图 12-41 次级为不接地危险电压电路和不接地 SELV 电路的变压器绝缘检查示意图**

假定：

● 各绕组是独立的，相互之间不存在电气连接；

● 各绕组的排列位置是，"初级"为内绕组，然后依次为"次级 1"、"次级 2"；

● "初级"和"次级 1"是相邻的绕组，"次级 2"是最靠外的绕组；

● "初级"与一次电路相连；

● "次级 1"和"次级 2"分别与不接地危险电压二次电路、不接地 SELV 电路相连。

1）确定绝缘等级

根据电路图，直接查标准中表 2H 或图 2H，确定变压器各绕组和零部件之间的绝缘等级。这里只着重说明以下几点：

——对 S/R1，取工作电压等于"次级 1"的电压的加强绝缘，或工作电压等于"次级 1"与"初级"之间的电压的附加绝缘，其中较严的一个（标准中表 2H 下面脚注 c）；

——对 S1 的工作电压，取基本绝缘 B3 的最高工作电压，或 B6 的最高工作电压，其中较严的一个（标准中表 2H 下面脚注 b）。

2）检查电气间隙和爬电距离

这里只着重说明一点：对 S/R1，查标准中表 2K、表 2L（适用时）和表 2N，按"次级 1"的电压的加强绝缘，以及"初级"与"次级 1"之间的工作电压的附加绝缘，确定所说的加强绝缘以及附加绝缘的电气间隙和爬电距离，取其中较严者作为最终的判定值。

3）检查固体绝缘的绝缘穿透距离

这里只着重说明以下一点：对 B3、B6 无要求（标准中 2.10.5.2）。但是 B3、B6 和 S1 可以互换（标准中 2.9.5 第四段），此时，对 B3、B6 要有要求，对 S1 就无要求。

4）检查薄层绝缘

这里只说明以下几点：

——对 S/R1，按最终确定的绝缘等级，符合该绝缘等级薄层材料的要求；

——由于对固体绝缘 B3、B6 的绝缘穿透距离无要求（标准中 2.10.5.2），所以 S1 应符合附加绝缘薄层材料的要求。但是 B3、B6 和 S1 可以互换（标准中 2.9.3 第四段），此时，对 B3、B6 要有要求，对 S1 就无要求。

5）抗电强度试验

这里只说明以下几点：

——抗电强度试验前需进行潮湿处理（标准中 2.9.1 和 2.9.2）；

——除了初级与次级之间进行抗电强度试验外，初级、次级与铁心之间，次级与次级之间也需进行抗电强度试验；

——对 S/R1，查标准中表 5B，按"次级 1"的电压的加强绝缘，以及"初级"与"次级 1"之间的工作电压的附加绝缘，确定所说的加强绝缘以及附加绝缘的抗电强度试验电压值，取其中较严者作为最终的试验值（标准中表 2H 下面脚注 c）；

——对 S1，查标准中表 5B，按基本绝缘 B3 的最高工作电压，或 B6 的最高工作电压，取其中较严的一个（标准中表 2H 下面脚注 b），确定试验电压值。

d）其他有关说明

1）如果绕组使用绝缘绕组线，绕组之间可以不使用绝缘来隔离。但是，所使用的绝缘绕组线应符合标准中规定的要求（标准中 2.10.5.12）。

2）封装和密封的变压器，其内部电气间隙和爬电距离可以取污染等级 1 的数值。但是，变压器应通过 10 次温度循环、潮湿处理、抗电强度试验（标准中 2.10.12）。

3）填充绝缘化合物的变压器，其间距被绝缘化合物填充，电气间隙和爬电距离不存在时，只需符合绝缘穿透距离的要求（标准中 2.10.5.3）。但是，变压器应通过 10 次温度循环、潮湿处理、抗电强度试验，并检查导电零部件之间的绝缘化合物，不应有影响绝缘穿透距离要求的裂纹或空隙（标准中 2.10.10）。

4）如果变压器装有保护接地屏蔽层，该保护屏蔽层应满足下列之一的要求（标准中附录 C 第 C.2 章第十一段）：

——满足标准中 2.6.3.3（保护连接导体的尺寸）的要求；

——满足标准中 2.6.3.4 中接地屏蔽层与设备的电源保护接地端子之间的要求；

——能够通过对保护接地屏蔽层与相邻的初级绕组之间的基本绝缘的模拟击穿试验。变压器应受到最终使用时任何保护装置提供的保护。保护接地通路和屏蔽层不应损坏。如果要进行此项试验，应按标准中附录 C 第 C.2 章第十五段的规定来进行。

### 12.16.3　变压器的结构措施

a）对变压器应从结构上采取措施，防止由于以下原因造成电气间隙和爬电距离减小到小于规定的最小值（标准中附录C第C.2章第三段）：

——绕组或其线匝发生位移；

——内部走线或同外部连接点相连的导线发生过分位移；

——靠近连接点的导线一旦断裂或连接点松动时，绕组零部件或内部导线过分位移；

——导线、螺钉、垫圈等一旦松动或脱落而桥接绝缘。

这里不认为两个独立的固定点会同时发生松脱。

b）对所有绕组应采用可靠的方法将其端部线匝固定。

### 12.16.4　变压器热塑性骨架的耐异常热

a）热塑性骨架耐异常热的要求：

——直接安装上带危险电压零部件的热塑性骨架应能耐异常热（标准中4.5.5第一段）；

——这样的热塑性骨架应按GB/T 5169.21的规定进行球压试验（标准中4.5.5第二段）；

——对材料物理特性的检查表明该材料能满足球压试验要求，则不必进行试验（标准中4.5.5第二段）。

b）试验温度应按标准中4.5.5第三段的规定。但支撑一次电路零部件的骨架，试验温度至少为125 ℃（标准中4.5.5第四段）。

c）热固（硬）性骨架无需进行球压试验，但在进行标准中4.5.2温升试验时，所测得的骨架温升不应超过标准中4.5.3表4B"温升限值，材料和元器件"中的"绝缘，包括绕组绝缘"的最高温升限值。

# 第 *13* 章  材料的要求

设备中使用的材料要从材料的吸湿性、相比电痕化指数、耐热性和阻燃性四个方面来进行考虑。

——吸湿性。材料的吸湿性影响设备绝缘性能和设备所能承受的抗电强度,电气绝缘的材料的吸湿性要求见本指南 3.9.1 的规定;

——相比电痕化指数。材料组别取决于相比电痕化指数,材料的相比电痕化指数影响爬电距离的要求;材料组别的要求及试验方法见本指南 3.11.5、12.10 的规定;

——耐热性。材料的耐热性能影响产品的电气间隙和爬电距离,材料在设备发热状态下可能使材料软化,从而改变产品的电气间隙和爬电距离,材料的耐热性要求见本指南 4.2.3 的规定;

——阻燃性。材料的阻燃性直接影响到设备的着火,下面重点对材料的阻燃性进行介绍。

对材料的阻燃性,以下从三个方面介绍标准中对材料的要求,一是材料的可燃性分级,二是材料的要求,三是材料的试验方法及试验设备和工装。

## 13.1  材料的可燃性分级

材料的可燃性分级就是对材料点燃后的燃烧特性和熄灭能力的鉴别。根据标准的要求,可以将材料的可燃性等级分为以下几个等级:5VA 级、5VB 级、V-0 级、V-1 级、V-2 级、VTM-0 级、VTM-1 级、VTM-2 级、HB40 级、HB75 级、HF-1 级、HF-2 级、HBF 级。

在可燃性等级中,VTM 是 Vertical Thin Material 的英文缩写,表示挠性材料的垂直燃烧。对可燃性特性而言,VTM-0 级、VTM-1 级、VTM-2 级分别等同于 V-0 级、V-1 级、V-2 级,但对电气特性和机械特性而言,则并不一定等同。若材料很薄,材料遇火而蜷缩,而不能依据 V 等级的试验方法来测试。该材料应当成一个薄材料以 VTM 测试程序来测试。HF-1 级、HF-2 级、HBF 级是对泡沫材料的可燃性等级而言的。

上述的可燃性等级有优劣之分,其优劣顺序从三个层面由强到弱依次为:

a) 5VA 级、5VB 级、V-0 级、V-1 级、V-2 级、HB40 级、HB75 级;

b) VTM-0 级、VTM-1 级、VTM-2 级;

c) HF-1 级、HF-2 级、HBF 级。

对于不同的可燃性等级,有不同的特性,其试验方法、所要求的指标是不同的。

## 13.2 燃烧特性

a) 5VA 级、5VB 级的燃烧特性见表 13-1(GB/T 5169.17—2008 中表 1)。

**表 13-1 5VA 级、5VB 级燃烧特性**

| 指 标 | 5VA | 5VB |
|---|---|---|
| 对每个单个的条形试验样品第 5 次施加火焰后,单个条形试验样品的余焰时间加上余灼时间,即$(t_1+t_2)$ | ≤60 s | ≤60 s |
| 条形试验样品的燃烧颗粒或滴状物是否引燃了棉垫 | 否 | 否 |
| 条形试验样品是否完全烧尽 | 否 | 否 |
| 是否有板形试验样品被烧穿 | 否 | 是 |

b) V-0 级、V-1 级、V-2 级的燃烧特性见表 13-2(GB/T 5169.16—2008 中表 1)。

**表 13-2 V-0 级、V-1 级、V-2 级燃烧特性**

| 指 标 | V-0 | V-1 | V-2 |
|---|---|---|---|
| 每个独立的样品燃烧持续的时间,$t_1$ 和 $t_2$ | ≤10 s | ≤30 s | ≤30 s |
| 对任意处理组的五个样品的总的燃烧持续时间,$t_f$ | ≤50 s | ≤250 s | ≤250 s |
| 在第二次火焰施加后,每个独立的样品燃烧持续时间和灼热燃烧时间,$t_2+t_3$ | ≤30 s | ≤60 s | ≤60 s |
| 是否允许任一样品持续燃烧和灼热燃烧到夹持样品的夹子处? | 否 | 否 | 否 |
| 是否允许燃烧颗粒或滴落物引燃脱脂棉? | 否 | 否 | 是 |

c) VTM-0 级、VTM-1 级、VTM-2 级燃烧特性见表 13-3(ISO 9773 中表 A.1)。

**表 13-3 VTM-0 级、VTM-1 级、VTM-2 级燃烧特性**

| 要 求 | 分类方式[a] | | | |
|---|---|---|---|---|
| 如果:每个个体的余焰时间 $t_1$ 和 $t_2$ 满足 | ≤10 s | ≤30 s | ≤30 s | >30 s |
| 同时:组余焰时间($t_{FS}$)满足 | ≤50 s | ≤250 s | ≤250 s | >250 s |
| 同时:第二次火焰施加后每个个体的余灼时间($t_3$)满足 | ≤30 s | ≤60 s | ≤60 s | >60 s |
| 同时:余焰和余灼进展到 125 mm 标志 | 否 | 否 | 否 | 是 |
| 同时:棉花指示物被燃烧的颗粒或滴落物点燃 | 否 | 否 | 是 | 是或否 |
| 则:分类为 | VTM-0 | VTM-1 | VTM-2 | [b] |

[a] 如果经过指定预处理的一组 5 个样品中仅有 1 个样品不符合一个分类的要求,经过相同预处理的另一组 5 个样品应进行测试。第二组的所有样品应符合分类的相应要求。

[b] 不能用本程序分类的材料,使用 ISO 1210 方法 A 来分类材料的燃烧特性。

d) 符合下列指标之一的,都满足 HB40 级燃烧特性的要求如下(GB/T 5169.16—2008 中 8.4.2):

1) 移开引燃源后没有明显的有焰燃烧;

2) 如果移开引燃源后试验样品继续有焰燃烧,但火焰前沿没有通过 100 mm 标志线;

3) 如果火焰前沿通过了 100 mm 标志线,但其线性燃烧速率没有大于 40 mm/min。

e) 被划入 HB75 类的材料即使火焰前沿通过了 100 mm 标志线,其线性燃烧速率也不应大于 75 mm/min(GB/T 5169.16—2008 中 8.4.3)。

f) HBF 级、HF-2 级、HF-1 级的燃烧特性见表 13-4(ISO 9772:2001 中表 A.1)。

**表 13-4　HBF 级、HF-2 级、HF-1 级燃烧特性**

| 指　标 | HF-1 | HF-2 | HBF |
|---|---|---|---|
| 线性燃烧速率/$v$(mm/min) | — | — | 40 |
| 在移开试验火焰后,任一样品,火焰燃烧的持续时间/s | 5 个样品中有 4 个样品燃烧时间≤2;<br>5 个样品中有 1 个样品燃烧时间≤10 | 5 个样品中有 4 个样品燃烧时间≤2;<br>5 个样品中有 1 个样品燃烧时间≤10 | — |
| 在移开试验火焰后,任一样品,灼热燃烧的持续时间/s | ≤30 | ≤30 | — |
| 燃烧颗粒或滴落物是否引燃脱脂棉 | 否 | 是 | — |
| 任一样品损坏长度($L_d$+25 mm) | ≤60 | ≤60 | ≥60 |

## 13.3　外壳、元器件和零部件的结构及使用材料的要求

设备结构和元器件所使用的材料应针对不同的设计,适当选择和合理配置,以便使设备在正常工作和异常工作条件下安全可靠地运行,避免出现着火危险。

设备的防火防护特性从防火防护外壳、防火防护外壳外侧的元器件和其他零部件、防火防护外壳内的元器件和其他零部件三个方面来考虑。

### 13.3.1　防火防护外壳的材料

就标准而言,防火防护外壳材料的燃烧等级要求与设备的总质量有关系,质量的分界点为 18 kg。先从质量 18 kg 的判定讲起。

质量 18 kg 的判定适用于单独的完整设备,单独的完整设备就是有自己独立的防火防护外壳。确定设备质量时,要注意以下三个方面:

a) 两个有自己独立的防火防护外壳的设备,在使用时相互非常靠近(例如一个设备在另一个设备的顶上),设备的质量也只是单个设备的质量。

b）如果一个设备的防火防护外壳的一部分作为另外一个设备的防火防护外壳的一部分（例如一个设备的顶部为另一个设备的底盖），设备的质量就是它们的组合质量。

c）在确定设备总的质量时，不得包括设备使用的输电线、消耗材料、介质和记录材料（例如打印机使用的打印纸）（见标准的 4.7.3.2）。

对于防火防护外壳的材料要求，见表 13-5。

**表 13-5　防火防护外壳的要求**

| 防火防护外壳 | 要　求 |
|---|---|
| 质量＞18 kg 的移动式设备和驻立式设备 | ——5VB；<br>——标准中第 A.1 章的试验；<br>——IEC 60695-2-20 的热丝试验（距离带高温可能导致引燃的零部件的空气间隙小于 13 mm） |
| 质量≤18 kg 的移动式设备 | ——V-1；<br>——标准中第 A.2 章的试验；<br>——IEC 60695-2-20 的热丝试验（距离带高温可能导致引燃的零部件的空气间隙小于 13 mm） |
| 塞装在开孔中的零部件 | ——V-1；<br>——标准中第 A.2 章的试验；<br>——元器件标准 |

塞装在防火防护外壳开孔中的零部件其实是防火防护外壳的一部分，因此对这些零部件的要求应归入到防火防护外壳中来考虑。这些零部件通常有设备供电用的器具插座、安装供外部更换熔断器用的熔断器座、开关、指示灯以及连接器等。

可以通过检查设备和材料数据表检查是否符合要求，也可通过标准的附录 A 或 IEC 60695-2-20 中适用的试验来检验其是否合格。

### 13.3.2　防火防护外壳外侧的元器件和其他零部件的材料

2011 版标准将 GB 4943—2001 中的 HB 级分成了 HB40 级和 HB75 级，并按照 3 mm 厚度为分界提出了相应的要求。

防火防护外壳外侧的元器件和其他零部件的材料要求见表 13-6。

### 13.3.3　在防火防护外壳内侧的元器件和其他零部件的材料

2011 版标准将 GB 4943—2001 中的 HB 级分成了 HB40 级和 HB75 级，并按照 3 mm 厚度为分界提出了相应的要求。另外，2011 版标准中增加了通过针焰试验考核高压元器件材料的方法。

防火防护外壳内侧的元器件和其他零部件的材料要求见表 13-6。

表 13-6　防火防护外壳外侧及防火防护外壳内侧的元器件和其他零部件的材料要求

| 零部件 | 阻燃要求（满足之一即可） | 不要求阻燃的情况 | 特殊要求的情况 |
|---|---|---|---|
| 防火防护外壳外侧的元器件和零部件、包括机械防护外壳和电气防护外壳（标准中 4.7.3.1 和 4.7.3.3） | —HB40（厚度≥3 mm）；<br>—HB75（厚度<3 mm）；<br>—HBF；<br>—GWT 550 ℃（GB/T 5169.11） | —在异常工作条件下，按照标准中 5.3.7 试验不存在着火危险的元器件；<br>—对于装在体积小于 0.06 m³，全部由金属材料制成，且无通风孔的外壳内的材料和元器件；<br>—对于装在充有惰性气体的密封单元内的材料和元器件；<br>—对于仪表外壳（如果已确定为适合于安装带危险电压的零部件除外），仪表盘面以及指示灯或指示灯镶嵌饰件；<br>—对于已经符合有关元器件国家标准（包括可燃性要求）的可燃性元器件；<br>—对于安装在 V-1 级材料上的电子元器件，例如集成电路封装件、光耦合器封装件、电容器封装件和其他小零件；<br>—设备在正常工作条件或单一故障（见标准中 1.4.11）的电源供电，安装在 HB75 级材料上，当元器件材料的最薄有效厚度大于 3 mm 时，安装在 HB40 级材料上，当元器件材料的最薄有效厚度小于 3 mm 时，安装在 HB40 级材料上，如集成电路封装件、光耦合器封装件、电容器封装件和其他小零件；<br>—对于带有 PVC、TFE、PTFE、FEP 和氯丁橡胶或聚酰亚胺绝缘的导线、电缆和连接器；<br>—用于专用于线束的各种夹持件（不包括螺旋缠绕形式的或其他连续形式的夹持件）、带、细绳和电缆捆绑材料；<br>—对作为燃烧物质可忽略不计的齿轮、凸轮、皮带、轴承和其他小零件，包括装饰件、标签、安装脚、键帽、把手等；<br>—为了完成规定功能要求有特殊性能的部件，例如：收集和输送纸的橡皮滚轴以及墨水管，这些元器件无需任何要求 | 1) 连接器应符合下列之一的要求：<br>—由 V-2 级材料构成；或<br>—通过标准中第 A.2 章的试验；或<br>—符合有关元器件国家标准中的可燃性要求；或<br>—连接器是小尺寸的且安装在 V-1 级材料上；或<br>—连接器安装在由一种电源供电的二次电路中，这种电源在设备正常输出为常工作条件下和单一故障（见标准中 1.4.14）后被限制到最大输出为 15 VA（见标准中 1.4.11）<br>2) 空气过滤装置的要求：<br>—V-2；<br>—HF-2；<br>—标准中第 A.2 章的试验。<br>但只有下列结构的空气过滤装置不需要满足上述的要求：<br>—不管空气过滤装置是否气密，空气循环系统中的空气过滤装置都不向防火防护外壳外面排风；<br>—安装在防火防护外壳内侧或外壳外侧的零部件之间是通过打孔的金属屏隔离的金属底板的要求；<br>—装置与可能会引燃的零部件之间满足标准 4.6.2 对防火温度的要求；<br>—上的开孔满足标准 4.6.2 引燃温度的电气零部件；<br>—当空气导线和电缆做成的实心挡板距离外壳外的空间距离至少 13 mm，或相互之间用 V-1 级材料做成的最薄有效厚度小于 3 mm 时，空气过滤器附件的材料由 HB75 级材料构成的结构：<br>a) 当空气过滤器附件的最薄有效厚度大于 3 mm 时，空气过滤器附件的材料由 HB40 级材料构成；<br>b) 当空气过滤器附件的最薄有效厚度大于 3 mm 时，空气过滤器附件的材料由 HB40 级材料构成；<br>c) 空气过滤器附件的材料由 HBF 级泡沫材料构成<br>3) 高压（>4 kV）元器件的要求：<br>—V-2；<br>—HF-2；<br>—GB 8898 中 14.4 的试验<br>—GB/T 5169.5 的针焰试验 |

表 13-6（续）

| 零部件 | 阻燃要求（满足之一即可） | 不要求阻燃的情况 | 特殊要求的情况 |
|---|---|---|---|
| 防火防护外壳内的元器件和零部件、包括机械防护外壳和电气防护外壳（标准中4.7.3.4） | —V-2；<br>—HF-2；<br>—标准中A.2的试验；<br>—元器件标准 | —在异常工作条件下，按照标准中5.3.7试验不存在着火危险的元器件；<br>—对装在体积等于或小于0.06 m³，全部由金属材料制成且无通风孔的外壳内的材料和元器件；<br>—对于装在无任何惰性气体的密封壳体内的材料和元器件（包括载流零部件）；<br>—一直接用于防火防护外壳外面（如果薄层绝缘材料和应用于表面的一层或多层的薄层绝缘材料和应用于表面的组合符合V-2级材料或HF-2级泡沫材料的要求；<br>—对仪表外壳（如果已确定为适合于安装带危险电压的零部件除外）、仪表盘面以及指示灯镶嵌饰件；<br>—对于安装在V-1级材料上的电子元器件，例如集成电路封装件、光耦合封装件、电容器和其他小零件；<br>—对于带有PVC、TFE、PTFE、FEP和氯丁橡胶或聚酰亚胺绝缘的导线、电缆和连接器；<br>—对于专用于电线束的各种夹持件（不包括螺旋缠绕形式的或其他连续形式的支持件），带、细绳和电缆捆绑材料；<br>—对于如下零部件（绝缘导线和电缆除外），带与在故障条件下能产生引燃温度之间相互之间的空间用V-1级材料做成距离至少有13 mm，或者相互之间相距至少13 mm的实心挡板隔开的：<br>a）作为燃烧物质可忽略的齿轮、凸轮、皮带、轴承和其他小零件，包括装饰件、标签、安装脚轮、键帽、把手等；<br>b）输电线、消耗材料、介质和记录材料，例如：收集和辐照纸的橡皮滚轴以及墨水管；<br>c）为了完成预定功能要求具有特殊性能的部件，例如：气动或液压系统的管道、粉末或液体的容器和泡沫塑料零部件，如果其最薄有效厚度小于3 mm时，为HB75级材料；当其最薄有效厚度大于等于3 mm时，为HB40级材料；或者其最薄有效厚度为HBF级泡沫材料 | 1) 空气过滤装置的要求<br>—V-2；<br>—HF-2；<br>—标准中第A.2的试验。<br>但下列结构的空气过滤装置不需要满足上述的要求：<br>—不管空气过滤装置是否气密，空气循环系统中的空气过滤装置都不向防火防护外壳外面排风；<br>—安装在防火防护外壳内侧或外壳内侧的空气过滤装置，如果空气过滤装置是通过打孔的金属屏隔离的，且屏上的孔与空气过滤装置之间的距离能产生引燃温度的电气零部件相隔满足标准4.6.2对防火防护的零部件的要求；<br>—当空气过滤器与在故障条件下能产生引燃温度之间距离至少13 mm，或相互之间用V-1级材料做成空气过滤器附件的结构，此时空气过滤器附件的材料由：<br>a）当空气过滤器附件的最薄有效厚度小于3 mm时，空气过滤器附件的材料由HB75级材料构成；或<br>b）当空气过滤器附件的最薄有效厚度大于等于3 mm时，空气过滤器附件的材料由HB40级材料构成；或<br>c）空气过滤器附件的材料由HBF级泡沫材料构成。<br>2) 高压（>4 kV）元器件的要求：<br>—V-2；<br>—HF-2；<br>—GB 8898中14.4的试验；<br>—GB/T 5169.5的针焰试验 |

高压元器件按 GB/T 5169.5 的针焰试验来检验时,还应满足标准中 4.7.3.6 的要求。

如果机械的或电气的防护外壳同时也用作防火防护外壳,那么这种机械的或电气的防护外壳也应符合防火防护外壳相关的要求(见标准中 4.7.3.3 的注)。

## 13.4　试验方法

2011 版标准与 GB 4943—2001 差异是 2001 版标准中有第 A1 章~第 A9 章九个试验方法,而 2011 版标准中只有第 A.1 章~第 A.3 章三个试验方法,2011 版标准取消了大电流起弧引燃试验,其他试验方法没有在标准中直接出现,而是直接引用了相关的标准。

### 13.4.1　总质量超过 18 kg 的移动式设备和驻立式设备防火防护外壳的可燃性试验

新、旧版标准在本试验中的差异只是试验火焰的要求不同。2011 版标准中的试验火焰直接引用了 GB/T 5169.15—2008 规定的试验火焰,而 2001 版标准直接在标准中规定了试验火焰。新、旧版标准试验火焰比较见表 13-7。

表 13-7　试验火焰

| | GB 4943—2001 | GB 4943.1—2011(引用 GB/T 5169.15—2008) | |
| --- | --- | --- | --- |
| | | 方法 A | 方法 C |
| 试验火焰 | 试验火焰应利用本生灯来获得,本生灯灯管内径为 9.5 mm±0.5 mm,灯管长度从空气主进口处向上约为 100 mm。本生灯要使用热值约为 37 MJ/m³ 的燃气。应调节本生灯的火焰,使本生灯处于垂直位置时,火焰的总高度约为 130 mm,而内部蓝色锥焰的高度约为 40 mm | 试验火焰采用该标准中图 A.2 的装置来获得,燃烧管内径为 9.5 mm±0.3 mm,燃烧管长度从空气主进口处向上约为 100 mm±10 mm(见该标准中图 A.1),以 965 mL/min±30 mL/min 的流量供给纯度不低于 98% 的甲烷气体,火焰总高度约为 125 mm,蓝色焰心高度为 40 mm±2 mm | 试验火焰采用该标准中图 C.5 所示的装置来获得,燃烧管内径为 9.5 mm±0.3 mm,燃烧管长度从空气主进口处向上约为 100 mm±10 mm(见该标准中图 C.2),以 965 mL/min±30 mL/min 的流量供给纯度不低于 98% 的甲烷气体和以 6.3 L/min±0.1 L/min 的流量供给空气或以 380 mL/min±15 mL/min 的流量供给纯度不低于 98% 的丙烷气体和以 5.9 L/min±0.1 L/min 的流量供给空气,蓝色焰心高度为 40 mm±2 mm,总高度:115 mm~135 mm |
| 气体 | 纯度至少 98% 的甲烷燃气或热值约为 37 MJ/m³ 的天然气 | 纯度不低于 98% 的甲烷气体 | 纯度不低于 98% 的甲烷气体和空气或纯度不低于 98% 的丙烷气体和空气 |

通过本试验,从燃烧特性上来说,样品的燃烧特性等同于 GB/T 5169.17—2008 的 5VB 级的材料。本试验主要针对成品的验证试验,而 GB/T 5169.17—2008 中的试验主要针对材料的 5V 级定级来规定的试验方法,该标准中需要的样品数更多。

#### 13.4.1.1　试验设备和工装

本试验涉及的主要试验设备有燃烧性试验仪、卡尺、干燥箱、秒表。

本试验的工装有两种方法。

a）方法一：用现有装置产生标准 500 W 标称试验火焰。500 W 标称试验火焰由下述方法产生：

——采用图 13-1 和图 13-2 所示的装置；

——采用图 13-2 的装置，在 23 ℃、0.1 MPa 的条件下以 965 mL/min±30 mL/min 的流量供给纯度不低于 98% 的甲烷气体，并使背压达到 125 mm±5 mm 水柱。

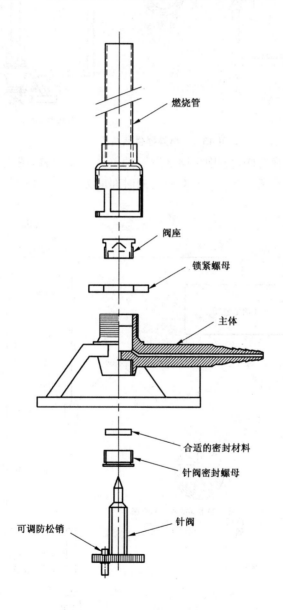

燃烧管

阀座

锁紧螺母

主体

合适的密封材料

针阀密封螺母

可调防松销

针阀

图 13-1　总装图

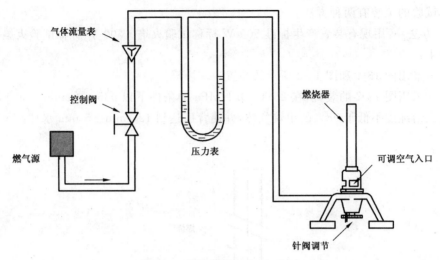

**图 13-2 燃烧器供气装置(举例)**

火焰应是对称和稳定的,使用图 13-3 所示的确认试验装置,图 13-5 所示的铜块的温度从 100 ℃±5 ℃上升到 700 ℃±3 ℃所需的时间应为 54 s±2 s。

单位为毫米

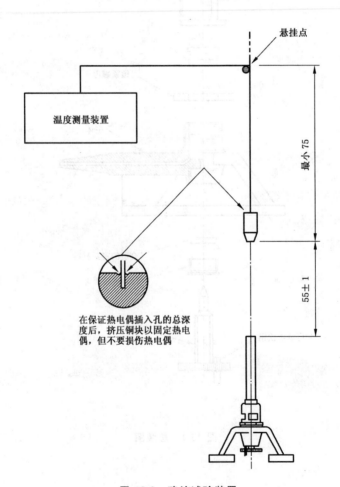

在保证热电偶插入孔的总深度后,挤压铜块以固定热电偶,但不要损伤热电偶

**图 13-3 确认试验装置**

在完成全部机加工但未钻孔的情况下,铜块直径为 9 mm,质量为 10.00 g±0.05 g,见图 13-5。

实验室通风柜/试验箱的容积应至少为 0.75 m³。试验箱应允许观察试验的进程并且应是无气流环境,同时允许试验样品周围空气的正常热循环。试验箱的内表面应是深色的。将一个照度计面向试验箱后部放在试验火焰的位置时,显示的照度应小于 20 lx。为了安全和方便起见,这个(能完全封闭的)试验箱应装有排气装置,如排气扇,以便排出可能有毒的燃烧产物。排气装置在试验期间应关闭,在试验后应立即打开排出燃烧产物。可能需要强制关闭的风门。

在实验室通风柜/试验箱中,用图 13-4 所示的量规测量的火焰实际尺寸为:
——蓝色焰心高度 38 mm～42 mm;
——总高度约 125 mm。

单位为毫米

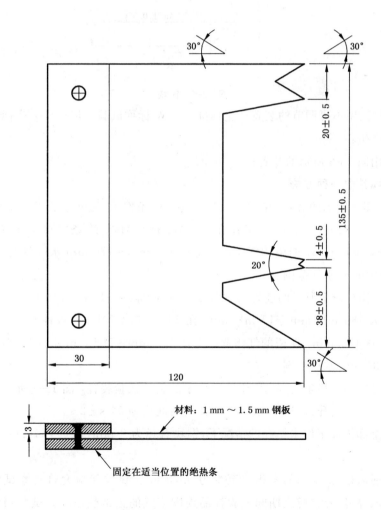

图 13-4　火焰高度量规

单位为毫米

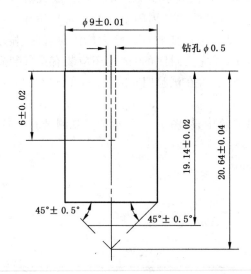

**图 13-5　铜块**

b）方法二：用不可调节的装置产生标准 500 W 标称试验火焰。500 W 标称试验火焰由下述方法产生：

——采用图 13-6 所示的装置；

——选择其中一种方法：

● 采用图 7 所示的装置，在 23 ℃、0.1 MPa 的条件下，纯度不低于 98％的甲烷气体的流量 965 mL/min±30 mL/min；在 23 ℃、0.1 MPa 的条件下，空气的流量为 6.3 L/min±0.1 L/min；期望的气体背压是在 110 mm～170 mm 水柱范围，空气背压是在 20 mm～40 mm 水柱范围。

● 或采用图 13-7 所示的装置，在 23 ℃、0.1 MPa 的条件下，纯度不低于 98％的丙烷气体的流量为 380 mL/min±15 mL/min；在 23 ℃、0.1 MPa 的条件下，空气的流量为 5.9 L/min±0.1 L/min。期望的气体背压是在 135 mm～205 mm 水柱范围，空气背压是在 15 mm～35 mm 水柱范围。

火焰应是对称和稳定的，使用图 13-4 所示的确认试验装置，图 13-5 所示的铜块的温度从 100 ℃±5 ℃上升到 700 ℃±3 ℃所需的时间应为 54 s±2 s。

在完成全部机加工但未钻孔的情况下，铜块直径为 9 mm，质量为 10.00 g±0.05 g，见图 13-5。

实验室通风柜/试验箱的容积应至少为 0.75 m³。试验箱应允许观察试验的进程并且应是无通风环境，允许燃烧期间试验样品周围空气的正常热循环。试验箱的内表面应是深色的。将一个照度计面向试验箱后部放在试验火焰的位置时，显示的照度应小于 20 lx。为了安全和方便起见，这个（能完全封闭的）试验箱应装有排气装置，如排气扇，以便排出可能有毒的燃烧产物。排气装置在试验期间应关闭,在试验后应立即打开排出燃烧产物。可能需要强制关闭的风门。

在实验室通风柜/试验箱中,用图 13-8 所示的量规测量的火焰近似尺寸为:

——蓝色焰心高度 38 mm~42 mm;

——总高度 115 mm~135 mm。

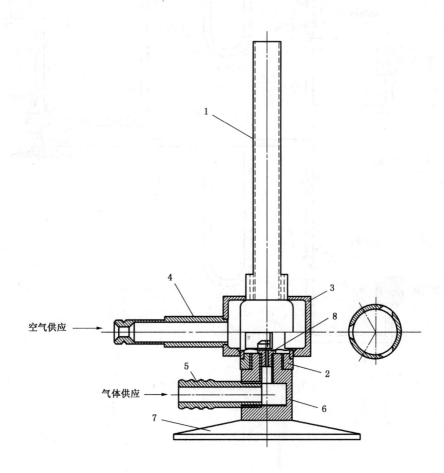

1—燃烧器筒身;2—圆环;3—空气歧管;4—空气源管;5—燃气源管;

6—肘形零件;7—燃烧器底座;8—燃气喷嘴零件。

1、2、3、4 在装配时焊牢;如果需要,可将零件 5、6 焊牢在一起,避免气体泄漏;

零件 7、8 可整体制作,或用其他方法固定在一起,避免气体泄漏。

**图 13-6 燃烧器总装图**

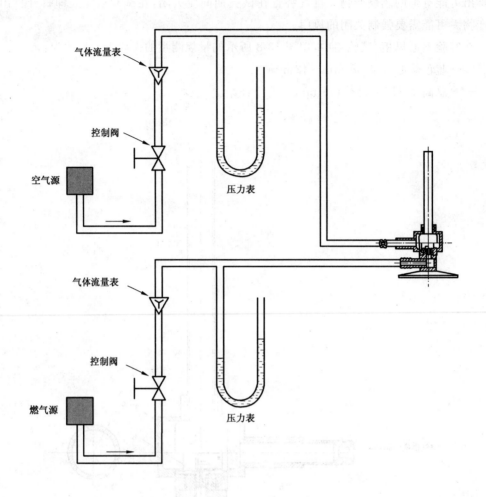

图 13-7　燃烧器供气装置（举例）

单位为毫米

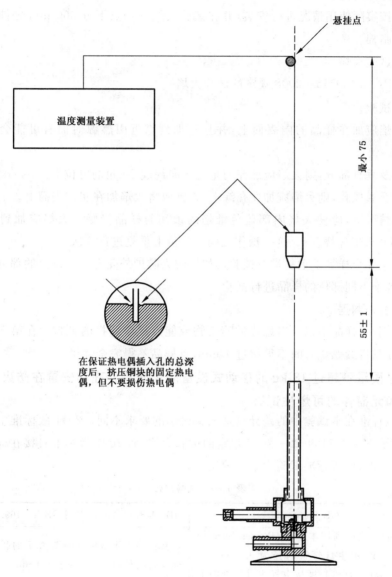

图 13-8　确认试验装置

### 13.4.1.2　样品要求

应使用三个样品进行试验,每个样品可以由一个完整的防火防护外壳组成,也可以由防火防护外壳上代表最薄有效壁厚且含有通风孔在内的切样组成。

### 13.4.1.3　样品处理

在进行可燃性试验前,样品应放入空气循环的烘箱内进行处理 7 d(168 h),烘箱内的温度取以下两种情况下温度的较高温度值,这两种情况下的温度为温度试验(标准中 4.5.2)中该材料的最高温度高 10 K 的均匀温度,或者 70 ℃ 的均匀温度,处理完后,将试验样品放在干燥箱内冷却到室温。

211

#### 13.4.1.4　样品的安装

样品应按实际使用情况进行安装,并在试验火焰施加点下方 300 mm 处铺上一层未经处理的脱脂棉。

#### 13.4.1.5　试验火焰

使用 GB/T 5169.15—2008 规定的试验火焰。

#### 13.4.1.6　试验程序

试验火焰应加在样品的内表面上,并且施加到靠近引燃源时而有可能会被引燃的部位。

如果涉及垂直部分,则火焰应加在与垂直方向约成 20°角的方位上。

如果涉及通风孔,则火焰应加在孔缘上,否则应将火焰加在实体表面上。

在所有情况下,应使火焰内部蓝色锥焰的顶端与样品接触。火焰应加到样品上烧 5 s,然后移开火焰停烧 5 s。这一操作在同一部位上重复进行 5 次。

应在其余 2 个样品上重复进行试验。如果防火防护外壳有一个以上的部分靠近引燃源,则应对各个不同部位的样品进行试验。

#### 13.4.1.7　合格判据

在试验期间,样品不得放出燃烧的滴落物或能点燃脱脂棉的颗粒。在第 5 次施加试验火焰后,样品持续燃烧时间不得超过 1 min,且样品不得完全烧尽。

### 13.4.2　总质量不超过 18 kg 的移动式设备防火防护外壳和安置在防火防护外壳内的材料和元器件的可燃性试验

新、旧版标准在本试验中的差异只是试验火焰的要求不同。2011 版标准中的试验火焰直接引用了 GB/T 5169.22—2008 规定的试验火焰,而 2001 版标准直接在标准中规定了试验火焰。新、旧版标准试验火焰比较见表 13-8。

表 13-8　试验火焰

| | GB 4943—2001 | GB 4943.1—2011(引用 GB/T 5169.22—2008) |
|---|---|---|
| 试验火焰 | 试验火焰应利用本生灯(Bunsen burner)来获得,本生灯灯管内径为 9.5 mm±0.5 mm,灯管长度从空气主进口处向上约为 100 mm。本生灯要使用热值约为 37 MJ/m³ 的燃气。应调节本生灯的火焰,使本生灯处于垂直位置时,火焰的总高度约为 20 mm | 试验火焰采用该标准中图 A.2 的装置来获得,燃烧管内径为 9.5 mm±0.3 mm,燃烧管长度从空气主进口处向上约为 100 mm±10 mm(见该标准中图 A.2),以 105 mL/min±5 mL/min 的流量供给纯度不低于 98% 的甲烷气体,火焰总高度应在 18 mm~22 mm 范围内 |
| 气体 | 纯度至少 98% 的甲烷燃气或热值约为 37 MJ/m³ 的燃气 | 纯度不低于 98% 的甲烷气体 |

通过本试验,从燃烧特性上来说,样品的燃烧特性等同于 GB/T 5169.16—2008 的 V-1 级的材料。本试验主要针对成品的验证试验,而 GB/T 5169.16—2008 中的试验主要针对材料的 HB、V-0、V-1、V-2 级定级来规定的试验方法,该标准从水平燃烧和垂直燃烧分别规定试验方法,该标准中需要的样品数更多。

### 13.4.2.1　试验设备和工装

本试验涉及的主要试验设备有燃烧性试验仪、卡尺、干燥箱、秒表。

本试验的工装为 50 W 标称试验火焰,由下述方法产生:

——采用图 13-9 所示的装置;

——采用图 13-10 的装置,在 23 ℃、0.1 MPa 的条件下以 105 mL/min±5 mL/min 的流量供给纯度不低于 98％的甲烷气体。期望的背压是小于 10 mm 水柱。

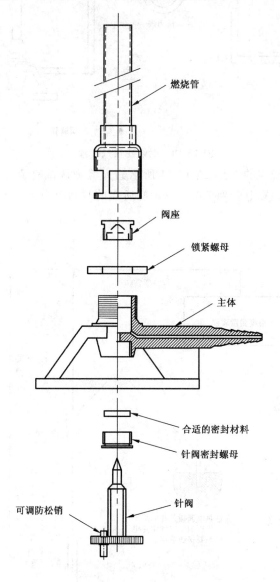

燃烧管

阀座

锁紧螺母

主体

合适的密封材料

针阀密封螺母

可调防松销

针阀

图 13-9　燃烧器-总装图

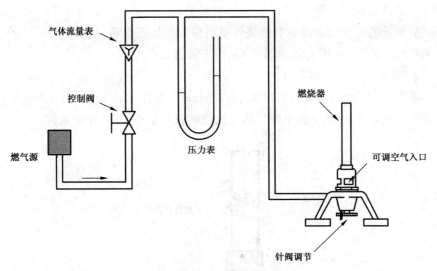

**图 13-10　燃烧器供气装置**

　　火焰应是对称和稳定的,使用图 13-11 所示的火焰确认试验装置,图 13-12 所示的铜块的温度从 100 ℃±5 ℃上升到 700 ℃±3 ℃所需的时间应为 44 s±2 s。

单位为毫米

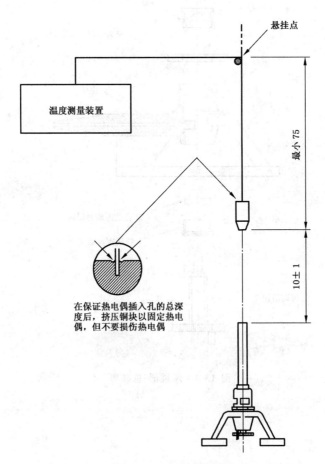

**图 13-11　确认试验装置**

在完成整个机加工但未钻孔的情况下,铜块直径为 5.5 mm,质量为 1.76 g±0.01 g,见图 13-12。

典型的火焰总高度应在 18 mm～22 mm 范围内,但是在实验室通风柜/试验箱中使用图 13-13 所示的火焰高度量规测量时指标接近 20 mm。

单位为毫米

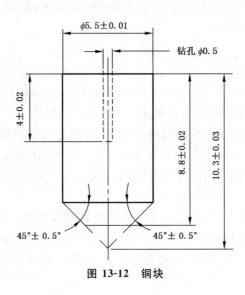

图 13-12　铜块

单位为毫米

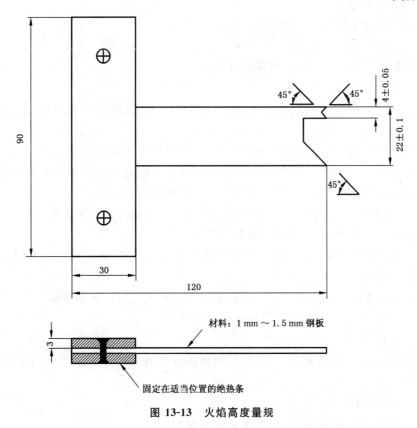

图 13-13　火焰高度量规

实验室通风柜/试验箱的容积应至少为 0.5 m³。试验箱应允许观察试验的进程并且应是无通风环境,允许燃烧期间试验样品周围空气的正常热循环。试验箱的内表面应是深色的。将一个照度计面向试验箱后部放在试验火焰的位置时,显示的照度应小于20 lx。为了安全和方便起见,这个(能完全封闭的)试验箱应装有排气装置,如排气扇,以便排出可能有毒的燃烧产物。排气装置在试验期间应关闭,在试验后应立即打开排出燃烧产物。可能需要强制关闭的风门。

### 13.4.2.2　样品要求

应使用三个样品进行试验。

1) 对于防火防护外壳每一样品可以由一个完整的防火防护外壳组成,也可以由防火防护外壳上代表最薄有效壁厚且含有通风孔在内的切样组成。

2) 对安置在防火防护外壳内的材料,每个样品应为完整的部件;或代表部件上最薄有效壁厚的部分;或代表部件上最薄有效壁厚部分的厚度均匀的试验片或试验条。

3) 对安置在防火防护外壳内的元器件,每个样品应当是完整的元器件。

### 13.4.2.3　样品处理

在进行可燃性试验前,样品应放入空气循环的烘箱内处理 7 d(168 h),烘箱内的温度取以下两种情况下温度的较高温度值,这两种情况下的温度为温度试验中该材料的最高温度高 10 K 的均匀温度,或者 70 ℃ 的均匀温度,处理完后,将试验样品放在干燥箱内冷却到室温。

### 13.4.2.4　样品的安装

样品应当按其实际使用的情况进行安装和定位。

### 13.4.2.5　试验火焰

使用 GB/T 5169.22—2008 规定的试验火焰。

### 13.4.2.6　试验程序

试验火焰应加在样品的内表面上,并且施加到靠近引燃源时而有可能会被引燃的部位。

对安置在防火防护外壳内的材料的试验,允许将试验火焰施加到样品的外表面上。

对安置在防火防护外壳内的元器件的试验,试验火焰应直接施加到元器件上。

如果涉及垂直部分,则火焰应加在与垂直方向成 20°角的方位上。

如果涉及通风孔,则火焰应加在孔缘上,否则应将火焰加在实体表面上。

在上述所有情况下,应使火焰的顶端与样品接触。

火焰应加到样品上烧 30 s,然后移开火焰停烧 60 s,最后不管样品是否燃烧,在同一部位再次施加火焰烧 30 s。

应在上述要求的 3 个样品上重复进行试验。如果受试的任何部分有一个以上的部位靠近引燃源,则应对各个不同部位的样品进行试验。

### 13.4.2.7　合格判据

在试验期间,当试验火焰第二次施加后,样品持续燃烧时间不得超过 1 min,且样品不得完全烧尽。

### 13.4.2.8　替换试验

本节提到的上述试验可以用下面的试验来替换。

可以使用 GB/T 5169.5—2008 中第 5 章和第 9 章规定的试验装置和程序来代替 13.4.2.5 和 13.4.2.6 中规定的试验装置和程序。但在试验方法中,火焰施加的方式、时间和次数应按 13.4.2.6 的规定,判断其是否合格应按 13.4.2.7 的规定。

## 13.5 灼热燃油试验

本试验在 2011 版标准中在附录 A 的 A.3 中出现,而 2001 版在 A.5 中出现,在内容上新、旧两版标准没有差异。

### 13.5.1 样品的安装

将一个完整的防火防护外壳底部样品牢固地支撑在水平位置上。在该样品的下面约 50 mm 处放一浅平底盘,盘上铺上一层大约为 40 g/m² 的漂白纱布,该纱布尺寸应当足够大,以便能完全覆盖样品上的开孔图形,但其尺寸也不要大到能把溢出样品边缘或其他不流过开孔的灼热油接住。

### 13.5.2 试验程序

取一个带有浇注嘴和长勺把的金属小勺(直径最好不大于 65 mm),在灌注时,该勺把的纵轴线应当保持水平;在勺部分容积内注入 10 mL 蒸馏燃油,该蒸馏燃油应当是一种中等挥发性的蒸馏液,密度介于 0.845 g/mL~0.865 g/mL 之间,闪点介于 43.5 ℃~93.5 ℃ 之间,平均热值为 38 MJ/L。将盛油的勺加热,使油点燃并使其燃烧 1 min,然后在试样上的开孔上方约 100 mm 处,以大约 1 mL/s 的流量,将勺中的灼热油全部平稳地倒入该开孔图形的中央。

该试验应当重复进行两次,间隔时间约为 5 min,每次试验应当使用清洁的纱布。

### 13.5.3 合格判据

在这两次试验期间,纱布不得被引燃。

## 13.6 热丝引燃试验(见标准中 4.7.3.2)

在 2011 版标准中没有本试验的方法,而是直接引用了 IEC 60695-2-20,而 2001 版标准中直接在 A.4 中给出了具体的试验方法。

### 13.6.1 试验设备和工装

试验室(通风柜/试验箱)内部容量应至少为 0.5 m³。试验箱应提供无气流环境,同时允许正常的空气热循环通过试验样品。试验箱应允许观察试验进程。箱壁的内表面应是暗色的。为了安全和方便起见,这个(可以完全关闭的)箱体最好装有抽气装置,如排气扇,以除去可能有毒的燃烧产物。在试验时抽气装置应是关闭的,试验之后排气机应立即打开。可能需要一个有效的关闭气闸。

相距 70 mm±2 mm 安置的两个支柱,备有以水平和平面位置支撑试验样品的压式夹具。应将试验样品支撑在试验箱底部的上方 60 mm±2 mm 处,并且在大约试验箱底部中心的位置,如图 13-14(IEC 60695-2-20:2004 中图 3)所示。

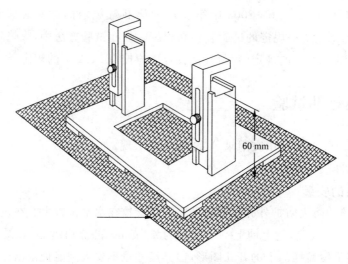

**图 13-14　试验固定装置（举例）**

提供一个缠绕装置（见图 13-16 中的示例）（IEC 60695-2-20:2004 中图 4）在试验样品上均匀地缠绕五圈加热线，以 6.3 mm±2 mm 螺距和 5.4 N±0.05 N 的拉力缠绕（见图 13-15）。

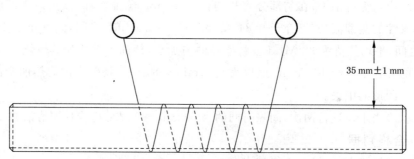

**图 13-15　试验样品绕线样式**

**图 13-16　试验样品缠绕装置（举例）**

### 13.6.2 样品要求

应制备两组试验样品,每组 5 个。如果必须重做试验,可能要求附加的试验样品。

当试验是在预选用的材料上完成时,试验应在本色样品或正常提供的有色试验样品上进行。

试验样品是从有代表性的材料(薄片或成品)上切割下来,或根据 ISO 294 浇注模制或注射模制、或根据 ISO 293 或 ISO 295 模压;或转换为模制成必要的形状。

在每次切割之后,应注意去除表面的灰尘和微粒;切割形成的棱边要打磨得光滑精整。

试验样品应长 125 mm±5 mm、宽 13.0 mm±0.5 mm,最小厚度应为规定的正常厚度 $^{+10}_{0}$%。最大厚度不能超过 13 mm。

预选试验的首选厚度为 0.75 mm、1.5 mm 和 3.0 mm$^{+10}_{0}$%。

### 13.6.3 样品处理

两组(每组 5 个)试验样品应在 23 ℃±2 ℃、相对湿度 50%±5% 条件下预处理最少48 h。

为了消除内部应力,每次试验之前,加热线应进行退火预处理。每次被矫直的加热线长度都要进行退火,使 0.26 W/mm±0.01 W/mm 的线性功率密度的电流通过加热线全部长度达 8 s~12 s。

### 13.6.4 试验程序

将试验样品夹紧在试验固定装置上。将加热线的自由端连接到试验电路上,试验样品和电连接之间的距离见图 13-15,而且保持从平面的垂线到试验样品的缠绕角度。

预先将电源调整到产生 0.26 W/mm±0.01 W/mm 的线性功率密度的电流。接通电路并立即起动定时装置。加热线将产生 0.26 W/mm±0.01 W/mm 的线性功率密度。

保持电流直到试验样品发生起燃或熔化。

如果发生起燃,断开电源并记录时间。如果在 120 s 内没有发生起燃或熔化,就停止试验。

### 13.6.5 合格判据

对于一种指定的材料,根据表 13-9(IEC 60695-2-20:2004 中表 B.1)规定的范围,性能水平分类(PLC)可以依据起燃或熔化的平均值来确定。

表 13-9  性能水平分类(PLC)

| 起燃范围<br>s | PLC | 起燃范围<br>s | PLC |
|---|---|---|---|
| 熔化 | M | >15~≤30 | 3 |
| >120 | 0 | >7~≤15 | 4 |
| >60~≤120 | 1 | 0~≤7 | 5 |
| >30~≤60 | 2 | | |

## 13.7　V-0、V-1 或 V-2 级材料的可燃性试验

本试验在 2011 版标准中直接引用了 GB/T 5169.16—2008,而 2001 版标准直接在附录 A 的第 A.6 章中规定了试验方法。本试验方法与本指南中 13.4.2 中方法不同之处是本试验方法是材料的定级试验。

GB/T 5169.16—2008 中可以使用成品或材料来进行试验,试验样品的长 125 mm± 5 mm、宽 13.0 mm±0.5 mm,并提供常用的最小和最大厚度。厚度不应大于 13.0 mm, 棱边应光滑,圆角半径不应大于 1.3 mm。试验样品最少要准备 20 件。

按照 2011 版标准的要求,本试验的样品应按使用时最薄有效厚度进行试验(见标准中 1.2.12.2~1.2.12.4)。

在 2001 版标准中,样品的长宽尺寸应大致为 130 mm×13 mm,其厚度应是所使用的最小厚度。对作泡沫塑料以外的消声材料,通常要紧附在由另一种材料制成的衬板上,其样品可以由紧附于所使用的厚度最小的衬板上的材料构成。对用组件进行试验时,样品可以由该组件或其一部分组成,但其尺寸不能小于对材料样品规定的尺寸。齿轮、凸轮、皮带、轴承、管道、配线装具等均可按成品件来进行试验,也可以从成品上截取试样来进行试验。试验样品要准备 10 件样品。

新、旧标准使用的试验火焰见本指南表 13-8(同本指南 13.4.2)。

### 13.7.1　试验设备和工装

本试验的试验设备和工装同本指南 13.4.2 中规定的试验设备和工装。

### 13.7.2　样品要求

a)成品试验

试验样品应从成品的有代表性的模制零部件上切割下来,如果不可能,应使用与模制产品零件相同的制造工艺制作试验样品;如仍无可能,应使用 ISO 的适当方法,例如 ISO 294 的铸塑法和注塑法、ISO 293:1986 或 ISO 295:1991 的压塑法或压注法制成必要的形状。

如不能用上述任何一种方法制备试验样品,则按 GB/T 5169.5—2008 的针焰试验法进行型式试验。

切割完成之后,用细砂纸将切口各棱边打磨平整光滑;应仔细从表面上清除全部粉尘和微粒。

b)材料试验

使用不同颜色、厚度、密度、分子量、各向异性方向和类型的试验样品,或含有不同添加剂、或不同填料/增强剂的试验样品进行试验所得出的试验结果会不同。

如果试验结果产生了相同的火焰试验分类,可规定试验样品的密度、熔体流动性、填料/增强剂含量的极值,并要考虑这一范围的代表性。如果代表性范围中的所有样品的试验结果未产生相同的火焰试验分类,则评定应限于所测试的密度、熔体流动性、填料/增强剂含量为极值的材料。此外,为了确定每种火焰试验分类的代表性范围,应测试密度、熔体流动性、填料/增强剂含量为中间值的试验样品。

如果试验结果产生了相同的火焰试验分类,要考虑本色试验样品和按重量添加最高

含量有机和无机颜料的试验样品其有代表性的颜色范围。当已知某些颜料会影响燃烧特性时,也应测试含有那些颜料的试验样品。被试样品应为:

——不含颜料;

——含最高含量的有机颜料;

——含最高含量的无机颜料;

——含已知对燃烧特性有不利影响的颜料。

### 13.7.3　样品处理

应将一组 5 件条形试验样品在 23 ℃±2 ℃、50％±5％的相对湿度条件下处理至少 48 h。试验样品从预处理箱中取出后,应在 1 h 内进行试验(见 GB/T 2918—1998)。

将一组 5 件条形试验样品在空气循环烘箱中 70 ℃±2 ℃条件下老化处理 168 h±2 h,然后在干燥箱中冷却至少 4 h。试验样品从干燥箱中取出后,应在 30 min 内进行试验。

工业层压板也可以在 125 ℃±2 ℃条件下放置 24 h 来代替 70 ℃±2 ℃条件下老化处理 168 h±2 h 的处理。

### 13.7.4　试验程序

利用试验样品上端 6 mm 的长度夹住试验样品,长轴垂直,以便使试验样品的下端在水平棉垫以上 300 mm±10 mm,棉垫的尺寸约为 50 mm×50 mm×6 mm(未经压实的厚度),最大质量为 0.08 g(见图 13-17)。

单位为毫米

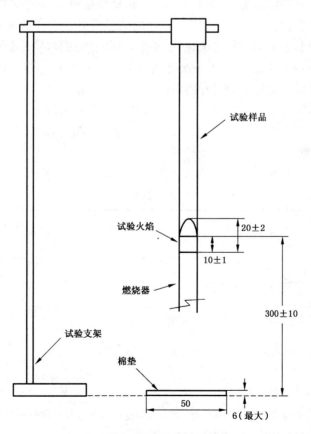

**图 13-17　垂直燃烧试验装置**

使燃烧器管的中心轴线垂直,将燃烧器放在远离试验样品的地方。使燃烧器产生 50 W 标准试验火焰。至少等待 5 min,使燃烧器状态达到稳定。

保持燃烧器管的中心轴线在垂直位置,重要的是把试验火焰施加在试验样品底边的中点,为此应使燃烧器的顶端在中点下边 10 mm±1 mm,并在这一距离保持 10 s±0.5 s,随着试验样品的位置或长度的改变,必要时,可在该垂直面内移动燃烧器。

如果在施加火焰期间试验样品落下熔化或燃烧着的材料,将燃烧器倾斜 45° 角,刚好足以从试验样品下面移开,以免材料落入燃烧器的燃烧管中,同时将燃烧器燃烧口的中心与试验样品剩余部分(不计熔融材料的流延部分)之间的距离保持为 10 mm±1 mm。在对试验样品施加火焰 10 s±0.5 s 后,立即充分移开燃烧器,使试验样品不受影响。同时,使用计时装置开始测量余焰时间 $t_1$(以秒为单位)。

在试验样品的余焰中止后,立即把试验火焰放在试验样品下方原来的位置上,燃烧器管的中心轴线维持在垂直位置,燃烧器顶端在试验样品残余底棱边之下 10 mm±1 mm,维持 10 s±0.5 s。在第二次对试验样品施加火焰 10 s±0.5 s 之后,立即熄灭燃烧器或把燃烧器充分地移离试验样品,以便对试验样品无任何影响。同时使用计时装置开始测量试验样品的余焰时间 $t_2$(精确到秒)和余灼时间 $t_3$,记录 $t_2$、$t_3$ 和 $(t_2+t_3)$,还要记录是否有任何颗粒从试验样品上落下,如有,这些颗粒是否引燃了棉垫。

对上述处理的两组样品重复试验。

对于作过预处理的样品来说,如果一组 5 件试验样品中,有一件试验样品不符合一种类别的所有判别标准,则应对接受过同一处理的试验另外一组 5 件试验样品进行试验。对于余焰时间 $t_f$ 总秒数的判别标准来说,如果余焰时间的总和,V-0 类在 51 s~55 s、V-1 和 V-2 类在 251 s~255 s 的范围内,则要增补一组 5 件试验样品进行试验。第二组的所有试验样品均应符合该类规定的所有判别标准。

试验时,某些材料由于其厚度而变形、收缩、或烧至夹持夹具处。这些材料应按 ISO 9773:1998 中的试验程序测试,准备适当成型加工的试验样品。

### 13.7.5　合格判据

根据试验样品的特性,材料的判别标准见表 13-10。

表 13-10　材料的分类

| 判别标准 | 类别(见注) | | |
|---|---|---|---|
| | V-0 | V-1 | V-2 |
| 单个试验样品的余焰时间($t_1$ 和 $t_2$) | ≤10 s | ≤30 s | ≤30 s |
| 对于任何预处理,总余焰时间 $t_f$ | ≤50 s | ≤250 s | ≤250 s |
| 第二次施加火焰后,单个试验样品的余焰时间加上余灼时间 ($t_2+t_3$) | ≤30 s | ≤60 s | ≤60 s |
| 余焰和/或余灼是否蔓延到夹持夹具 | 否 | 否 | 否 |
| 燃烧颗粒或滴状物是否引燃了棉垫 | 否 | 否 | 是 |
| 注:如试验结果不符合规定的判断标准,则不能用本试验方法对这种材料分类,而要用水平燃烧试验方法对这种材料的燃烧特性进行分类。 | | | |

# 13.8 HF-1、HF-2 或 HBF 级泡沫材料的可燃性试验

本试验在 2011 版标准中直接引用了 ISO 9772,而 2001 版标准直接在附录 A 的 A.7 中规定了试验方法。

## 13.8.1 试验设备和工装

实验烟雾箱的容积应至少为 0.5 m³。试验箱应允许观察试验的进程并且应是无通风环境,允许燃烧期间试验样品周围空气的正常热循环。试验箱的内表面应是深色的。将一个照度计面向试验箱后部放在试验样品的对面位置上,显示的照度应小于 20 lx。为了安全和方便起见,这个(能完全封闭的)试验箱应装有排气装置,如排气扇,以便排出可能有毒的燃烧产物。排气装置在试验期间应关闭,在试验后应立即打开排出燃烧产物。可能需要强制关闭风门。

燃烧管内径为 9.5 mm±0.3 mm,燃烧管长度为 100 mm±10 mm,燃烧管安装末端附件,例如稳定器。燃烧器翼形顶内部长 48 mm±1 mm、宽 13 mm±0.05 mm(见图 13-18)。

单位为毫米

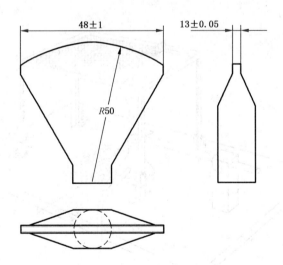

材料是铜或不锈钢。

**图 13-18 燃烧器翼形顶部**

支撑纱网约 215 mm 长、75 mm 宽,并在一端留出其长度的 13 mm 弯成一合适的角度,见图 13-19(ISO 9772:2001 中图 2))所示。它包括由直径 0.90 mm±0.05 mm 不锈钢或低碳钢丝线构成 6.4 mm 的网孔。

单位为毫米

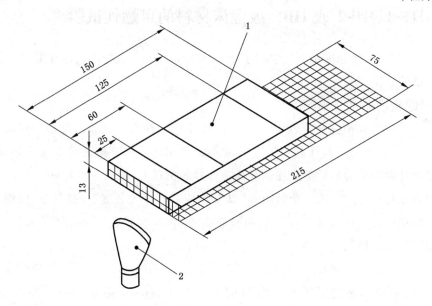

1—样品；2—燃烧器翼形顶部。

**图 13-19　试验样品和支撑纱网**

支撑纱网支架包括可调整角度和高度的两个带夹子的试验环座，支撑纱网支架由铝或钢构成，如图 13-20(ISO 9772:2001 中图 3))所示，且支撑纱网支架满足下列条件：

单位为毫米

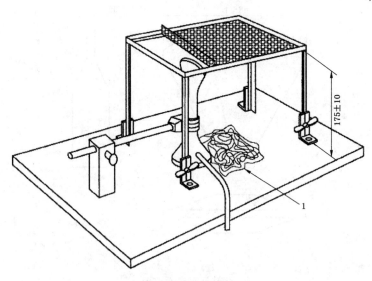

1—棉线指示器。

**图 13-20　支撑纱网支架**

——纱网长轴维持在水平方向 1°以内；

——样品的近端在燃烧器翼形顶部上方 13 mm±1 mm，见图 13-21(ISO 9772:2001 中图 4)；

——样品的上部和下部空间无障碍；

——提供一种方法相对于样品将燃烧器放置在合适的位置上,使用滑动机械装置和阻止燃烧器火焰快速朝向和远离样品运动的装置;

——试验箱的纱网从前到后及两边是等距离的,且位于试验箱底板之上 175 mm±25 mm。

单位为毫米

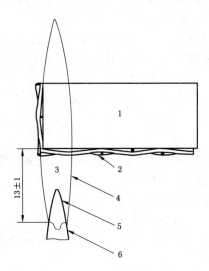

1—试验样品,最大厚度 13 mm;2—支撑纱网支架,网孔 6.4 mm;3—蓝色火焰;

4—可见火焰轮廓,高 38 mm;5—内部焰芯轮廓;6—燃烧器翼形顶部。

**图 13-21 燃烧器翼形顶部、样品、支撑纱网支架的相对位置和火焰详情**

气源可以是纯度至少为 98%,且具有 $(37\pm1)\mathrm{MJ/m^3}$ 的热值,具有使气流稳定的调节器和仪表的甲烷气体。也可以是其他具有大约 $(37\pm1)\mathrm{MJ/m^3}$ 热值的气体混合物或具有 $(94\pm2)\mathrm{MJ/m^3}$ 热值的丙烷。

### 13.8.2 样品要求

在不同密度、颜料和厚度的试验样品上进行试验时,试验结果可能不同。当材料特性超出一定范围时,试验样品应具有整个范围的代表性。

应使用极限范围内的试验样品进行试验,所有范围内的样品应考虑这一范围的代表性。如果燃烧特性不是本质的相同,评定结果应考虑密度材料试验的适用性。具有中间密度的附加样品应进行试验来决定范围的适用性。

应对本色试验样品和按重量添加最高含量有机和无机颜料的试验样品进行试验,所有在颜料范围内的试验样品应考虑这一范围的代表性。如果燃烧特性不是本质的相同,评定结果应考虑添加颜料材料试验的适用性。当已知某些颜料会影响燃烧特性时,含有那些颜料的试验样品也应试验。因此被试样品应为:

——不含颜料;

——含最高含量的有机颜料;

——含最高含量的无机颜料;

——含已知对燃烧特性有不利影响的颜料。

ISO 9772 标准中所有样品应从有代表性的材料(薄片或产品)的样品上截取。截取后应小心地去除表面的灰尘和颗粒。截面边缘应光滑。

标准的试验样品的长宽尺寸应为(150±10)mm×(50±1)mm,如果提供的样品厚度大于 13 mm,应在一面打磨到(13±1)mm 厚,如果提供的样品厚度小于或等于 13 mm,不需在任何面打磨,如果用具有粘结剂的样品试验时,样品只允许一个面有粘结剂,但试验时按以下原则进行:

——试验样品在一面为高密度的表面,试验时应将这面朝下;

——试验样品在一面上有粘结剂,试验时应将这面朝上。

需要准备至少 20 件试验样品,其中包括了 10 件附加样品。

沿样品的宽度方向上按图 13-19(ISO 9772:2001 中图 2)25 mm、60 mm、125 mm 的位置处画上标记线。

按照 GB 4943.1—2011 的要求,本试验的样品应按使用时最薄有效厚度进行试验(见标准中 1.2.12.7~1.2.12.9)。

### 13.8.3　样品处理

每组 5 件样品的两组样品在(23±2)℃和(50±5)％相对湿度下处理至少 48 h,其中一组可能用于复测(ISO 9772:2001 中 7.1.2)。

每组 5 个样品的两组样品在(70±2)℃下处理(168±2)h,然后在干燥器中放置至少 4 h 冷却到室温,其中一组可能用于复测(ISO 9772:2001 中 7.1.3)。

所有试验应在 15 ℃~35 ℃和相对湿度 45％~75％试验环境下进行。

### 13.8.4　试验程序

关闭试验箱中的风扇。

按表 13-10(ISO 9772:2001 中表 1)调整气源的气流量和线性背压,使用图 13-22(ISO 9772:2001 中图 5)的试验装置。在远离样品支架的位置处调整燃烧器翼形顶部使其提供(38±2)mm 高的燃烧火焰。通过调节燃烧气的气流量和空气口直到产生高(38±2)mm 蓝色顶的燃烧火焰,然后增加气体供应直到黄色顶部消失,再次测量火焰高度,如果有必要,重新调整。

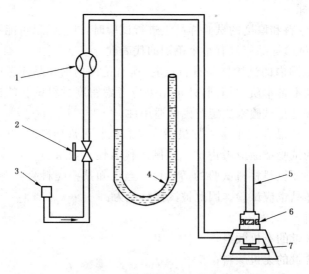

1—流量表;2—控制阀;3—燃料气体源;4—压力计;5—燃烧器;
6—空气入口调节;7—调节针阀。

**图 13-22　燃烧器供应装置**

当使用丙烷,按表 13-11(ISO 9772:2001 中表 1)调整气源的气流量和线性背压,火焰会有一蓝色顶部。

表 13-11　气源

| 气体 | 近似热量值 MJ/m³ | 流量 mL/min | 线性背压[a]<br>毫米水柱 |
|---|---|---|---|
| 甲烷[b] | 37±1 | 965±30 | 50±10 |
| 丙烷 | 94±2 | 380±15 | 25±5 |

[a]　燃烧器的针阀应调节到提供指示的线性背压。

[b]　发现具有热值为(37±1)MJ/m³ 的天燃气产生类似的结果。

在支架上放置一清洁的样品支撑纱网,样品的下端面在如图 13-21(ISO 9772:2001 中图 4)燃烧器翼型顶部上方(13±1)mm,翼型顶部的中心应在试验样品的纵轴方向上。

按下列方式把试验样品放到支撑纱网上:

——作了标记的面朝上;

——离 60 mm 标记线最近的一端靠上支撑纱网上卷 13 mm 的那端;

——样品的纵轴平行于支撑纱网的纵轴。

快速地把燃烧器移到样品支架上卷端下方,立即开启第 1 次计时装置。60 s 后,撤离燃烧器离样品 100 mm 或更远。

不管燃烧在样品的底部或顶部或边缘,当试验样品烧到 25 mm 标记线时开启第 2 次计时装置。

当有焰燃烧或灼热燃烧到 60 mm 标记线时或在到达 60 mm 标记线之前试验样品停止燃烧或灼热燃烧,此时关闭第 1 次计时装置。

当有焰燃烧或灼热燃烧到 125 mm 标记线时或在到达 125 mm 标记线之前试验样品停止燃烧或灼热燃烧,此时关闭第 2 次计时装置。

观察棉花是否被燃烧滴落物引燃。

测量从 25 mm 标记线到有焰或灼热燃烧停止处的燃烧距离($L_d$),单位为 mm,如果燃烧在 25 mm 标记线前停止了,$L_d$ 为 0。

记录燃烧时间($t_b$),此时间为第 2 次计时装置的时间,单位为 s,是从 25 mm 标记线到 125 mm 标记线的有焰或灼热燃烧时间。

记录实耗时间($t_e$),施加 60 s 火焰后,如果有焰或灼热燃烧未超过 60 mm 标记线,样品继续有焰或灼热燃烧的时间,此时间为第 1 次计时装置的时间,单位为 s,是从 25 mm 标记线到 125 mm 标记线的有焰或灼热燃烧时间。

如果有焰或灼热燃烧超过 125 mm 标记线,计算燃烧速率 V,单位为 mm/min,计算公式:$V = 6\,000/t_b$,$t_b$ 是燃烧时间,单位为 s。

如果有焰或灼热燃烧不超过 125 mm 标记线但超过 60 mm 标记线,计算燃烧速率 V,单位为 mm/min,计算公式:$V = 60 L_d/t_b$,$L_d$ 是燃烧距离,单位为 mm,$t_b$ 是燃烧时间,单位为 s。

计算和记录每种处理条件下 5 件样品的平均值。

### 13.8.5 合格判据

HF-1、HF-2 或 HBF 级泡沫材料的性能见表 13-12(ISO 9772:2001 中表 A.1)。

表 13-12 等级分类

| 材料特性 | 等级 | | |
| --- | --- | --- | --- |
| | HF-1 | HF-2 | HBF |
| 线性燃烧速率 $V$, (mm/min) | — | — | 40 |
| 在移开试验火焰后,任一样品,火焰燃烧的持续时间,s | 5 件样品中有 4 件样品燃烧时间≤2 5 件样品中有 1 件样品燃烧时间≤10 | 5 件样品中有 4 件样品燃烧时间≤2 5 件样品中有 1 件样品燃烧时间≤10 | — |
| 在移开试验火焰后,任一样品,灼热燃烧的持续时间,s | ≤30 | ≤30 | — |
| 燃烧颗粒或滴落物是否引燃脱脂棉 | 否 | 是 | — |
| 任一样品损坏长度($L_d$+25 mm) | ≤60 | ≤60 | ≥60 |

## 13.9 HB 级材料的可燃性试验

本试验在 2011 版标准中直接引用了 GB/T 5169.16—2008,而 2001 版标准直接在附录 A 的 A.8 中规定了试验方法。本试验方法是材料的定级试验。

GB/T 5169.16—2008 中可以使用成品或材料来进行试验,试验样品的长 125 mm± 5 mm、宽 13.0 mm±0.5 mm,并提供常用的最小和最大厚度。厚度不应大于 13.0 mm,棱边应光滑,圆角半径不应大于 1.3 mm。试验样品最少要准备 6 件条形试验样品。

按照 2011 版标准的要求,本试验的样品应按使用时最薄有效厚度进行试验(见标准中 1.2.12.10~1.2.12.11)。

在 2001 版标准中,样品的长宽尺寸应大致为 130 mm×13 mm,其厚度应等于或小于所使用的最小厚度,对所使用的材料厚度大于 3 mm 时,其试验样品应减小到 3 mm 的厚度。在距离样品一端 25 mm 和 100 mm 处,沿样品宽度方向应划上标记线。试验样品要准备 3 件样品。

新、旧标准试验火焰比较见表 13-13。

表 13-13　试验火焰

|  | GB 4943—2001 | GB/T 5169.16—2008 |
|---|---|---|
| 试验火焰 | 试验火焰应利用本生灯(Bunsen burner)来获得,本生灯灯管内径为 9.5 mm±0.5 mm,灯管长度从空气主进口处向上约为 100 mm。本生灯要使用热值约为 37 MJ/m³ 的燃气。应调节本生灯的火焰,使本生灯处于垂直位置时,火焰的总高度约为 25 mm | 试验火焰采用该标准中图 A.2 的装置来获得,燃烧管内径为 9.5 mm±0.3 mm,燃烧管长度从空气主进口处向上约为 100 mm±10 mm(见该标准的图 A.2),以 105 mL/min±5 mL/min 的流量供给纯度不低于 98% 的甲烷气体,火焰总高度应在 18 mm～22 mm 范围内 |
| 气体 | 纯度至少 98% 的甲烷燃气或热值约为 37 MJ/m³ 的燃气 | 纯度不低于 98% 的甲烷气体 |

### 13.9.1　试验设备和工装

本试验的试验设备和工装同本指南 13.7 中规定的试验设备和工装。

### 13.9.2　样品要求

本试验的样品要求同本指南 13.7 中规定的样品要求。

### 13.9.3　样品处理

将一组 3 件条形试验样品在温度 23 ℃±2 ℃、相对湿度为 50%±5% 的条件下处理至少 48 h。试验样品从处理箱中取出后,应在 1 h 内进行试验(见 GB/T 2918—1998)。

所有的试验样品均应在温度为 15 ℃～35 ℃、相对湿度为 45%～75% 的实验室大气条件下进行试验。

### 13.9.4　试验程序

每个试验样品都应在距被引燃端 25 mm±1 mm 和 100 mm±1 mm 处划两条与条形试样的长轴垂直的直线。

在距 25 mm 标记最远的一端夹住试验样品,使样品的长轴呈水平放置,横轴(短轴)倾斜成 45°角,见图 13-23(GB/T 5169.16—2008 中图 1)。将金属丝网水平地放在试验样品下方夹紧,使试验样品最低的棱边和金属丝网的距离为 10 mm±1 mm,自由端与金属丝网的一边平齐。前几次试验残留在金属丝网上的任何材料都要烧去,或每次试验都使用新金属丝网。

如果试验样品的自由端下垂,不能保持上述规定的 10 mm±1 mm 的距离,则应使用图 13-24(GB/T 5169.16—2008 中图 2)所示的支承夹具。将支承夹具放在金属丝网上用以支撑试验样品,使支承夹具的加长部分距试验样品的自由端约为 10 mm±1 mm。在试验样品的被夹持端留出足够的间隙,以便支承夹具能自由地横向移动。

单位为毫米

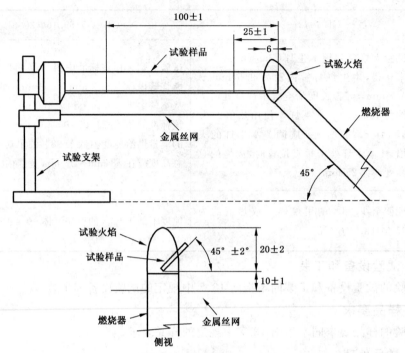

图 13-23　水平燃烧试验装置

单位为毫米

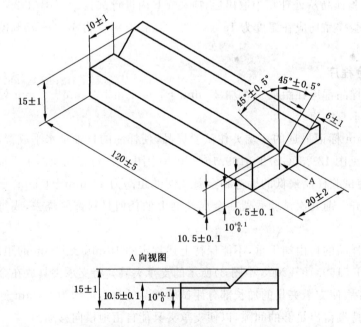

图 13-24　易弯样品的支承夹具——方法 A

使燃烧器管的中心轴线垂直,将燃烧器放在远离试验样品的地方,调节燃烧器产生 50 W 的标准试验火焰。至少等待 5 min,使燃烧器达到平衡状态。

使燃烧器管的中心轴线与水平面约呈 45°角,斜向试验样品的自由端,燃烧器管的中心轴线则与试验样品的(长)底边在同一垂直平面内(见图13-23)。对试验样品自由端的最低棱边施加火焰,燃烧器的放置位置应使样品的自由端深入火焰中约6 mm。

在不改变其位置的情况下施加试验火焰30 s±1 s,或者在试验样品的火焰前沿达到25 mm标记时(如果小于30 s)立即移开试验火焰。在火焰前沿达到25 mm标记线时,重新启动记时装置。

如果移开试验火焰后试验样品继续有焰燃烧,应记录经过的时间$t$(单位为s),如果火焰前沿从25 mm标记线起蔓延通过100 mm标记线,应将损坏长度$L$记录为75 mm。如果火焰前沿越过25 mm标记线,但未通过100 mm标记线,应记录经过的时间$t$(单位为s)和25 mm标记线与火焰前沿停止处之间的损坏长度$L$(单位为mm)。

对于火焰前沿通过100 mm标示线的每个试验样品,使用下式计算线性燃烧速率:

$$V = \frac{60L}{t}$$

式中:$V$——线性燃烧率,mm/min;

　　　$L$——损坏长度,mm;

　　　$t$——时间,s。

### 13.9.5　合格判据

a)划分到HB类的材料应符合下列指标之一:

1)移开引燃源后不应有明显的有焰燃烧;

2)如果移开引燃源后试验样品继续有焰燃烧,则火焰前沿不应通过100 mm标志线;

3)如果火焰前沿通过了100 mm标志线,试样厚度为3.0 mm～13.0 mm的线性燃烧速率不应超过40 mm/min,或试样厚度小于3.0 mm的线性燃烧速率也不应超过75 mm/min;

4)如果试样厚度为3.0 mm±0.2 mm的线性燃烧速率不超过40 mm/min,则最小厚度应自动允许降到1.5 mm。

b)划分到HB40类的材料应符合下列指标之一:

1)移开引燃源后不应有明显的有焰燃烧;

2)如果移开引燃源后试验样品继续有焰燃烧,则火焰前沿不应通过100 mm标志线;

3)如果火焰前沿通过了100 mm标志线,则线性燃烧速率不应大于40 mm/min。

c)被划入HB75类的材料即使火焰前沿通过了100 mm标志线,其线性燃烧速率也不应大于75 mm/min。

## 13.10　5V级材料的可燃性试验

本试验在2011版标准中直接引用了GB/T 5169.17—2008,而2001版标准直接在附录A的A.9中规定了试验方法。本试验方法与13.4.1中方法不同之处是本试验方法是材料的5V级定级试验。

GB/T 5169.17—2008中可以使用成品或材料来进行试验,条形试验样品的尺寸应为：长 125 mm±5 mm、宽 13.0 mm±0.5 mm，并应提供常用的最小厚度的样品，且样品厚度不应大于 13.0mm。样品的棱边应光滑，圆角半径不应大于 1.3 mm；板形试验样品的尺寸应为：长 150 mm±5 mm，宽 150 mm±5 mm，厚度应是常用的最小厚度，且不应大于 13.0 mm。

如果要求 5VA 类，必须测试板形试验样品。对 5VB 类的测定，不需要测试板形试验样品。试验中至少应制备 20 件条形试验样品和 12 件板形试验样品。

按照 2011 版标准的要求，本试验的样品应按使用时最薄有效厚度进行试验（见标准中 1.2.12.5、1.2.12.6）。

在 2001 版标准中，试验样条的长宽尺寸为 130 mm×13 mm，其厚度与在设备中使用的最小厚度相同，但不大于 13 mm；试验板样长宽尺寸为 150 mm×150 mm，其厚度与在设备结构中所使用的最小厚度相同，但不大于 13 mm。试验中应制备 10 件样条，或制备 8 件试验板样。

新、旧标准使用的试验火焰见本指南表 13-7（同 13.4.1）。

### 13.10.1　试验设备和工装

本试验的试验设备和工装同 13.4.1 中规定的试验设备和工装。

### 13.10.2　样品要求

a）成品试验。试验样品应从成品的有代表性的模制零部件上切割下来，如果不可能，应使用与模制产品零件相同的制造工艺制作试验样品；如仍无可能，应使用 ISO 的适当方法，例如，ISO 294 的铸塑法和注塑法、ISO 293：1986 或 ISO 295：1991 的压塑法或压注法制作成必要的形状。

如不能用上述任何一种方法制备试验样品，则按 GB/T 5169.5—2008 的针焰试验法进行型式试验。

切割完成之后，用细砂纸将切口各棱边打磨平整光滑；应仔细从表面上清除全部粉尘和微粒。

b）材料试验。使用不同颜色、厚度、密度、分子量、各向异性方向和类型的试验样品，或含有不同添加剂、或不同填料/增强剂的试验样品进行试验所得出的试验结果会不同。

如果试验结果产生了相同的火焰试验分类，可规定试验样品的密度、熔体流动性、填料/增强剂含量的极值，并要考虑这一范围的代表性。如果代表性范围中的所有样品的试验结果未产生相同的火焰试验分类，则评估应限于所测试的密度、熔体流动性、填料/增强剂含量为极值的材料。此外，为了确定每种火焰试验分类的代表性范围，应测试密度、熔体流动性、填料/增强剂含量为中间值的试验样品。

如果试验结果产生了相同的火焰试验分类，要考虑本色试验样品和按重量添加最高含量有机和无机颜料的试验样品其有代表性的颜色范围。当已知某些颜料会影响燃烧特性时，也应测试含有那些颜料的试验样品。被试样品应为：

——不含颜料；

——含最高含量的有机颜料；

——含最高含量的无机颜料；

——含已知对燃烧特性有不利影响的颜料。

### 13.10.3 预处理

每5件条形试验样品和3件板形试验样品组成一组试验样品,将几组这样的样品在23 ℃±2 ℃和50%±5%的相对湿度下至少处理48 h,试验样品从预处理箱中取出后,应在1 h内进行试验(见GB/T 2918—1998)。

每5件条形试验样品和3件板形试验样品组成一组,在温度为70 ℃±2 ℃的循环通风烘箱老化处理168 h±2 h,然后在干燥箱中冷却至少4 h。试验样品从干燥箱中取出后,应在30 min内进行试验(见GB/T 2918—1998)。

所有的试验样品均应在15 ℃～35 ℃空气温度、45%～75%的相对湿度的实验室大气条件下进行试验。

### 13.10.4 试验程序

a)条形试验样品

使用试验支架,施加与条形试验样品纵轴垂直的力在试验样品上部6 mm之处夹住条形试样,使其下端距水平放置的棉垫300 mm±10 mm;棉垫的面积约为50 mm×50 mm,未压实的厚度约6 mm,最大质量为0.08 g,见图13-25(GB/T 5169.17—2008中图1)。

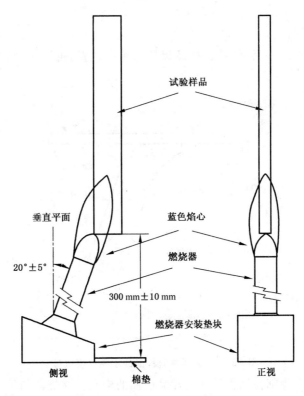

**图 13-25 条形试样的垂直燃烧试验**

将燃烧器放在远离试验样品的地方,燃烧管的中心轴线垂直,然后使燃烧器产生标称500 W的符合GB/T 5169.15—2008中火焰A或C的标准火焰。至少等待5 min,使燃烧器达到稳定状态。再把燃烧器固定在安装斜垫块上,使燃烧管的轴心线与垂直平面成20°±5°,见图13-25(GB/T 5169.17—2008中图1)。如有争议,应用火焰A作为基准试

233

验火焰。

使条形试验样品的窄边面对燃烧器,使燃烧器火焰与垂直面成 20°±5°,施加在试验样品的前下角,使蓝色锥形焰芯的顶部刚好触及条形试样,见图 13-25(GB/T 5169.17—2008 中图 1)。

施加火焰 5.0 s±0.5 s,然后移开火焰 5.0 s±0.5 s,重复操作,使条形试验样品 经受 5 次试验火焰。如果在试验期间条形试验样品滴下颗粒,卷缩或伸长,则要调整燃烧器位置,使蓝色焰心的顶部刚好触及条形试样的剩余部分,而不是触及熔融的材料细丝。在每次施加火焰之后,立即充分移开燃烧器,使条形试验样品不受影响。

在对条形试验样品第 5 次施加火焰后,立即移开燃烧器使之远离试验样品,使样品不受影响,同时使用计时装置开始测量并记录余焰时间 $t_1$ 和余灼时间 $t_2$ 及 $t_1$ 与 $t_2$ 之和,精确到秒,还要记录是否有燃烧的颗粒从条状试验样品上落下,如有燃烧颗粒落下,则要记录它们是否点燃了棉垫。

在 5 件条形试验样品上重复进行该试验。

经过规定预处理的 5 件一组的条形试验样品中,如果只有一件试验样品不符合某一类所有指标,则应试验经受过相同处理的另外 5 件一组的条形试验样品。第二组全部试验样品均应符合这类材料规定的所有指标。

b) 板形试验样品

利用试验支架上的夹具,使试验样品保持在水平位置,见图 13-26(GB/T 5169.17—2008 中图 2)。

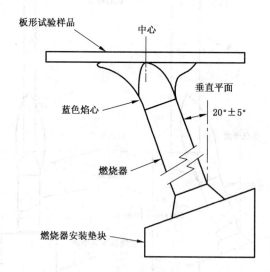

**图 13-26　板形试验样品的水平燃烧试验**

将燃烧器的火焰施加在该板形试验样品底面的中心。燃烧器与垂直平面成 20°±5°,使蓝色焰心的顶部刚好触及样品表面。

施加火焰 5.0 s±0.5 s,然后移开火焰 5.0 s±0.5 s。重复操作,使板形试验样品经受 5 次试验火焰。在每次施加火焰之后,立即充分移开燃烧器,使板形试验样品不受影响。

在第 5 次施加火焰后,立即充分移开燃烧器,使板形试验样品不受影响。观察并记录火焰是否烧穿该样品。

在 3 件板形样品上重复进行试验。

经过规定预处理的 3 件一组的板形样品中,如果只有一件试验样品不符合某一类所有指标,则应试验经受过相同处理的另外 3 件一组的板形样品。第 2 组全部试验样品均应符合这类材料规定的所有指标。

### 13.10.5 合格判据

根据条形试验样品和板形试验样品的性能,见表 13-14(GB/T 5169.17—2008 中表1)给出的指标应将被试材料分为 5VA 类或 5VB 类(5V 表示垂直燃烧)。为了评定燃烧到支持夹具的距离,归入 5VA 类或归入 5VB 类的材料,同一条形试验样品厚度,还应符合 GB/T 5169.16—2008 所描述的 V-0、V-1 或 V-2 类材料的指标。

表 13-14  5V 燃烧的类别

| 指　　标 | 类别(见注) | |
| --- | --- | --- |
| | 5VA | 5VB |
| 对每个单个的条形试验样品第 5 次施加火焰后,单个条形试验样品的余焰时间加上余灼时间,即$(t_1 + t_2)$ | ≤60 s | ≤60 s |
| 条形试验样品的燃烧颗粒或滴状物是否引燃了棉垫 | 否 | 否 |
| 条形试验样品是否完全烧尽 | 否 | 否 |
| 是否有板形试验样品被烧穿 | 否 | 是 |
| 注:如试验结果不符合规定的指标,则该材料不能用这一试验方法分类。 | | |

# 13.11  针焰试验

在 13.4.2、13.7、13.10 中所述的试验方法均可用针焰试验来替换,在 2001 版标准中附录 A 的 A.2.7 也提到了针焰试验的替换。

### 13.11.1  试验设备和工装

单位为毫米

产生试验火焰的燃烧器应由长度至少 35 mm、孔径 0.5 mm±0.1 mm,外径不超过 0.9 mm 的管子构成。燃烧器使用的丁烷或丙烷气体的纯度不低于 95%。不允许空气进入燃烧管。

燃烧器使用的丁烷或丙烷气体的纯度不低于 95%。不允许空气进入燃烧管。

燃烧器沿轴线垂直方向放置,见图 13-27(GB/T 5169.5—2008 中图 1a),逆着黑暗的背景在柔和的光线下观察,调节供气量使火焰高度为 12 mm±1 mm。

采用图 13-28(GB/T 5169.5—2008 中图 A.2)的火焰确认试验装置,图 13-29(GB/T 5169.5—2008 中图 A.1)的铜块温度从 100 ℃±5 ℃升高到 700 ℃±3 ℃时所需时间应为 23.5 s±1.0 s。

12±1

最大外径 $\phi 0.9$
内孔 $\phi 0.5 \pm 0.1$

供气

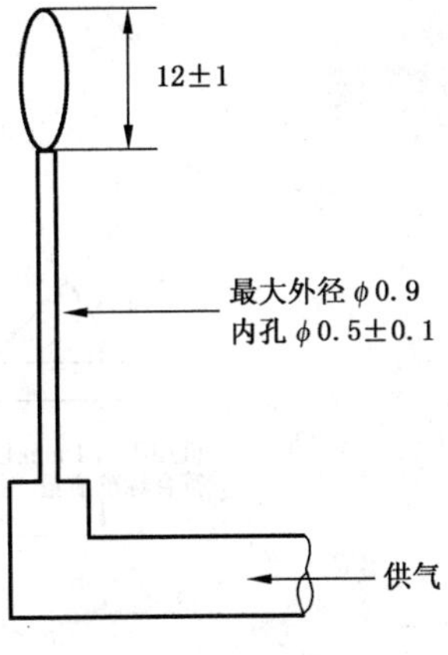

图 13-27  火焰的调节

单位为毫米

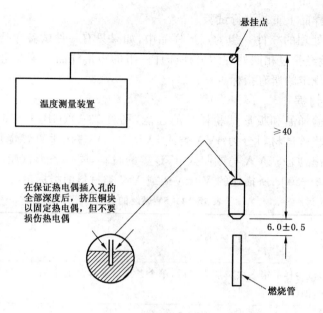

图 13-28　确认试验装置

　　铜块材料应规定为:Cu-ETP UNS C11000。在完成全部机加工但未钻孔的情况下,铜块直径为 4 mm±0.01 mm,质量为 0.58 g±0.01 g,见图 13-29(GB/T 5169.5—2008 中图 A.1)。

单位为毫米

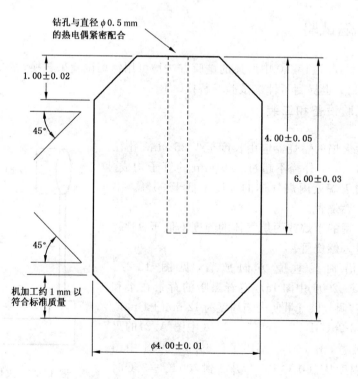

图 13-29　铜块

将试验火焰施加到试验样品最易受到火焰影响的表面部位,此火焰由正常使用、故障条件而产生。火焰试验位置举例见图 13-30(GB/T 5169.5—2008 中图 1b)和图 13-31(GB/T 5169.5—2008 中图 1c)。

试验室通风柜/试验箱的容积应至少为 0.5 m³。试验箱应允许观察试验的进程并且应是无通风环境,同时允许试验样品周围空气的正常热循环。试验箱的内表面应是深色的。

为了安全和方便起见,这个(能完全封闭的)试验箱应装有排气装置,如排气扇,以便排出可能有毒的燃烧产物。这种排气装置在试验期间应关闭,在试验后应立即打开排出燃烧产物。

为了评定火焰蔓延的可能性,例如从试验样品上落下的燃烧或灼热颗粒引起的火焰蔓延,在试验样品下方放置铺底层,铺底层一般是由正常使用试验样品时其周围或底下的材料或元件组成,试验样品与铺底层的距离应与在正常使用条件下安装的试验样品一致。

如果试验样品是设备的组件或部件,并进行单独测试时,除非有关规范另有规定,在厚约 10 mm 的平滑木板上,紧密覆盖一层包装绢纸,将其置于施加针焰的试验样品下方 200 mm±5 mm 处。符合 ISO 4046-4:2002 中 4.215 要求的绢纸柔软而结实,轻质包装绢纸 12 g/m²～30 g/m²。

如果试验样品是一个完整的独立式设备,按其正常使用的位置放置在覆盖了一层绢纸的木板上,覆盖了绢纸的木板在设备底部四周向外延长至少 100 mm。

如果试验样品是一个完整的壁挂式设备,按其正常的使用的位置固定在覆盖了绢纸的木板的上方 200 mm±5 mm 处。

## 13.11.2 样品要求

试验样品应是完整的设备、组件或部件。必要时,拆除部分外壳或截取适当的部分进行试验,但必须注意确保试验条件在如形状、通风条件、热应力效应和可能产生的火焰,以及燃烧或灼热颗粒落在试验样品附近等方面,与正常使用时出现的情况无显著差异。

如果试验样品是从一个大的整体上截取的适当部分,必须注意确保在这种特殊情况下,不要错误地施加试验火焰,例如不要将火焰施加到切割所产生的边缘上。

如果试验不可能在设备中的组件或部件上进行,则从设备上取下试验样品进行试验。

## 13.11.3 预处理

在试验开始之前,试验样品、木板和绢纸应在温度 15 ℃～35 ℃之间、湿度在 45%～75%之间的环境条件下,预处理 24 h。

试验在 3 个试验样品上进行。

## 13.11.4 试验程序

试验时应将试验样品安放在正常使用时最易起燃的位置。固定试验样品的方式不应影响试验火焰或火焰蔓延的效应,应和正常使用条件下的情况一致。

将试验火焰施加到试验样品最易受到火焰影响的表面部位,此火焰由正常使用、故障条件而产生。火焰试验位置举例见图 13-30(GB/T 5169.5—2008 中图 1b)和图 13-31(GB/T 5169.5—2008 中图 1c)。

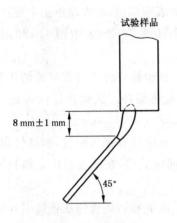

图 13-30　试验位置举例

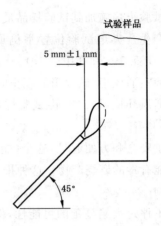

图 13-31　试验位置举例

施加试验火焰的持续时间应按有关规范中的规定。

试验火焰被定位在火焰尖端与试验样品表面接触的位置。达到规定时间之后将试验火焰移开。

如果在火焰施加期间试验样品滴下熔化或有焰的材料,燃烧器可与垂线倾斜 45°以防止材料落入燃烧管,燃烧器顶端中心与试验样品剩余部分之间保持 8 mm±1 mm 的空间,忽略熔化的材料丝。

### 13.11.5　合格判据

如果试验样品符合下列情况之一,认为能耐受针焰试验:

——试验样品无火焰和灼热,并且规定的铺底层或包装绢纸没有起燃;

——在移开针焰后,试验样品和周围的零部件的火焰或灼热在 30 s 之内熄灭,即 $t_b<$30 s。而且周围的零部件没有完全烧毁和规定的铺底层或包装绢纸没有起燃。

## 13.12　VTM-0 级、VTM-1 级、VTM-2 级材料的可燃性试验

本试验方法是新版标准中新增的试验方法,本试验方法是对材料很薄,材料遇火而蜷缩,且不能依据 V 等级的试验方法来测试的试验方法。

本试验在新版标准中直接引用了 ISO 9773。

### 13.12.1　试验设备和工装

试验室通风柜/试验箱的容积应至少为 0.5 m³。试验箱应允许观察试验的进程并且应是无通风环境,同时允许试验样品周围空气的正常热循环。

为了安全和方便起见,这个(能完全封闭的)试验箱应装有排气装置,如排气扇,以便排出可能有毒的燃烧产物。这种排气装置在试验期间应关闭,在试验后应立即打开排出燃烧产物。

燃烧器管长为 100 mm±10 mm,燃烧管内径为 9.5 mm±0.3 mm。燃烧器使用热值约为 37 MJ/m³ 的燃气或纯度不低于 98% 的甲烷气体,有争议时应使用纯度不低于 98% 的甲烷气体。

### 13.12.2　样品要求

样品应从典型材料样本（薄板或最终产品）上切割。切割完成之后,用细砂纸将切口各棱边打磨平整光滑;应仔细从表面上清除全部粉尘和微粒。

准样品长为 200 mm±5 mm,宽为 50 mm±2 mm,最大厚度为 0.1 mm。每个厚度接近 0.01 mm。

距切割样品一端（底端）125 mm±5 mm 整个样品宽度上标记一标志线。样品的纵轴应紧密缠绕心轴的纵轴以构成一相互搭接的露出 125 mm 标志线的圆柱体。125 mm 标志线以上的 75 mm 重叠部分应固定,且在管子的顶端用压敏胶带固定。之后心轴应去掉。

对坚硬的样品,用镍铬合金丝代替缠绕在样品顶部 75 mm 部分的压敏胶带,见图 13-32（ISO 9773 中图 1）。

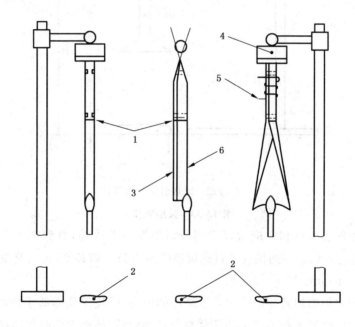

a）样品的前视图,　b）样品的侧视图,　c）样品的后视图,
底部缠绕　　　　　底部缠绕　　　　　底部未缠绕

1—125 mm 处标志;2—棉絮;3—缠绕区;4—弹簧夹;5—镍铬线锁合;6—未缠绕区。

**图 13-32　样品方向**

应制备至少 20 件样本。建议准备额外的样品,以备复测用。

### 13.12.3　预处理

5 件样品的两组样品在 23 ℃±2 ℃ 和（50±5）% 相对湿度下预处理至少 48 h。1 h 内,试验在实验室环境下进行。

5 件样品的两组样品在 70 ℃±1 ℃ 预处理 168 h,之后在室温下的干燥器中冷却至少 4 h。从干燥器中取出后,1 h 内,试验在实验室环境下进行。

### 13.12.4　试验程序

用重型弹簧夹或其他装置在长度方向纵向轴距上端 6 mm 处夹住样品,距样品底端水平面 300 mm±10 mm 应有 0.05 g～0.08 g 的棉絮,面积约 50 mm×50 mm,最大厚度 6 mm,见图 13-33(ISO 9773 中图 2)。

单位为毫米

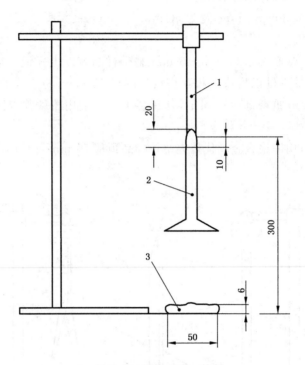

1—样品;2—燃烧器;3—棉絮。

**图 13-33　火焰施加**

调节燃烧器的进气口和供应量以得到所需的燃烧器火焰,直到产生高为 20 mm± 1 mm 的黄顶蓝色火焰。增加供气量直到黄顶刚刚消失。如必要,再次测量火焰的高度, 调节到 20 mm±1 mm。

将燃烧器的火焰施加到样品底边未缠绕区的中心,燃烧器顶部低于样品底端 10 mm ±1 mm,并维持该距离 3 s±0.5 s,由于熔融物或燃烧物,施加火焰时移动燃烧器,倾斜燃 烧器一个 45°角,从样品下方后移燃烧器直到刚好可以防止滴落物滴进燃烧器管内,同时 维持燃烧器出口中心到剩余部分样品的距离 10 mm±1 mm,忽略任何成串的熔融物。施 加 3 s±0.5 s 火焰后,立即将燃烧器以约 300 mm/s 的速率后移至距样品至少为 150 mm 处,同时用计时装置测量第 1 次余焰时间 $t_1$。

余焰熄灭时,即使燃烧器还没有后移到距样品 150 mm 处,立即再次将燃烧器火焰移 到样品下,维持燃烧器距样品剩余部分距离为 10 mm±1 mm,持续 3s±0.5 s。施加火焰 3 s±0.5 s 后,立即熄灭燃烧器或将燃烧器以约 300 mm/s 的速率后移至距样品至少为 150 mm 处,同时用计时装置测量第 2 次余焰时间 $t_2$ 和余灼持续时间 $t_3$。同时记录余焰 或余灼是否烧到 125 mm 标志和样品下方棉絮是否被滴落物引燃。

在 5 件试验样品上重复试验。

对每件样品,用下式计算总的余焰时间:

$$t_{Fi} = t_1 + t_2$$

式中：$t_{Fi}$——每件样品的总余焰时间；

$t_1$——是第一次余焰时间；

$t_2$——是第二次余焰时间。

对经过预处理的每组 5 件样品，计算总的余焰时间：

$$t_{FS} = \sum_{i=1}^{i=5} t_{Fi}$$

式中：$i$ 是单独样品的件数，$t_{Fi}$ 如上定义。

### 13.12.5 合格判据

用本方法测定的数据，根据表 13-15(ISO 9773 中表 A.1)的准则，选择最佳匹配单独样品性能的一个类别码。

表 13-15 划分燃烧特性的准则和分类表

| 要　　求 | 分类方式[a] | | | |
|---|---|---|---|---|
| 如果，每个个体的余焰时间 $t_1$ 和 $t_2$ 满足 | ≤10 s | ≤30 s | ≤30 s | >30 s |
| 同时，组余焰时间($t_{FS}$)满足 | ≤50 s | ≤250 s | ≤250 s | >250 s |
| 同时，第二次火焰施加后每个个体的余灼时间 ($t_3$)满足 | ≤30 s | ≤60 s | ≤60 s | >60 s |
| 同时，余焰和余灼进展到 125 mm 标志 | 否 | 否 | 否 | 是 |
| 同时，棉花指示物被燃烧的颗粒或滴落物点燃 | 否 | 否 | 是 | 是或否 |
| 则，分类为 | VTM-0 | VTM-1 | VTM-2 | [b] |
| [a] 如果经过指定预处理的一组 5 件样品中仅有 1 件样品不符合一个分类的要求，经过相同预处理的另一组 5 件样品应进行测试。第二组的所有样品应符合分类的相应要求。 | | | | |
| [b] 不能用本程序分类的材料，使用 ISO 1210 方法 A 来分类材料的燃烧特性。 | | | | |

# 13.13 550 ℃灼热丝试验

2011 版标准中规定，如果要求 HB40 级材料、HB75 级材料或 HBF 级材料，那么按照 GB/T 5169.11—2006 在 550℃下通过灼热丝试验的材料作为替换是可接受的(见标准中 4.3.7.1)。

2001 版标准中也可以用 550 ℃的灼热丝试验来替代 HB 或 HBF 级材料的可燃性试验(见标准中 4.3.7.1)。

### 13.13.1 试验设备和工装

灼热丝是用标称直径为 4 mm 的镍/铬(80/20)丝制成。按图 13-34(GB/T 5169.10—2006 中图 1)所示将灼热丝成型为环形。

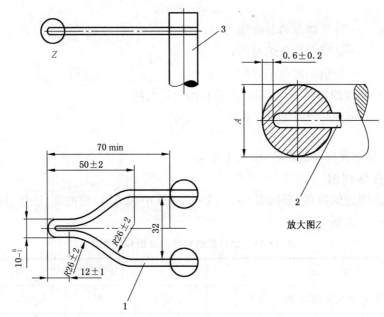

1—灼热丝;2—热电偶;3—螺栓。

灼热丝材料为镍/铬(80/20);弯曲前直径为 4.0 mm±0.04 mm;弯曲后直径为 A。

**图 13-34 灼热丝和热电偶的位置**

试验装置的设计应使灼热丝保持在一个水平面上,并且在使用时灼热丝要对试验样品施加 1.0 N±0.2 N 的力。当灼热丝或试验样品在水平方向相对移动时应保持此压力值。灼热丝的顶部进入或穿透试验样品的深度应限定在 7 mm±0.5 mm。

该装置应在无空气流通的条件下进行操作。可以使用一个能够观察试验样品的容积至少为 0.5 m³ 的试验箱来完成试验。试验箱的容积应确保试验期间氧气损耗不会明显影响试验结果。应将试验样品安装在距离试验箱各表面至少 100 mm 处。每次试验之后,应将含有试验样品分解物的空气安全排出试验箱。不包括灼热丝发光,试验样品受光应不超过 20 lx 而背景材料应是暗的。试验箱应足够暗,当照度计面对试验箱后部被放置在试验样品位置时,照度应小于 20 lx。

### 13.13.2 样品要求

试验样品应是一个完整的成品。试验样品的选择应确保试验条件与正常使用中存在的条件无显著的差异,如形状、通风、热应力影响以及试验样品可能出现的火焰或燃烧颗粒或灼热颗粒落到试验样品附近的影响。

如果试验不能在完整的成品上进行,或除非有关规范另有规定,则可采用下列方法之一:

a) 在需要检验的部件中切下一块;

b) 在完整的成品上开一小孔使其与灼热丝接触;

c) 从完整的成品中取出需要检验的部件,进行单独试验。

### 13.13.3 预处理

在试验开始之前,应将木板和包装绢纸在温度 15 ℃~35 ℃、相对湿度 45%~75% 的大气环境下放置 24 h。

### 13.13.4 试验程序

试验样品安装时应使灼热丝的顶部施加到试验样品在正常使用时可能会遭受热应力的表面部分。灼热丝应尽可能地保持水平。

在同一个试验样品上进行的试验多于一个点时，应注意前面的试验导致的劣化不能影响后面要做的试验的结果。

在没有详细规定设备在正常使用期间遭受热应力的区域时，灼热丝的顶部应施加在试验样品最薄之处，而且离试验样品上边缘最好不少于 15 mm。

在试验期间，将试验样品固定在试验装置上，但不应将额外的机械应力传给试验样品。试验温度为 550 ℃。

### 13.13.5 合格判据

试验样品如果没有燃烧或灼热，或全部符合下面的情形，则认为通过了灼热丝试验：

a）如果试验样品的火焰或灼热在移开灼热丝之后的 30 s 内熄灭；和

b）当使用规定的包装绢纸的铺底层时，绢纸不应起燃。

# 第14章 标准版本间的差异

随着我国安全技术研究的不断深入,考虑我国消费者使用产品的特殊情况,在此次的标准修订中,根据我国的地理条件、气候条件和供电条件的特殊情况,在相关技术要求中做了特殊要求,以保障我国消费者的人身财产安全。因此本版标准(GB 4943.1—2011)与上一版标准(GB 4943—2001)的差异体现在两方面:IEC 标准换版的版本间差异(即 IEC 60950:2005 与 IEC 60950-1:1999 的差异)和我国标准与国际标准之间的偏离。

以下从这两方面分别进行介绍和说明。

## 14.1 IEC 标准新旧版的差异

IEC 60950-1:2005 与 IEC 60950:1999 的主要技术差异,一方面是增加了一些新的要求和相关的定义,另一方面是对旧标准中要求不够明确或不是很具体的内容进行修改,并加强了与其他标准的协调性。

### 14.1.1 差异列表

表 14-1 中列出了 IEC 标准中主要增加内容、修改内容和删除内容。

表 14-1 IEC 60950-1:2005 与 IEC 60950:1999 的主要差异列表

| 序号 | 增加和修改的内容及涉及的条款 |
|---|---|
| 1 | 增加 16 个定义,包括直流电网电源和电缆分配系统等(1.2) |
| 2 | 增加对音频放大器的要求,同 IEC 60065 一致(2.1.1.9、4.5.1 和 5.3.6) |
| 3 | 增加"7 与电缆分配系统的连接要求",明确电缆分配系统的电压试验(第7章) |
| 4 | 增加直流电网电源的概念(包括其容差)和相关要求(1.2.8.2、1.4.5、1.7.7.3、3.2.1.2、3.2.5.2、3.4.2 和 3.4.6),以及:<br>——电气间隙相关要求(2.10.3.2b)和 c))、2.10.3.7、2.10.3.9、G.2.2、G.2.3、G.4.1c)和 G.5a));<br>——电击危险相关要求(2.1.1.7 和 2.1.1.8) |
| 5 | 增加对连接器规定的较低的最小电气间隙和爬电距离的要求(2.10.3.1、2.10.4.3 和 G.6) |
| 6 | 增加附加设备的数据端口的要求以限制功率输出(3.5.4) |
| 7 | 电网电源的"打嗝"模式,其故障条件下的电压要求(2.2.3) |
| 8 | 电涌抑制器:<br>——明确一次电路中的压敏电阻器 VDRs 的要求(1.5.9,附录 Q);<br>——详细地规定电涌抑制器的最低额定工作电压(6.1.2.1) |
| 9 | 增加对产生起动脉冲的电路的绝缘要求(2.10.1.7、2.10.2.1i)和 2.10.3.5) |
| 10 | 增加不可分离的薄层绝缘的要求,与 IEC 61558-1 一致(2.10.5.8、2.10.5.9 和附录 AA) |

表 14-1（续）

| 序号 | 增加和修改的内容及涉及的条款 |
|---|---|
| 11 | 增加电机试验的替代程序(B.6.3) |
| 12 | 增加能量危险的试验方法(2.1.1.5) |
| 13 | 增加附加标记要求(1.7) |
| 14 | 增加或明确过电压类别Ⅲ和Ⅳ的设备的要求(2.10.3.1、5.2.2、G.1.1 和附录 Z) |
| 15 | 增加 UV 辐射影响的检查和试验以及判据(4.3.13.3 和 4.3.13.4) |
| 16 | 增加和明确绕组组件的绝缘要求，包括绕组线的要求(2.10.5.1、2.10.5.11、2.10.5.12、2.10.5.13、2.10.5.14 和附录 U) |
| 17 | 增加附录 Y、附录 Z、附录 AA 和附录 BB |
| 18 | 阐明阴极射线管的要求同 GB 8898(4.2.8) |
| 19 | 明确非连续工作的要求(1.2.2、1.7.3 和 5.3.8) |
| 20 | 按 GB/T 14472 明确桥接绝缘的 X 类电容器和 Y 类电容器的应用(1.5.6) |
| 21 | 修改桥接绝缘的电阻器的要求(1.5.7) |
| 22 | 外部提供过流保护装置的要求(1.7.2.3) |
| 23 | 按 IEC 60085 的绝缘的热分级等级规定，并增加 200，220 和 250 级(表 5D、B.1、B.2、C.1 和 U.2) |
| 24 | 对可携带式设备外壳上的开孔提出更详细的要求(4.6.4) |
| 25 | 明确限流电路测量的替代仪器(2.4.2) |
| 26 | 明确了标准的适用范围，适用于：<br>——元器件和组件的部分符合性(1.1.1)；<br>——某些其他设备的电气部分(1.1.1 注 2) |
| 27 | 更正球压试验的试验温度，按制造商规定的最高环境温度考虑(4.5.5) |
| 28 | 参考资料移至附录后面作为新的章节 |
| 29 | 对以下绝缘穿透距离的要求加以明确：<br>——光电耦合器，与 IEC 60747 一致(2.10.5.4 和表 F.17)；<br>——不可分离的薄层材料(2.10.5.8) |
| 30 | 明确受限制电源的试验要求(2.5) |
| 31 | 明确机械强度试验要求(4.2.5 和 4.2.6) |
| 32 | 区分污染等级 1、2 和 3 的电气间隙要求值，与 IEC 60664-1 一致(表 G.2) |
| 33 | 修改保护连接导体的要求和试验步骤(2.6.3.3 和 2.6.3.4) |
| 34 | 更正和明确振铃信号的"68 章"的试验步骤(M.3) |
| 35 | 修改 SELV 电路和 TNV 电路的隔离要求(2.3.2、2.3.3 和 2.9.4) |
| 36 | 明确使用单极断开装置的场合的要求(3.4.6) |

表 14-1（续）

| 序号 | 增加和修改的内容及涉及的条款 |
|---|---|
| 37 | 接触电流：<br>——明确有多个电源连接端的设备的试验程序(5.1.2 和 5.1.7.2)；<br>——A 型可插式设备接触电流超过 3.5 mA 时的要求(5.1.7.1) |
| 38 | 修改墙上安装设备的试验程序(4.2.10) |
| 39 | 修改对电池的要求(4.3.8) |
| 40 | 原温升测量改为温度测量,明确了 2 种测量条件(1.4.12、1.4.13 和 4.5) |
| 41 | 修改保护电流额定值的数值选择(2.6.3.3) |
| 42 | 修改接地连续性测试中试验电流数值(2.6.3.4) |
| 43 | 明确高压元器件可以也按照 GB/T 5169.5 进行试验(4.7.3.6) |
| | 删除的内容及涉及的条款 |
| 44 | 附录 A 的 A.3、A.4 和 A.6～A.10 |
| 45 | 标记的语言:将本地语言的要求删除(1.7.2.1 注 3) |

### 14.1.2 重要差异内容简述

a) 增加电缆分配系统的概念,规定传入电缆分配系统的接触电流的测量和与电缆分配系统连接的过电压防护、电击防护及绝缘要求等。

说明:IEC 60950-1 针对与电缆分配系统,如有线电视(CATV)网络或户外天线等连接的产品,规定了全新的第 7 章。之所以对连接电缆分配系统的信息技术设备规定特殊的要求,是因为其电缆与电线布设在建筑物之外(户外),比完全布设在建筑物内的电线,会产生频率更高的瞬态(transient)现象。

虽然第 7 章是新规定,但实际上早已在某些形式上实施了一段时间。因为,第 7 章的部分原则源自 IEC 60065(音视频产品)。

涉及条款:

1.2.13.14 定义:电缆分配系统。

1.1.1 本标准适用的设备标准适用的设备里增加了与电缆分配系统相关的设备。

2.10.3.3 规定在确定电气间隙时,来自电缆分配系统的瞬态值的影响不考虑在内。

5.1.8 接触电流里加入了传入电缆分配系统的接触电流的测量。方法和限值等内容与 950 中传入通信网络的接触电流的内容相同。

1.2.8.10、1.2.8.11、1.2.8.12、1.2.8.13 和表 1A 对 TNV 电路的定义里需要考虑来自电缆分配系统的过电压。

增加第 7 章 与电缆分配系统的连接。

附录 G 中说明:在确定电气间隙时,不考虑来自电缆分配系统额瞬态值的影响(G.1)。在确定所要求的耐压时,不考虑来自电缆分配系统的瞬态值的影响(G.4)。

b) 可燃性级别中原来的 HB 级细化为 HB40 和 HB75 级,原版附录 A 中大部分的可燃性测试方法,已被参照适用的 IEC 60695 系列可燃性标准取代。但仍保留产品外壳燃烧测试(A.1 和 A.2)及燃油(flaming oil)测试要求。

说明：IEC 60950：1999 中材料的阻燃性可以按附录 A（A.1～A.9）的相应试验来判别，IEC 60950-1：2005 中附录 A 仅保留 IEC 60695：1999 中 A.1、A.2 和 A.4，其他的试验需要按照 IEC 60695-2-20（IEC 60950-1 中 A.4）、IEC 60695-11-10（IEC 60950-1 中 A.6）、ISO 9772（IEC 60950-1 中 A.7）、IEC 60695-11-10（IEC 60950-1 中 A.8）、IEC 60695-11-20（IEC 60950-1 中 A.9）、ISO 9773（IEC 60950-1 中无）进行。且 A.1 和 A.2 中的试验火焰要使用 IEC 60695-11-3 和 IEC 60695-11-4 规定的火焰。

HB40 和 HB75 的划分实际与以前 HB 级试验时按厚度不同采取不同的合格判据是一致的。即厚度等于 3 mm 的样品，燃烧速率不大于 40 mm/min；厚度小于 3 mm 的样品，燃烧速率不大于 75 mm/min，由此划分为 HB40 和 HB75 级。

---

涉及条款：

1.2.12　可燃性等级分级把原版中的 5V 细化为 5VA、5VB，将 HB 细化为 HB40、HB75，增加了 VTM-0、VTM-1、VTM-2 级的划分。

4.7.2.2　不需要防火防护外壳的零部件中增加了 4 项。

4.7.3.6　规定高压元器件的材料还可以通过 IEC 60695-2-2 的针焰试验来判断其合格性，并给出了 IEC 60695-2-2 的适用条款。

---

c) 引入直流电网电源的概念和相关要求。

说明：IEC 60950：1999 中没有直流电网电源的概念，只包含了电池的部分要求，没有明确指出信息技术设备产品（ITE）直流供给电源规格的要求。随着直流电源的使用逐渐普及，例如用于电信基础设施机房等的供电等，其安全问题也逐渐引起重视，新版标准中给出了"直流电网电源"的定义，并在 1.7.7.3 直流电源的导线端子，2.10.3.3 电气间隙要求值，3.2.1.2 连接形式，3.2.5.2 电源软线等相关条款中按交流供电和直流供电分别提出要求。

---

涉及条款：

1.2.8.2　定义：直流电源。

1.4.5　对直流电网电源供电的设备的试验电压容差做了规定。

1.7.7.3　规定了直流电网电源导线端子的标记要求。

2.1.1.7　规定直流电网电源供电的设备也需要进行放电试验（特殊情况除外）。

2.1.1.8　（增加）规定了如何确定直流电网电源是否存在能量危险的方法。

2.6.3.4　测量接地电阻时，对直流电网电源供电的设备的测试电流和测试时间做了规定。

2.10.3，G.2　给出确定来自直流电网电源的瞬态电压的方法，在确定最小电气间隙要求值时使用。

3.2.1.2　规定与直流电网电源连接的连接装置的要求。

3.2.5.2　规定直流电网电源软线的要求。

3.3　外部导线用的接线端子的要求对直流电网电源连接端子也适用。

3.4　使用单极或双极断开装置与直流电网电源断开的要求。

---

d) IEC 60950-1：2005 中将设备划分为温度依赖型设备和非温度依赖型设备，并在温度测量时规定了不同的测试条件和判定值。IEC 60950：1999 中以温升限值作为判定值，通过测量温升值与限值进行比较来判断设备是否符合发热要求。在 IEC 60950-1 中全部改为用温度来判定，单位由 K 改为℃。从发热的原理来讲更合理。

说明:将设备划分为温度依赖型设备和非温度依赖型设备,并区别测试条件和判定值,从发热效应的原理讲可以更准确的测量设备实际正常使用时的温度。

IEC 60950-1:2005 表 4B 中的最高温度限值实际是 IEC 60950:1999 表 4A 中温升限值加上 $25(T_{ma})$ 得到的,但在判定时还要根据实际的 $T_{amb}$ 和 $T_{ma}$ 计算出限值。也可以保持限值不变,在测量值上进行计算,这样限值保持一致,比较整齐。

IEC 60950-1:2005 的表 4B 是对材料和元器件的温度限值,增加了新的绝缘系统的温度限制值,如 Class200、Class220、Class250。使用热电偶测量温度时,对有内置式热电偶的绕组的温度限值不予减小。IEC 60950-1:2005 的表 4C 是接触温度的限值,在注中增加了允许温度不超过 100 ℃ 的条件说明。

---

涉及条款:

1.4.4　试验用工作参数中增加了工作温度一项;

1.4.12.1　温度测量条件的通用要求中 $T_{ma}$ 原为 $T_{mra}$;

1.4.12.2　规定了温度依赖型设备的温度测量条件和合格判据;

1.4.12.3　规定了非温度依赖型的设备的温度测量条件和合格判据;

4.5.1　温度测量的限值表格中以最高温度作为限值,单位由 K 改为℃。是用原版中的温升限值加上 $25(T_{ma})$ 得到的。

4.5.2　耐异常热试验的烘箱温度由 $(T+40\pm2)$℃改为 $(T-T_{amb}+T_{ma}+15\ ℃)\pm2\ ℃$。

附录 E　用电阻法测量绕组的温升后为了与表 4B 的温度限值加以对照,将计算的温升加上 25 ℃。

---

e) IEC 60950-1:2005 中 1.4.15 规定可以通过检查相关数据判断合格性。比如紫外辐射对材料的影响,激光辐射等可以通过检查制造商提供的数据来判断合格性,来代替进行规定的型式试验。

---

涉及条款:

1.4.15　检查相关数据判断合格性

在本标准中如果材料、元器件或装配件的合格性是通过检查或性能试验来检验的,则允许通过重新审查可以得到的任何相关数据或以前试验的结果来确认合格性,以代替进行规定的型式试验。

通过结构检查和对可获得的设备中暴露在 UV 辐射中的元器件的抗 UV 特性的有关数据的检查来检验其是否合格。如果不能得到相关数据,则对元器件进行表 4A 的试验(对紫外辐射)。

通过检查、评估制造厂商提供的数据以及必要时按照 IEC 60825-1 进行试验来检验其是否合格(对激光辐射)。

---

f) IEC 60950-1:2005 中 1.7 条的标记和说明增加了对 IEC 60950-1:2005 中 2.3.2.3、2.6.2、3.2.1.2、3.3.7、3.4.6、4.3.13.4、4.3.13.5 等条款的标识和说明的要求。

说明:下表中标"＊"者为 IEC 60950-1:2005 新增的关于直流电源、电缆分配系统、UV 辐射和激光辐射的标记及说明要求,其他是 IEC 60950:1999 中原有内容,只是没有在 IEC 60950-1:2005 中 1.7 中提出。

| 2.3.2 | 与其他电路和可触及零部件的隔离 |
|---|---|
| 2.6.2 | 功能接地 |
| 3.2.1.2＊ | 与 DC 电源的连接 |
| 3.3.7＊ | 接线端子的装配 |
| 3.4.6＊ | 两极断接装置 |
| 3.4.7 | 四极端接装置 |
| 3.4.9 | 作为断接装置的插头 |
| 3.4.10 | 互连设备 |
| 4.3.13.4＊ | 暴露在 UV 辐射下的人员 |
| 4.3.13.5＊ | 包含激光的设备的分类 |
| 4.5.1,表 4B | 高温零部件的标识 |
| 4.6.3 | 可移动的门和盖 |
| 6.1.1 | 与通信网络连接的设备内的危险电压的防护 |
| 7.1＊ | 与电缆分配系统连接的设备内的危险电压的防护 |
| 7.3.1＊ | 电缆分配系统的接地设施 |
| G2.1 | 过电压类别Ⅲ和Ⅳ的设备的附加保护 |

g) IEC 60950-1:2005 中 2.1.1.5 能量危险规定了具体测量方法和判据,并被 IEC 60950-1:2005 中 2.1.2 和 2.1.3 引用。

说明:IEC 60950:1999 中未明确试验方法,操作时是按 IEC 60950:1999 中 1.2.8.8 危险能量等级的定义所说的"储存能量等级等于或大于 20 J,或者在电压等于或大于 2 V 时,可给出的持续功率等级等于或大于 240 VA"来测量并判断。在 IEC 60950-1:2005 中,给出了必要时的试验方法,并明确表示危险能量等级(Hazardous Energy Levels)在 60s 之后测量。即先调节输出功率到 240 VA 持续 60 s,再看电压是否高于 2 V 来判断。

---

(IEC 60950:1999 标准)

1.2.8.8　危险能量等级 hazardous energy level

储存的能量等级等于或大于 20 J,或者在电压等于或大于 2 V 时,可给出的持续功率等级等于或大于 240 VA。

(IEC 60950-1:2005 标准)

1.2.8.9　危险能量等级 hazardous energy level

在电压等于或大于 2 V 时,可获得的、持续时间为 60 s 或更长的功率等级,等于或大于 240 VA;或储存的能量等级等于或大于 20 J(例如,来自一个或多个电容器)。

2.1.1.5　规定了能量危险的具体测量方法和判据。

2.1.2　维修人员接触区内的防护和 2.1.3 受限制接触区的防护中对危险能量等级的确定引用 2.1.1.5c)

---

h) IEC 60950-1:2005 中 4.3.13 增加紫外线辐射的要求和测量方法。

IEC 60950-1:2005 中 4.3.13.3 是有关材料暴露在 UV 辐射下的要求,IEC 60950-1:2005

中 4.3.13.4 是有关人体暴露在紫外线辐射下的要求,规定了试验方法和判定规则,其中引用的相关 IEC/ISO 标准还没有对应的国标。并增加了附录 Y 规定紫外线的环境试验。

i) IEC 60950-1:2005 中 1.2.9.9 增加定义"要求的耐压"。

IEC 60950-1:2005 中的一些测试参数或要求值,如抗电强度测试时试验电压的确定,附录 G 最小电气间隙的确定等都与此有关。

### 14.1.3 其他变更

其他变更内容按章节简述如下:

---

标准名称:

由于 IEC 60950:2005 标准改为系列标准,因此标准名称增加"第 1 部分:通用要求"。系列标准的其他部分也各自有部分名称。

第 1 章

1.1 标准适用范围中将通信基础架构设备正式包含在本标准的范围内。

1.5.6 指出桥接电容必须符合 IEC 60384-14 的分类别要求,并规定了稳态湿热试验的温湿度和试验周期。增加表 1C 和表 1D 来辅助说明电容器的应用。

1.5.7 对桥接电阻器做了更详细的介绍与要求。除了结构上的要求之外,还提出了必要情况下对电阻器(组)的试验要求。

1.5.9 增加本条款,提出对电涌抑制器的要求,当此零部件用于一次电路时,必须符合附录 Q 的要求。

第 2 章

2.1.1.7 放电试验中增加说明"除非电网电源的标称电压超过 42.4Vpeak 或 60Vdc,才需要进行本试验";另外还对进行测试的仪器提出"内阻至少要使用 100 MW±5 MW 与 20 pF±5 pF 并联"的要求。详见指南第 3 章。

2.1.1.8 增加 DC MAINS 可能造成的能量危险的叙述和要求。

2.2.3 增加故障后有重复性电压的 SELV 的限值,使用图形来明白地指出故障条件下的电压限值与时间的要求。

2.2.4 SELV 电路与其他电路的连接和 2.3.4 TNV 电路与其他电路的连接都增加一段:

　　如果 SELV/TNV 电路是由带危险电压的二次电路供电,而这个带危险电压的二次电路与一次电路通过双重绝缘或加强绝缘进行隔离,那么 SELV 电路在单一故障条件下(见 1.4.14)应保持在 2.2.3/2.3.1 给出的限值内。在这种情况下,为了施加单一故障条件,如果在带危险电压的二次电路和 SELV/TNV 电路之间提供隔离的变压器的绝缘通过了符合 5.2.2 对基本绝缘的抗电强度试验,认为将该变压器的绝缘短路是单一故障。

2.3.1 TNV 电路的限值公式中 70.7 改为 71。

2.3.2 TNV 电路与其他电路以及与可触及零部件的隔离要求做了许多的改变,尤其是当绝缘距离不足时,可通过模拟故障进行考核和判断。CTL 395 号决议对此有解释。

2.4.2 限流电路的测量,允许使用标准附录 D 的测量仪器代替 2 000 Ω±10% 的无感电阻器,以便更能容纳复合波(complex waveform)。当使用图 D.1 的测量仪器时,电压值 $U_2$ 是测量值,电流值是用测量的电压值 $U_2$ 除以 500 计算得到的。计算值不应当超过 0.7 mA(峰值)。当使用图 D.2 的测量仪器时,测量的电流值不应当超过 0.7 mA(峰值)。

2.5 受限制电源的表 2B 和表 2C 的标题修改,表 2B 中将输出电压≤20V 的限值并入了≤30V 的限值中。当产品设计通过电子电路做保护的话,测量 Isc 或 S 的时间由 60 秒改成 5 秒。

---

2.6.3.3　修改了判定保护连接导体最小尺寸和进行接地电阻测试时用到的"电路的保护电流额定值"的规定。

2.6.3.4　接地电阻测量时的测试电流值改成2倍的保护电流额定值,测试时间至少120秒;另外项目c)至e)也是新增加的内容。

2.7.6　允许用符号 N代替语句"注意 双极/中线熔断"作为对维修人员的警告,但要在维修手册中提供说明。

2.9.4　给出了可触及导电零部件(包括SELV电路,TNV电路等)与带危险电压的零部件的隔离方法。与原版2.2.3及2.3.3有所不同。

2.10　电气间隙、爬电距离和绝缘穿透距离。

2.10.2.1　明确说明测量工作电压时不考虑额定电压(范围)的容差。并说明测量一次电路地之间以及一次电路与二次电路之间的工作电压时,如果测得的工作电压低于额定电压,则用额定电压作为工作电压。

2.10.2.1和2.10.3.5　增加了起动脉冲电路的工作电压的测量和最小电气间隙的确定和判定方法。

2.10.3　加入电网电源瞬态电压(包括交流电网电源和直流电网电源的瞬态电压,二次的瞬态过电压)的介绍和测量方法的说明,新增加表2J,并利用此来定2K、2L和2M中的最小电气间隙要求值。表2K中把V(有效值)的那一列全部删除,表2L中多了线性外推法的说明,表2M的表头更改了,删除了原版中最后一列,表中71 V～420 V对应的数据有所改变,对14 000 V以上的间隙提出了注C的折衷要求。

2.10.3.1　增加了对连接器的电气间隙的要求及例外情况。

2.10.4　爬电距离要求值的表2N中,增加了印制板的要求值以及污染等级1的要求值。并扩充工作电压范围。表格中的数值有所修改。比如:电压250 V的下一列直接改成320 V(原版是300 V),所以在使用内差法时,可发现其限制值稍微变大了。

2.10.4.3　增加了对连接器的电气间隙的要求及例外情况。

2.10.5　固体绝缘的内容做了某些调整并且增加了许多的子条款的补充,尤其是薄层材料的介绍,也带出了附录AA的卷轴试验。

第4章

4.1　只要求7 kg以上(含7 kg)的产品才需做10°角的稳定度测试。

4.2.5　增加规定,对正常使用时可以作为顶部或侧面使用的外壳底部也要进行冲击试验,在免除条件中增加了2个部位。

4.2.6　规定如果使用时,使用者会举起或搬运的可移动式设备也要进行跌落试验,试验高度为750 mm。

4.3.8　电池部分的要求做了许多更改,例如增加了电池电路的设计的要求,对含有液体的电池提出附加要求,对电池电路的试验要求进行了修改和完善等,详情请参考本指南第7章。

4.3.13　增加紫外辐射的要求,增加LED激光辐射的要求。

4.5　修改发热要求的内容。

4.6.4　修改对可携带式设备的开孔的要求,增加对大开孔以及镀金属零部件的评估要求。

4.7.3　允许高压元器件的阻燃试验按GB/T 5169.5进行。

第5章

5.1　明确不同连接类型的接触电流的测试方法,修改接触电流超过3.5 mA的设备要求

5.2　原版中抗电强度试验的电压值是与绝缘两端的工作电压(峰值)相关的,在本版标准中规定:

根据设备的过电压类别,可以选择按峰值工作电压确定试验电压值(表 5B),也可以按要求的耐压确定试验电压值(表 5C)。

更改了表 5B 中工作电压的分隔值,需额外注意,以免抗电强度试验电压值选错。新增加表 5C,是基于要求的耐压进行抗电强度试验的测试电压值。

5.3.9  异常工作和故障条件的合格判据中,增加了表 5D,其限值有所修改。(同附录 B 和附录 C 的修改),合格判据同样适用于变压器的过载试验。

第 6 章

6.1  修改对桥接绝缘的电涌抑制器的要求等。

第 7 章

新增加,与电缆分配系统的连接要求。

附录

附录 A、B、C、E、G、H、M、N、R、U 和 V 有变化,增加附录 Q、Y、Z、AA 和 BB。

附录 A 仅保留原 A.1、A.2 和 A.6,删除其他内容。

附录 B 和附录 C 的表格中的限值有变化和添加,增加了 B.6.4 的抗电强度试验,修改了 C.2 保护接地屏的要求和试验方法。

附录 E 增加了测得的温升与温度限值比较的说明。

附录 F 增加了图示 F.14~F.18。

附录 Q 新增加,压敏电阻器的要求。

附录 Y 新增加,紫外线环境试验的要求。

附录 Z 新增加,过电压类别介绍。

附录 AA 新增加,芯轴试验要求。

附录 BB 新增加,新旧版本差异介绍。

附录 CC 新增加,引用文件对照表。

附录 DD 新增加,增加的安全警告标识说明。

附录 EE 新增加,安全说明的 5 种文字对照表。

### 14.1.4  差异部分的检查与测试

在应用新版标准进行测试时,或者在标准升级测试中,需要着重注意新版标准与旧版标准的差异部分的检查和测试。不同的产品类别或产品的供电方式、防电击类别等不同,则需要补充测试的项目、测试方法或要求值有可能是不同的。

比如对直流电网电源,在旧版标准中没有明确给出定义,在新版标准中不但给出了直流电网电源的定义,对直流电网电源供电的设备,也明确规定了相应测试要求,如标准中 1.4.5 中规定直流电网电源供电的设备,测试时电压容差应当为 +20% 和 −15%;标准中 1.7.7.3 规定了直流电网电源导线端子的要求;标准中 3.2.1.2 规定了与直流电网电源连接的连接装置的要求;标准中 3.2.5.2 规定了直流电网电源软线的要求;标准中 3.4.2 规定了与电网电源(包括直流电网电源)断开的断开装置的要求;标准中 3.4.6 规定了断开电极数量的要求;标准中 2.10.3.2b)和 c)、2.10.3.7、2.10.3.9、G.2.2、G.2.3、G.4.1c)和 G.5a)给出了直流电网电源的瞬态电压值;标准中 2.1.1.8 给出了直流电网电源的能量等级要求等。对于实际检测中遇到的直流电网电源供电的设备,就要按这些要求进行测试、检查和判断。

又如,新版标准中对接地连续性测试中的试验电流和试验持续时间的要求值进行了修改。在进行Ⅰ类设备接地连续性测试时要按照修改后的要求值进行测试和判断;新版标准中将温升测试改为温度测试,明确了环境温度依赖型设备和非环境温度依赖型设备的温度测量条件。

## 14.2　国标(GB 4943.1—2011)与 IEC 版本(IEC 60950-1:2005)的差异

在采用 IEC 60950-1:2005 的基础上,考虑到我国气候条件、地理条件和供电条件的特殊情况,增加并修改了相关技术内容,与 IEC 60950-1:2005 主要的技术性差异如下:

a) 电源容差

IEC 60950-1:2005 的 1.4.5 中规定额定电压的容差为+6%和-10%,根据我国电网电源电压的实际情况,GB 4943.1—2011 规定为+10%和-10%。

b) 电源额定值的标示

IEC 60950-1:2005 的 1.7.1 中对额定电压和频率的标示未明确规定具体的数值,仅以示例来表述,而示例中的电压未包含中国的电网电源电压,根据我国的电网电源要求,供电电压为 220 V,50 Hz 或三相 380 V,50 Hz,因此对电源的额定值作了明确规定:对于单一的额定电压,应标示 220 V 或三相 380 V;对于额定电压范围,应包含 220 V 或三相 380 V;对于多个额定电压,其中之一必须是 220 V 或三相 380 V,并在出厂时设定为 220 V 或三相 380 V;对于多个额定电压范围,应当包含 220 V 或三相 380 V,并在出厂时设定为包含 220 V 或三相 380 V 的电压范围。

额定频率或额定频率范围应为 50 Hz 或包含 50 Hz。

c) 安全说明

对安全说明文字作了明确规定,在标准中 1.7 增加一段:如无其他规定,所要求的标记和说明中的文字应当使用规范中文。在标准中 1.7.2.1 中增加了关于海拔高度和热带气候使用条件的安全警告要求和警告标识。

对于仅适用于在海拔 2 000 m 以下地区使用的设备应在设备明显位置上标注"仅适用于海拔 2 000 m 以下地区安全使用"或类似的警告语句,或标识符号。

对于仅适用于在非热带气候条件下使用的设备应在设备明显位置上标注"仅适用于非热带气候条件下安全使用"或类似的警告语句,或标识符号。

如果单独使用标识,应当在说明书中给出标识的含义解释。

安全警告语句(例如,海拔 2 000 m 以下和非热带气候条件下使用的警告语句)应当使用设备预定销售地所能接受的语言。

d) 电源插头

根据我国专用的电源插头标准,在 GB 4943.1—2011 的 3.2.1.1 中增加"设备与交流电网电源连接的插头应当符合 GB 1002 或 GB 1003 或 GB/T 11918 的要求。"

e) 适用范围

GB 4943.1—2011 适用于在在海拔 5 000 m 以下(包括 5 000 m)使用的设备和在热带气候条件下使用的设备。对于预定仅在海拔 2 000 m 以下使用的设备,和预定不在热带气候条件下使用的设备,需要进行警告说明。

f) 电气间隙的要求值

在不同海拔高度,对电气间隙的要求值不同。由于 GB 4943.1—2011 将设备适用的海拔高度由 2 000 m 提高到 5 000 m。因此,相应的电气间隙的要求值也有变化。

在检查设备的爬电距离、电气间隙时需要将标准中表 2K、表 2L、表 2M 的要求值乘以 1.48。

g) 湿热处理条件

本部分适用于在热带气候条件下使用的设备,湿热处理条件按热带气候条件处理,即湿热处理应进行 120 h。

h) 温度限值

本部分适用于在热带气候条件下使用的设备,温度限值对温带是以最高环境温度 35 ℃ 为基准作出的。

i) 过流保护装置

由于我国供电条件的特殊性,建设设施中的保护装置不能对用电设备提供有效的保护,因此不采用依赖建筑设施中的保护装置提供保护的方式,要求对一次电路的过电流、短路和接地故障进行保护的保护装置必须作为设备的一部分而包括在设备中。

j) 阴极射线管的机械强度要求

标准中 4.2.8 阴极射线管的机械强度条款引用 GB 8898—2011 第 18 章的要求,即仅采用 IEC 61965 的方法,IEC 61965 对应的国家标准为 GB 27701—2011。

k) 引用标准和参考文献

IEC 60950-1:2005 的附录 P 和参考文献中引用和参考其他标准的引用原则是:凡是注日期的引用文件,随后所有的修改单(不包括勘误的内容)或修订版均不适用于本部分,然而,鼓励根据本部分达成协议的各方面研究是否可使用这些文件的最新版本。凡是不注日期的引用文件,其最新版本适用于本部分。

由于我国的国标或行标采用国际标准的情况比较多样,为了便于操作,在 GB/T 1.1 和 GB/T 20000.2 的要求的基础上,规定标准中附录 P 的规范性引用文件和参考文文献中,如果是对整个国际标准的引用,采取的引用原则为:

——如果引用的国际标准没有被等同或修改采用为国家标准或行业标准,则引用该国际标准;

——如果引用的国际标准已被等同采用或修改采用为国家标准或行业标准,则引用这些标准;

——在引用国家标准或行业标准时,不注日期引用,其最新版本适用;

——在所列国家标准或行业标准后面的括号中标识当前最新版本的该国家标准或行业标准的编号、对应的国际标准编号和一致性程度代号。

对于仅引用国际标准的部分章条或条款的引用原则为:如果有对应该版本国际标准的国家标准或行业标准,则引用该国家标准或行业标准;如果没有对应该版本国际标准的国家标准或行业标准,则引用该国际标准。

同时为了保留国际标准的相关信息,增加资料性附录 CC,其中给出了 IEC 60950-1:2005 中的规范性引用文件、参考文献与本部分中的规范性引用文件、参考文献的对照表。

当元器件已被证实符合与有关的元器件国家、行业标准时,该元器件还应当作为设备的一个组成部分承受本部分规定的有关试验。在标准中 1.5.2 第一个破折段后面增加注:如果元器件标准规定适用范围为海拔 2 000 m 以下,则需要按本部分的适用范围符合2.10.3 的相关要求。

l) 附录 BB 内容的差异

IEC 60950-1:2005 的附录 BB 是 IEC 60950-1:2005 与 IEC 60950-1:2001 版的差异对照,由于我国没有与 IEC 60950-1:2001 对应的国标,因此在附录 BB 中给出了GB 4943.1—2011 与 GB 4943—2001 的差异对照。

在按照国标进行测试时,要注意增加差异条款的测试。主要指针对除 e),k)外的差异内容的测试。

# 第15章 GB 4943.1 与 GB 8898 要求的差异

## 15.1 背景

GB 4943.1—2011《信息技术设备 安全 第1部分：通用要求》和 GB 8898—2011《音频、视频及类似电子设备 安全要求》分别采用 IEC/TC108 发布的 IEC 60950-1：2005 和 IEC 60065：2010 制定。

IEC/TC108 是 IEC 的音频、视频、信息技术和通信技术领域内电子产品的安全技术委员会。其前身是 IEC/TC 74 和 IEC/TC 92，分别负责制定信息技术设备的安全标准 IEC 60950 和音频、视频及类似电子设备的安全标准 IEC 60065，由于适用的产品类别不同，因此这两个技术委员会制定的2项标准之间存在着差异，例如 IEC 60065 中针对带有天线端子的设备规定了电涌试验，而当时 IEC 60950 适用的产品没有天线端口，因此标准中也未规定对天线端口的试验。但随着技术的发展，多媒体产品的出现使得不同种类的产品之间的界限变得模糊起来，使用环境和使用者的范围都得到扩展，高科技的信息技术设备、音视频设备、通信设备、网络综合设备以及这些设备使用的环境均迫切地需要新的要求和统一的标准，IEC 制定了 112 导则来协调这2项标准的适用性，并且将 TC 74 和 TC 92 合并为 IEC/TC 108，其范围涵盖了 TC 74 和 TC 92 的范围，负责音/视频及类似电子设备、信息技术和通信技术设备的安全标准研究。

在 IEC/TC 108 进行了 IEC 60065 和 IEC 60950 的换版后差异内容有所融合，具体反映到 GB 4943.1—2011 和 GB 8898—2011 上，可以看到，GB 8898 的一些要求向 GB 4943.1 倾斜，比如对电气间隙和爬电距离的要求值按照测量工作电压来确定，增加了对设备跌落试验，对热塑性塑料外壳的应力消除试验以及对墙壁或天花板安装的设备的要求等。而 GB 4943.1 中增加的第7章与电缆分配系统的连接的要求实际源自 GB 8898 中对天线端子的电涌试验的要求。

## 15.2 差异内容

GB 4943.1—2011 和 GB 8898—2011 的技术差异和测试差异主要包括：安全电压限值、绝缘电阻测试、接触电流测试、接地连续性测试、标识检查、材料防火要求、防水要求、与通信网络的连接要求、稳定性和机械强度试验、放电测试、抗电测试部位和测试电压、电源两极间的电气间隙和爬电距离要求、开孔要求、温升限值、绝缘材料耐异常热的要求等，另外，在元器件的试验要求上，也有所区别。表 15-1 中给出了 GB 4943.1—2011 和 GB 8898—2011 的主要差异列表。

表 15-1  GB 4943.1—2011 和 GB 8898—2011 的差异

| 评估项目 | | GB 4943.1 | GB 8898 | 备　　注 |
|---|---|---|---|---|
| 安全电压限值 | | 1.2.8.6 | 2.6.10、9.1.1 | 限值要求不同 |
| 绝缘电阻测试 | | 无 | 10.3 | GB 4943.1 未要求进行绝缘电阻测量 |
| 接触电流测量 | | 5.1 | 9.1.1 | 测量要求不同,限值不同 |
| 接地连续性测试 | | 2.6 | 15.2 | 测试电流、测试时间的要求不同 |
| 标识检查 | | 1.7 | 5.1 | 具体要求不同 |
| 防火 | | 4.7 | 第 20 章 | 对元器件、PCB、外壳、布线等的具体要求不同 |
| 防水要求 | | 附录 T | 附录 A | GB 8898 规定了标志和绝缘的附加要求 |
| 与通信网络的连接 | | 第 6 章 | 附录 B | GB 8898 的附录 B 引用 IEC 62151 的要求,与 GB 4943.1 第 6 章的要求在 TNV 电路分类、限值等方面要求不同 |
| 放电测试 | | 2.1.1.7 | 9.1.6 | 合格判据不同 |
| 电气间隙和爬电距离 | 电网电源两极间以及 GB 4943.1 中的功能绝缘 | 2.10、5.3.4 | 第 13 章 | GB 8898 不允许该部位的电气间隙和爬电距离小于规定值,GB 4943.1 允许功能绝缘电气间隙和爬电距离小于规定值,但要满足抗电强度要求或故障要求 |
| | 其他部位的电气间隙和爬电距离 | 2.10 | 第 13 章 | GB 8898 允许其他部位的电气间隙和爬电距离小于规定值,但要满足标准中的 4.3.1、4.3.2 和 11.2 的要求。GB 4943.1 不允许其他部位的电气间隙和爬电距离小于规定值 |
| 绝缘材料的耐热 | | 7.2 | 4.5.5 | GB 8898 要求进行维卡试验,GB 4943.1 中要求进行球压试验 |
| 温升/温度限值 | | 4.5 | 第 7 章 | 限值不完全相同 |
| 外壳开孔要求 | | 2.1.1.1、4.6 | 9.1 | 具体要求不同 |
| 稳定性和机械强度试验 | | 第 12 章、第 19 章 | 4.1、4.2 | 具体要求不同 |
| 抗电测试部位和测试电压 | | 10.3 | 5.2 | 具体要求不同 |

# 15.3　在产品安全评估时的要求

通过 GB 4943.1 的检测符合要求的产品并不是一定能满足 GB 8898—2011 的全部要求,反之亦然。当对电子产品进行安全评估时,首先需要根据产品类别选择适用的安全标准,如显示器、打印机、计算机等信息技术类产品按照 GB 4943.1 评估;电视机、DVD、音箱等音视频类产品按照 GB 8898 评估。有些产品,属于其中的一个类别,但又带有另一类别产品的部分特点,比如,具有上网功能的电视机,或带电视卡的个人计算机等,其适用的检测标准按基础产品来选择,但还要按 IEC 112 导则的要求补做另一个标准的相关测试。

IEC 112 导则第一版于 1998 年发布,2000 年 4 月发布了第二版,2008 年发布了第三版。导则中规定了在评定多媒体设备的安全等级时,使用 IEC 60065 和 IEC 60950 现行版本的基本原则是:

——符合 IEC 60065 要求的设备和符合 IEC 60950 要求的设备在独立使用时认为是安全的;

——这种设备当按照安装说明书在多媒体系统中互连时,也被认为是安全的;

但应注意到两个标准之间存在的差异,除了标准中的差异外,IEC 112 导则中规定了其他应满足的要求。

也就是说,多媒体产品按其适用的标准(按制造厂商的选择)进行试验时,还应考虑另一标准的适用性。

对于既可以按 GB 4943.1,又可以按 GB 8898 进行评估的产品,在进行安全评估时应由制造商明确是与哪类产品配套使用,并依此选择适用的标准。如电源适配器,若是给信息技术类设备供电,就要按 GB 4943.1 进行评估,若给音频、视频类产品供电,就要按 GB 8898 进行评估。或者,如果产品通过了其中一个标准的检测后再需要按另一个标准检测时,应当按照标准差异进行复测。例如,通过 GB 4943.1—2011 检测的产品按 GB 8898—2011 检测时,至少应补测或复测绝缘电阻、标识检查、接触电流和 TNV 电路等;通过 GB 8898—2011 检测的产品在按 GB 4943.1—2011 检测时至少应当补测或复测接触电流、材料防火判定等项目。

# 附录 A　IEC 60950-1 国际标准动态

IEC TC108 在发布了 IEC 60950-1 第二版(2005 版)后,在 2009 年发布了第 1 修订件(Amd1),在该修订件中,完善了第二版标准中的部分要求,并应对由于新技术、新产品的出现而随之产生的新技术问题提出具体要求和检测方法。例如:

a) 在修订件中,增加附录 CC,提出对使用 IC 限流器件来限制电源输出时,输入和输出端之间的短路单一故障试验可以免除的条件;增加附录 DD,对机架安装设备的安装方式提出安全要求;增加附录 EE,对家用和办公室用碎纸机(介质)提出安全要求;增加4.2.11,对带有旋转的固体介质(如 CD,DVD 等)的设备的机械结构提出要求、试验方法和合格判据;增加 4.4.5,对运动风扇叶片的防护要求。

b) 修改表 1C 中电容器的应用规则,对使用电容器组时提出更具体的要求。修改表1D 电容器应用示例,基于峰值工作电压和基于要求的耐压提出电容器数量的要求。

c) 修改 1.5.9.4,允许 GDT 和桥接基本绝缘的 VDR 串联使用。(气体放电管 GDT应符合功能绝缘的要求。)

d) 修改 1.7.1,增加电源额定值标识要求,对具有多个电网电源连接端的设备或系统,必须标识每个独立的电网电源连接端的电气额定值,但整个设备或系统的电气额定值可以不必标识。

e) 修改 2.1.1.7 电压衰减测量设备的要求,输入阻抗应当由 100 M$\Omega$±5 M$\Omega$ 的电阻和输入电容为 25 pF 或更低的电容器并联组成。

f) 当使用正温度系数装置限制输出来满足受限制电源要求时,除允许使用通过 IEC60730-1 的第 15 章、17 章、J.15 章和 J.17 章规定的试验的正温度系数装置外,还允许使用满足 IEC 60730-1 对 2AL 动作型装置的要求的正温度系数装置。

g) 修改 2.9.2 潮湿处理条件为"相对湿度为(93±3)%,温度为 20 ℃～30 ℃之间不会产生凝露的任一方便的温度值($t$±2)℃范围内。"

h) 表 2L(一次电路的附加电气间隙)的适用条件中增加允许在最邻近的两点之间使用线性内插法的说明。

i) 将 LED 与激光器(包括激光二极管)的激光辐射的要求、测试方法等分开,归到IEC 62471。

在发布 IEC 60950-1Amd1(2009)后至今,IEC/TC 108 还在继续对该标准进行维护和修订。目前已经提出了 Amd2 的修订意见。上述 Amd1 和 Amd2 的修订一部分是对已有标准文本的修订,另一部分是来自 IEC 62368-1 标准。

如前所述,IEC 制定了 112 导则来协调 IEC 60950-1 和 IEC 60065 这两项标准的适用性,但随着信息技术类设备和音视频类电子设备在技术上的融合,IEC 112 导则已经不能满足标准协调的需求,高科技的信息技术设备、音视频设备、通信设备、网络综合设备迫切地需要新的要求和统一的标准。

IEC/TC 108 于 2002 年开始制定新标准 IEC 62368《音视频、信息技术和通信技术设备的安全》,这个标准涵盖了 IEC 60065 和 IEC 60950-1 范围内的产品,以危险的安全工程学为基础,针对不同的危险能量源,规定对不同人员的安全防护要求。将 IEC 60950-1 和 IEC 60065 中的部分要求融合,并加入了符合新技术、新产品的评估要求。IEC 62368-1 已于 2010 年 1 月正式发布,预计在经过第二版修订及过渡期后将取代 IEC 60950-1 和 IEC 60065,作为信息技术设备、音视频设备和通信技术设备的统一的安全标准。

因此在对 IEC 60950-1 进行修订时,部分引用了 IEC 62368-1 的内容。预计 IEC/TC 108 在完成 IEC 60950-1(Ed. 2)Amd2 的修订后,将不会再对其进行修订,直至被 IEC 62368-1 所代替。

# 附录 B  相关 CTL 决议和 OSM 决议

CTL(Committee of Testing Laboratories)是 IECEE-CB 体系的技术机构,通过多个专家工作组开展工作解决 CB 体系运行过程中的技术问题。在执行 IEC 标准进行检测时,对标准执行过程中出现的技术问题,由 CTL 的专家共同研究讨论后形成 CTL 决议,作为 CB 实验室共同认可和遵守的执行准则。在 CB 认证时,需要采用 CTL 决议。

OSM(Operational Staff Meeting)决议是欧盟对一些有分歧问题的讨论决议,和 CTL 决议性质基本相同,在申请 CE,GS 认证时,需要采用 OSM 决议。

CTL 决议和 OSM 决议对于解答我们在执行 IEC 标准对应的国标时遇到的技术疑问也有很好的指导作用,在本指南中也引用了多个 CTL 决议作为技术依据。

本附录给出了本指南中涉及的 CTL 决议的内容,也给出了部分 OSM 决议作为参考。CTL 决议是针对 IEC 60950 或 IEC 60950-1 标准的不同版本给出的,使用时要注意版本对应,OSM 决议每年会有更新,要注意以最新年代的决议为准。更新更详细的 CTL 决议或 OSM 决议内容可以到 IECEE 网站查阅:http://www.iecee.org/ctl/decisions.htm。

CTL 6A 号决议:抗电强度试验时试验电压增加的速度应为"起初,施加不超过一半的规定电压,然后快速增加到规定的数值,然后在该电压值上保持 60 s。"

CTL 373 号决议:湿热处理时,可以仅把所涉及的元器件或组件进行潮湿处理,处理后由试验工程师判断是对整机还是仅对湿热处理的元器件或组件进行抗电强度试验。

CTL 383 号决议:对装有电源输入插座的设备,其接地导体的接线端子处(由电源输入插座伸出的接线端子)不需要标注 IEC 417 的 NO.5019 符号。

CTL 389 号决议:带有多个可移除电源模块的设备,如果该设备的电网电源连接直接接到电源模块上、电源模块的电气额定值很容易看到,并且设备有一个包括 1.7.1 所要求的电源额定值标记中的其他方面,如制造商,型号的单独的标记,则依靠各电源模块上的电气额定值标记就可以满足设备电源额定值标记中的电气部分的要求。

CTL 445 号决议:按第 7 章的要求,信息技术设备中与天线连接连接的电路按 7.2 分类,应该满足 7.2 的要求。另外,天线连接端与一次电路之间应当满足 7.4.1 的要求;当天线使用同轴电缆或 UTP 时,天线连接端与 SELV 接口(RJ-45)之间应满足 7.3 的要求。

CTL 590 号决议:当内角小于等于 80°时用 Xmm 的连线短接作为爬电距离的路径。当内角大于 80°时,沿沟槽轮廓线伸展测量爬电距离。

CTL 624/07 号决议:将不同标准的潮湿处理的条件统一为:湿热箱要调节到湿度为 93%RH±3%RH,温度为 20 ℃~30 ℃之间任何方便的温度,这个所选择的温度在试验期间要保持在±2 ℃的范围内。

CTL 634A 号决议:对笔记本电脑,如果电池舱是操作人员可以触及的,则铭牌就可以放置在电池舱内。

CTL 0716 号决议:当使用电压探头和示波器直接测量电压衰减来进行插头放电试验

时,应使用输入阻抗为 100 MΩ 或更大、并联的输入电容量为 25 pF 或更小的电压探头。

CTL 0755 号决议:2.4.2 限流电路的限值对两类典型的限流电路适用,一类是稳态电流电路,另一类是电容驱动电路。对单一产品,根据其包含的电路类型,可能需要一个或多个测试。

——对具有单一频率的稳态电流电路,测量通过 2 000 Ω 电阻的电流,不需要确定电容量;

——对具有多种/复杂频率的稳态电流电路,使用附录 D 的测试网络测量通过的电流,不需要确定电容量;

——对电容驱动电流的电路,例如在灯驱动电路中的电路,电流由"单一"电容器驱动,电路的电容量由标识的电容器的标称值得到,或者通过使用 LCR 测试仪测量单一电容器得到。对具有电容驱动电流的电路不需要进行额外的电流测量,仅需要确定或测量电容量并按电路的最高工作电压与 2.4.2 规定的最大电容量进行比较。

CTL 0738 号决议:认为符合 IEC 60384-14 中 Y 类的电容器的壳体,除了接近引脚的区域外,可以提供 IEC 60950-1(如第 2 版中表 1D)规定的绝缘等级。本决议不仅适用于 Y1 类电容器,还适用于其他类型的电容器,比如 IEC 60950-1:2005 的表 1D 中规定的电容器。这种电容器的壳体不应是使用人员可以触及的,或承受可能降低壳体材料的绝缘性能的不适当的机械应力。

OSM 94/15 号决议:限流电路测试中计算电流限值时,应使用电路加 2 000 Ω 电阻负载时测得的频率作为计算限值的依据。

OSM 00/9 号决议:进行限流电路测试时,在电路加 2 000 Ω 电阻负载时测得的最大峰值电流和频率必须予以考虑。如果还有第二个频率(包络波形),应考虑最不利的值。

OSM 93/3 (Modified by 99/3,09/04)号决议:在膝上电脑和笔记本电脑的功能开关上(例如,充电电路一直处于充电状态下)标识"I"和"O"是不能被接受的。如标识的话,应是"I"和⏻符号,也可以根本不标识。标识"POWER"是不能接受的。如果在说明书中提供相关说明,那么也允许仅标识待机符号⏻。

OSM 95/16 号决议:根据 3.1.4,初级和次级引线延伸部分的绝缘仅需满足介电强度试验。

OSM 95/20 号决议:在防火防护外壳上的一小部分 HB 级材料,如果能判断它距引燃源有足够的距离,也可以被接受。

OSM 99/1 号决议:在初级提供的作为"保护装置"的电阻应符合下述条件:

——当设备按照 EN 60950 测试时,它应令人满意地工作。当设备直接连接到电源时,符合性用重复至少 10 次试验来考核,在最不利的故障条件试验期间,每种情况用一个

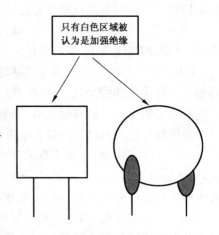

认为Y1类电容器的外壳,除了接近引脚的区域的绝缘减弱外,都符合加强绝缘的要求

只有白色区域被认为是加强绝缘

新的电阻。电阻不能以爆炸或瞬间放电/火花的形式中断,出现这种情况是不符合标准要求的。

——在操作人员接触区,不被接受。

——电阻要列入试验报告的关键件清单中。

——使用的部件号或类似的识别信息应置于电阻的附近,或者在维修手册和 1.7.6 最后一段中描述,相互参照使用。

——元件在设备销售的国家应可作为维修件使用。

另外,应提供所有有关该电阻数据的原始记录单。

OSM 06/7 号决议:对使用期间需要频繁插拔电源线的设备,如果电源输入插座没有牢固的固定在外壳或印制板上,那么在插拔电源线的时候,焊点承受应力,有可能断开导致起弧并引发其他危险。目前标准中没有规定对电源端子的应力试验,但需要对这种固定方式的机械结构进行考核,TC 108 将考虑这种情况的考核方法。

OSM 06/6 号决议:USB 端口需要通过试验来确定是否是 LPS(受限制电源)。3.5.4 提出了要求。

OSM 06/5 号决议:如果可携带式设备在携带时一般不安装电池(例如电池充电器),那么在按 4.6.4 进行试验时也应该在不安装电池的情况下试验。而且在满足着火危险防护的同时也要满足电击危险的防护要求。

OSM 11/5 号决议:如果使用线性或非线性阻抗(如 PTC)来限制电源的输出,那么应当在最不利的环境温度下进行 2.5 的受限制电源测试。因为阻抗的(R/T)电阻/温度特性是温度低则电阻小,温度升高,则电阻增大。因此,受限制电源测试的最不利温度条件应当是 EUT 能维持工作的最低温度。

# 参 考 文 献

[1]  GB 1002—2008  家用和类似用途单相插头插座  型式、基本参数和尺寸

[2]  GB 1003—2008  家用和类似用途三相插头插座  型式、基本参数和尺寸

[3]  GB2099.1—2008  家用和类似用途插头插座  第1部分:通用要求

[4]  GB 7247.1—2001  激光产品的安全  第1部分:设备分类、要求和用户指南

[5]  GB 9364.1—1997  小型熔断器  第1部分:小型熔断器定义和小型熔断体通
     用要求

[6]  GB 9364.2—1997  小型熔断器  第2部分:管状熔断体

[7]  GB 9364.3—1997  小型熔断器  第3部分:超小型熔断体

[8]  GB 9816—2008  热熔断体的要求和应用导则

[9]  GB 14536.1—2008  家用和类似用途电自动控制器  第1部分:通用要求

[10]  GB 15092.1—2010  器具开关  第1部分:通用要求

[11]  GB 15934—2008  电器附件  电线组件和互连电线组件

[12]  GB 16935.1—2008  低压系统内设备的绝缘配合  第1部分:原理、要求和
      试验

[13]  GB 16935.3—2005  低压系统内设备的绝缘配合  第3部分:利用涂层、罐
      封和模压进行防污保护

[14]  GB 17465.1—2009  家用和类似用途的器具耦合器  第1部分:通用要求

[15]  GB 17465.2—2009  家用和类似用途的器具耦合器  第2部分:家用和类似
      设备用互连耦合器

[16]  GB 18871—2002  电离辐射防护与辐射源安全基本标准

[17]  GB 27701—2011  阴极射线管机械安全

[18]  GB/T 2693—2001  电子设备用固定电容器  第1部分:总规范

[19]  GB/T 2918—1998  塑料试样状态调节和试验的标准环境

[20]  GB/T 5013.1—2008  额定电压 450/750 V 及以下橡皮绝缘电缆  第1部
      分:一般要求

[21]  GB/T 5013.2—2008  额定电压 450/750 V 及以下橡皮绝缘电缆  第2部
      分:试验方法

[22]  GB/T 5023.1—2008  额定电压 450/750 V 及以下聚氯乙烯绝缘电缆  第1
      部分:一般要求

[23]  GB/T 5023.2—2008  额定电压 450/750 V 及以下聚氯乙烯绝缘电缆  第2

部分：试验方法

[24] GB/T 5169.5—2008 电工电子产品着火危险试验 第5部分：试验火焰 针焰试验方法 装置、确认试验方法和导则

[25] GB/T 5169.10—2006 电工电子产品着火危险试验 第10部分：灼热丝/热 丝基本试验方法 灼热丝装置和通用试验方法

[26] GB/T 5169.11—2006 电工电子产品着火危险试验 第11部分：灼热丝/热 丝基本试验方法 成品的灼热丝可燃性试验方法

[27] GB/T 5169.15—2008 电工电子产品着火危险试验 第15部分：试验火焰 500 W 火焰 装置和确认试验方法

[28] GB/T 5169.16—2008 电工电子产品着火危险试验 第16部分：试验火焰 50 W 水平与垂直火焰试验方法

[29] GB/T 5169.17—2008 电工电子产品着火危险试验 第17部分：试验火焰 500 W 火焰试验方法

[30] GB/T 5169.22—2008 电工电子产品着火危险试验 第22部分：试验火焰 50 W 火焰 装置和确认试验方法

[31] GB/T 5465.2—2008 电气设备用图形符号 第2部分：图形符号

[32] GB/T 10194—1997 电子设备用压敏电阻器 第2部分：分规范 浪涌抑制 型压敏电阻器

[33] GB/T 11918—2001 工业用插头插座和耦合器 第1部分：通用要求

[34] GB/T 12113—2003 接触电流和保护导体电流的测量方法

[35] GB/T 14472—1998 电子设备用固定电容器 第14部分：分规范 抑制电 源电磁干扰用固定电容器

[36] GB/T 15287—1994 抑制射频干扰整件滤波器 第一部分：总规范

[37] GB/T 15288—1994 抑制射频干扰整件滤波器 第二部分：分规范 试验方 法的选择和一般要求

[38] GB/T 16842—2008 外壳对人和设备的防护 检验用试具

[39] IEC 60085:2007 Electrical insulation—Thermal evaluation and designation

[40] IEC 60479-1:1994 Effects of current on human beings and livestock—Part 1:general aspects

[41] IEC 60664-1:2007 Insulation coordination for equipment within low-voltage systems—Part 1:Principles,requirements and tests

[42] IEC 60695-2-20:2004 Fire hazard testing—Part 2-20:Glowing/hot-wire based test methods—Hot-wire coil ignitability—Apparatus, test method and guidance

[43] IEC 60747-5-5:2007 Semiconductor devices—Discrete devices—Part 5-5: Optoelectronic devices—Photocouplers

[44] IEC 60825-1:2001 Safety of laser products—Part 1:Equipment classification,requirements and user's guide

[45] IEC 60825-12:2004 Safety of laser products—Part 12:Safety of free space

optical communication systems used for transmission of information

[46]  IEC 62151:2000  SAFETY OF EQUIPMENT ELECTRICALLY CON-
NECTED TO A TELECOMMUNICATION NETWORK

[47]  ISO 9772:2001  Cellular plastics—Determination of horizontal burning
characteristics of small specimens subjected to a small flame

[48]  ISO 9773:1998  Plastics—Determination of burning behaviour of thin
flexible vertical specimens in contact with a small-flame ignition source